JN033742

気候変動は社会を不安定化させるか

水資源をめぐる国際政治の力学

藤原帰一
竹中千春
ナジア・フサイン
華井和代　編著

日本評論社

まえがき

本書は、東京大学未来ビジョン研究センター SDGs 協創研究ユニットの共同研究プロジェクト「気候変動と水資源をめぐる国際政治のネクサス――安全保障とSDGs の視角から」の成果である。

近年、洪水、干ばつ、台風、熱波などの異常気象が人々の生活を脅かす規模と頻度が増加している。それに伴い、気候変動による自然の衝撃が社会を不安定化させて武力紛争に発展させるのではないかというリスクが懸念されている。しかし、自然環境の悪化は必ずしも紛争の直接的な要因になるわけではない。水資源を独占しようとする資源獲得競争や異常気象への対応を利用しようとする政治の思惑が、社会の不安定化を招き寄せる。他方、国家や草の根社会による緩和と適応が自然の衝撃を和らげ、社会の安定を取り戻すこともある。

本研究では、「水資源」を焦点に、グローバル・サウスの地域・国々の事例を取り上げ、気候変動による自然の衝撃が社会と政治にどのようなストレスをもたらすか、そうしたストレスがいかなる過程を経て社会の不安定化、資源獲得競争、国家の動揺、武力紛争、難民・移民などの現象を引き起こす原因となるのかを問い、「気候変動政治」のメカニズム解明に取り組んできた。また、自然の脅威を前に国際社会、国家、草の根社会がいかなる「緩和」と「適応」を行うかを考察し、「気候変動レジリエンス」の仮説を提示した。さらに「気候変動安全保障」を中核とする新しい安全保障論と、国連の「SDGs（持続可能な開発目標）」とを連携させたグローバル・ガバナンス論を論じ、政策的検討を試みた。

研究メンバーには、国際政治学者の藤原帰一と竹中千春を中心として、国際行政論、安全保障論、気候科学の研究者、そしてアジア、アフリカ、ラテンアメリカの地域研究者が集結し、気候変動による自然の衝撃と人間社会との相互作用が、国際政治学の分野でどう議論されてきたかをとらえるとともに、中南米、アフリカ、中東、南アジアといったグローバル・サウスを事例として調査研究を行ってきた。それによって、気候変動による自然の衝撃が政治化されることで社会の不安定化を招いたこと、同時に、社会の不安定化を乗り越えようとする草の根の努力が行われてきたことをとらえた。

本書は、４年にわたる研究の成果をまとめた書である。科研費基盤研究Ａ（課題番号19H00577）および三菱財団人文科学研究助成によって研究を実施した。本書が、関連分野の研究者およびグローバル・サウスでのビジネスや国際協力に携わる実務家に届き、私たちが今後どのような現象に直面することになるのかを議論してビジネスや援助政策の改善に貢献する糧となることを望む。

2022年９月

編著者一同

気候変動は社会を不安定化させるか●目次

第2部　グローバル・サウスにおける気候変動政治の実態

序　章

気候変動とその政治

藤原帰一、ナジア・フサイン
（監訳：華井和代）

川の水を利用する人々（シエラレオネにて）

撮影：華井和代

気候変動による降雨パターンの変化は水をめぐる政治的、経済的、日常的な問題を深刻化させている。

気候システムの変化は、世界中の人々と生態系に大きな衝撃を与えている。それは、極端な気象現象の頻発や、降雨や気温のパターン変化がもたらす自然の衝撃のみならず、気候変動の影響によって社会間や社会内部の社会的、政治的、経済的な不平等が深刻化するという形でも現れる。気候変動の影響が一様ではなく、人や社会にかかる負担が不平等であることは知られている。しかし、その影響がどのように分布し、どのような結果を生み出すかは正確にはわかっていない。気候変動に関連するリスクの複雑な性質や、社会的、政治的、経済的な文脈の中で政治的結果にいたるプロセスを解明するために、本書は多様な方法論の組み合わせによって多面的な分析に挑戦する。

1 はじめに

気候変動が生態系に深刻なダメージを与え、食料安全保障を低下させたり、国内外に人々を移動させたり、健康福祉の低下や生計喪失を招いたりするリスクの原因になっているという明白な証拠がある（IPCC 2022）。気候変動とは、気温、降雨、風などの変化によって測定される気候の長期的な変化を指す。太陽周期の変化や火山の噴火といった自然現象によって起きる場合もあるが、1800年代以降は化石燃料（石炭、石油、天然ガスなど）の燃焼など人間活動が主たる原因となっている。

また、気候変動リスク[1)]の分布が不平等であることも認められている。社会の内部では、脆弱な個人やコミュニティが大きなリスク負担を強いられ、社会的、政治的、経済的にさらに阻害されるようになっている。国際社会では、化石燃料を最も多く消費して二酸化炭素の主要排出源となっている先進国には、気候変動の影響を緩和したり体制を整えたりする余力がある。その一方で、二酸化炭素の排出量が少ない開発途上国には、気候変動による自然の衝撃に対抗する力がない。

ここで指摘しておくべきは、国内レベルでも国際レベルでも、気候変動への適応策や緩和策に関するアジェンダは純粋に技術的に設定されているわけではないということである。利害関係者や社会集団がどの事項を最優先とするのか、どの声を聞きどの声を抑え込むのか、どの経済部門を犠牲にして生計を奪い、どの部門を重視するのかを決めることは、きわめて政治的で論争的な問題である。こうした意思決定はときに、社会内部や社会間での社会的、政治的、経済的な分断を深めることになる。しかし、世界中のどの社会においても、気候変動が社会の実情との相互作用によってもたらす政治的プロセスやその結果をどのように描くかについては、あまり合意が得られていない。これにはいくつかの理由がある。1つには、気候変動が複雑な現象であると同時に、降雨や気温のパターンおよび生態系のあり方が国や地域によって多様なためである（Wilbanks and Kates 1999;

1）気候変動リスクとは、気候変動の影響および気候変動に対する人間の反応からも生じ得る、生活、健康、経済、社会、文化的資産、社会基盤、生態系などに悪影響を与える可能性があるリスクである。不確実な気候変動政策の実施、不十分な気候関連投資、技術開発・採用、システム移行などの対応の不備も気候変動リスクをもたらし得る（IPCC 2022）。

Rind 1999; Holling 2001)。方法論の選択にもよるが、気候プロセスや気候変数を特定することは容易ではない。1つには、どのレベルまで細分化した地理的単位で気候関連の現象を測定し、特定するかが鍵となる。気候変動を相互に関連する他のリスクから切り離し、それらがもたらす政治的結果との関係を明らかにすることもまた困難である。世界システムが、資金の流れ、技術革新、世界規模の貿易によって相互に密接に結び付いていることも問題の複雑さを増している(Homer-Dixon et al. 2015)。気候、生態系、人間社会は結合したシステム（coupled system）であるため（IPCC 2022)、気候変動が社会・政治システムに及ぼす影響を切り取って描くことは容易でない。

社会生態系の複雑さはもちろんのこと、その社会と生態系の相互作用も人間社会を圧倒する複雑さを持っている。広範かつ相互に影響し合う気候変動の多様なストレスは、一般的な方法論によるアプローチでは説明できない複雑さを持ち、対処しようとする研究者や政策立案者の努力を妨げている。気候変動リスクが政治的プロセスやその結果に及ぼす影響を理解するためにはどの研究アプローチが最適か、相互に高度に結び付いた複雑な世界において、これらの複雑な相互作用をどのように単純化するかといった問題が、研究者と政策立案者を悩ませ続けている。単一のアプローチは存在しないが、気候変動が紛争や移住につながる経路を描き出す実証主義的、定量的アプローチが行われている。本テーマに関する数十年にわたる研究から得られた教訓が1つあるとすれば、それは既存の研究方法だけに頼っていては答えを得られないということである。既存の研究方法が複雑な相互作用を理解するのに適しているかどうかを疑問視する研究者もいる（Selby 2014)。

このような生態学的、社会的、知的な状況の中で、本書の執筆者は、気候に関連する相互作用と社会内部および社会間の社会的、政治的、経済的実態の解明に注力している。本書の取り組みを要約するならば、以下の2点を挙げられるであろう。

第一に、各執筆者が気候変動と政治との相互作用の複雑さを受け入れ、結果よりもそのプロセスに焦点を当てていることである。こうした創発や不確実な可能性を受け入れる姿勢は、物事の結果は社会、行為主体、そしてその実践の文脈に左右されるという世界観に根差している。例えば、気候変動リスクが紛争や国内外への人の移動といった極端な結果につながるかどうかは容易には結論が出ない問題であり、先験的に決定することはできない。言い換えれば、人間社会は、気象や気候のパターン変化の影響を受けても、一様の行動をとるような受動的な存在ではない。むしろ人間社会は、季節ごとや地域ごとの気候のわずかな変化にも反応／適応し、その過程で自然システムに影響を与える。結局のところ、気候変動そのものが人間の活動の結果なのである。

それゆえ、本書の執筆者は、政府が体制を構築する上で気候変動リスクをどのようにとらえるか、気候変動リスクは既存の政治的紛争とどのように相互作用し、社会的に疎外された集団の生活環境のさらなる悪化をもたらすか、あるいは、政府が気候変動の負担を社会全体に分配する際に、民主主義は政府に説明責任を負わせることができるか、といった問題を提起している。さらに、気候変動の緩和に関して主要な国際的行為主体が多国間枠組みの中で活動したり、あるいは気候変動対応策への参加を拒否した場合、何が問題になるのか。同様に、気候工学などの技術革新を検討する場合、どのような懸念が生じるのか。こうした疑問を解決する上で、重要なレンズの役割を果たすのが「水」である。世界の人口の半数近くが、気候上あるいは気候以外の理由により、毎年少なくとも1か月は深刻な水不足を経験し、1970年代以降の全災害事象の44%が洪水関連であった（IPCC 2022)。水はまた、社会間や社会内部の権力構成を研究する場でもある（誰が水へのアクセスを得るのか、誰になぜ決定権があるのか、水不足や洪水に関する適応政策をめぐってどのような政治が行われているか、など)。

第二に、本書の執筆者は様々な分野の研究者で構成されており、多様な視点を取り入れることを目指している。方法論は研究者の世界観に基づくという社会科学の基本的な主張がある。研究者が世界とどのように「結び付いて」いるかによって、どの方法（実証主義、構成主義、批判的実在論など）がそれぞれの研究にとって適切であるかが決まる（Jackson 2010)。様々な方法論に場を開くことで、サヘルの村、パレスチナの難民キャンプ、アフガニスタンの村、マニラ首都圏のインフォーマル居住地、インドの町や村からの視点が生かされる。また、英国やシンガポールの政策関係者の視点、気候変動や新型コロナウイルス感染症がもたらす人類存亡の危機に対処するための多国間フォーラム、さらにはエコロジー的近代化や気候工学の制約を研究する学者たちの関心事も取り上げている。

2 気候、政治、複雑性の受容と学際的アプローチ

本書の各章は、3つの基本的な主張を共有している。

第一に、本書が注目する水資源をめぐるリスクを含めて、気候変動リスクや環境リスクは純粋に自然現象のみから生じるわけではない（Malthus 1992; Ehrlich 1968; Hardin 1968; Meadows et al. 1972)。人間と自然の相互作用がリスクの要因となっている（Ostrom 2009; Hanna et al. 1996)。干ばつ、洪水、都市における水不足など、水に関する問題は、経済的、政治的、社会的な決定によって形成され、降水量、河川流量、気温の変化によって悪化する長期的なプロセスである。どの章も政治的側面に焦点を当てていることから、これらの仮定は議論の中で暗黙の了解となっている。しかし、特に資源利用者（国民、政策立案者、政治的行為主体)、資源単位（水)、資源システム（水系)、およびガバナンス（公式／非公式の組織、利用と分配に関する公式／非公式のルール）のあいだの相互作用について検討する際に、各章は政治に関する有用な議論を提供してくれる。

第二に、政治は気候変動について議論する際の重要な焦点である。気候や環境に関する議論は一見すると分析的かつ客観的だが、資源の偏在が社会における経済的不公正をもたらしているという真の懸念から注意をそらす可能性がある(Harvey 1974; Smith 1984; Muldavin 1996; Robbins 2011; Sen 1981)。アフリカ、中南米、オセアニア、カリブ海、アジアの低・中所得国からなる開発途上国（グローバル・サウスとも呼ばれる）は、一般的に社会的、政治的、経済的不平等をはらんでいる。しかし、こうした不平等から生じる不公正は、グローバル・ノースと呼ばれる西ヨーロッパ、北米、アジアの一部（例えば日本）の先進国社会にも見られるものである。

問題は「誰が何を…誰のために生産するか」である（Heynen et al. 2006)。この論点に関する重要な研究は、この力を資本主義を通じて富を生み出す力学に起因するものとしている。貨幣や財産などあらゆる種類の富の蓄積に関する決定は、社会の特定の集団や階層に報いる力を持ち、他方の集団には不利になる。しかし、開発途上国からの幅広い視点は、権力が階級関係だけではなく、人種やジェンダー、知識の創造に関連する他のプロセスにも存在することを示唆している（Lawhon et al. 2014)。

このような背景に基づいて、様々な歴史的、文化的、政治的、経済的、社会的

な文脈（他にも様々な文脈があるだろう）が気候変動リスクとどのように相互作用するかを明らかにしたいという思いが、本書の原動力となっている。人間と自然の相互作用を通じて気候変動が社会にもたらす影響は地域の文脈によって異なり、ある場所では厳しく、別の場所では穏やかであることがある。例えば干ばつは、水需要が何らかの方法で満たされる都市部よりも、政治的紛争が長く続いている地域において、すでに生きるのに必死な人々の生活環境をより厳しいものにするであろう。気候変動リスク同士がどのように相互作用するか、また、事例研究の現場の文脈次第では、社会内部の分裂がより鮮明になり、一部の社会集団がさらに疎外され、犯罪者や政治的起業家など、一部の行為主体がより強力になる可能性がある。このような相互作用に注目することは、様々な事例における政治的プロセスとその結果を追跡する上で役立つであろう。

第三に、気候変動リスクは単独で展開するのではなく、社会における他の複雑なプロセスと相互作用することから、気候変動と政治的結果との間の直接的な因果関係を解明することは容易でない。気候変動と紛争について研究している研究者も同様の結論に達している（Von Uexkull and Buhaug 2021)。最新の気候変動に関する政府間パネル（IPCC）報告書もこうした主張を支持している（IPCC 2022, Chapter16 p.22)。

> 現代における気候変動を紛争リスクの変化の直接的な原因とする研究はほとんど存在しない……気候関連システムの長期的な変化が武力紛争に及ぼす影響について確信をもって評価することを妨げている……しかし、相当数の文献が、国内で多発する武力紛争を、降雨、気温、干ばつ被害の年間および経年での変化と結び付けている。多くの場合、農業依存度、経済発展レベル、国家能力、民族政治的な疎外など、気候以外の重要因子を制御した誘導型計量経済分析や統計モデルが使用されている。

しかし、現実の世界では、暴力の歴史を伴う民族的・宗教的分裂、植民地支配の遺産が国家と社会の関係や不利な立場にある人々のニーズに対する政府の対応を規定している状況下での国家の能力、農業を中心とした社会文化など、重要かつ相互に絡み合った社会的・政治的プロセスを制御することは不可能である。

このように人間と自然の相互作用は複雑であるため、１つの手法やアプローチに依存していては道が開けない。新型コロナウイルス感染症の発生、オーストラリア、西ヨーロッパ、南北アメリカでの山火事、排除と人種差別の長い歴史に起因する社会不安など、2020年の出来事は、これまで以上に多様なアプローチの追求が必要とされていることを示した（Hernandez-Aguilera et al. 2021）。したがって、複雑さを理解し、新たに出現する問題を説明するためには、学際的なアプローチとパートナーシップが必要なのである。

本書の各章は、こうした世界観を指針として、世界各地の社会で起きている政治的プロセスとその結果の多様性を説明しようと試みている。

3 本書の構成

本書の執筆者は、グローバル・ノースとグローバル・サウスの両方の見識を持ち寄り、答えを出すよりも多くの疑問を投げかける。人類学から、政治学、社会学、公共政策学、国際関係論、気候工学、環境経済学まで、様々なアプローチが用いられる。また本書は、政策立案者や研究者から、実務家、一般市民、政治家まで、様々な立場の読者に分析視点を提供する。

第1部では、グローバルなレベルでの気候変動政治に目を向ける。

第1章「21世紀のパンデミック政治と気候変動政治のネクサス」において竹中千春は、気候変動という課題に取り組むためには、国家や国際社会における「政治」が重要だと強調する。気候変動政治を構想する上では、地球の自然環境と人間社会の関係性を根本的に見直し、国家や市場経済の現状を変革していくグローバルな共同作業の模索が必要となる。ここでは、そうした政治を考える足がかりとして、やはり自然の変異がもたらした新型コロナウイルス感染症をめぐるパンデミック政治の事例を取り上げ、比較政治学的な分析を試みる。どのような政治的条件の下で科学的かつ合理的な政策が選択され実施されたか。どのような条件の下でそれが困難となったのか。政治経済体制、政治的リーダーシップ、世論やジェンダーの特徴にも着目し、科学的見解を否定しかねないポピュリズム政治の弊害も指摘する。

第2章「気候変動対応をめぐる多国間主義のレジリエンス」において城山英明は、一国主義に基づく行動（または行動の欠如）に対する防波堤としての多国間主義のレジリエンスに希望を見出している。その理由として城山は、複数のフォーラムや二国間枠組み、IPCCの国際的な専門家のネットワークや地方政府の枠組みを含むNGO、専門家、地方政府の国境を越えたネットワーク、気候変動の安全保障問題としての位置付け、および気候変動への取り組みに対する世界規模のコミットメントから距離を置こうとする国に抵抗しうる国内制度的な要素など、多国間主義が持つ多層的な性質を挙げている。

第3章「エコロジー的近代化とその限界」においてロベルト・オルシは、エコロジー的近代化とそれに対する様々な批判を論じている。オルシは、技術革新や官民アクターによる積極的な政策によって気候変動の緩和が達成されるならば、今がエコロジー的近代化の最良の時かもしれないが、2050年までに温室効果ガス排出実質ゼロを達成するために必要な取り組みの強度については、様々な争点が存在すると結論付けている。環境危機の深刻化による政治的対立の可能性が高まるなか、この十分に理論化されていない政治的要素に目を向けることは、実現可能な理論プラットフォームとしてのエコロジー的近代化の将来にとってきわめて大きな重要性を持つ。

第4章「気候変動と紛争のネクサスおよび英国とシンガポールのリスク評価体系」においてイー・クアン・ヘンは、英国とシンガポールにおけるリスク評価と「未来」構想が、気候変動と紛争との潜在的な相互関連性をどのように評価するかを分析している。両国に共通するポジティブな点は、政府省庁の間で「未来リテラシー」の能力開発に重点を置いていることである。ただし、英国の国家安全保障リスク評価の経験から、ボトムアップによる関与の機会が限定されたり、民間緊急事態対応のために短い期間や法的義務に重点が置かれると気候変動のような長期的なトレンドが除外される可能性があることも示唆された。シンガポールは官僚組織が緊密に連携し、脆弱性を強く意識する小規模国家であるため、こうした懸念はある程度緩和されている。とはいえ、草の根の運動家からは、協議が不十分であるという不満も聞こえてくる。将来、Extinction Rebellion のような気候変動に対する市民の抗議運動を回避するためには、気候変動に対する国家全体のアプローチにできるだけ多くの社会的アクターを参加させることが有効であろう。

第5章「気候変動および太陽放射改変の紛争リスク」において杉山昌広は、太陽放射改変（Solar radiation modification：SRM）とこれに対する批判について論じている。最近の科学の進展により、SRM を適度に利用すれば、気候変動に起因するリスクがある程度軽減され、気候を産業化以前の状態に近づけられることが示唆されている。有望な議論ではあるが、SRM は定量的に実証されていないという欠点が残っている。さらに、SRM は国家による政治的行為であり、自然現象ではない。地域の気候条件が改善されようがされまいが、SRM による気候変動の影響を受ける人々は、それを引き起こした行為主体を容易に特定でき、その認識が紛争の予測に影響を与える可能性がある。さらに、国家は複数のストレスに同時に直面しており、それが SRM の利用に関する意思決定に影響を与える可能性がある。いずれにせよ、本テーマはさらなる分析を必要としている。

第 2 部の各章では、水資源に関連する気候リスクが顕在化し、政治的プロセスを形成していく複雑で多様な文脈を説明する。

第 6 章「水をめぐる争いはどこで起きているのか――各種データベースの比較検討を通じて」において和田毅は、4 つのデータベースの比較検討を通じて、世界の水をめぐる争いの地理的分布を探っている。和田は、各データベースには長所と短所があり、結果の解釈には注意を要するとしている。検討の結果、さらなる疑問が生じる。それは、水をめぐる争いの地理的分布の背景にはどのような要因があるのか、水をめぐる争いが世界の特定の地域で頻発するのはなぜなのかという疑問である。これらの疑問に明確な答えが得られれば、紛争予防のための政策立案に役立つ可能性がある。

第 7 章「技術発展と気候変動がもたらす影響――イスラエル・パレスチナの水紛争」において錦田愛子は、イスラエルとパレスチナの地理的・政治的要因による水紛争を分析している。両国には長い紛争の歴史があり、ガザ地区では政治的封鎖が残っている。脱塩などの技術的解決策は柔軟性とより多くの選択肢を提供するが、水の配分をめぐる緊張は緩和されていない。パレスチナ政府は持続可能な開発目標（SDGs）の達成に意欲を示しているが、完全な主権を持たない国家が目標を実現するために資源をコントロールすることは困難である。水資源の絶対的な不足は政治権力の圧倒的な不均衡と結び付いており、同じ地表水・地下水の流域に位置する集団間での調整を容易ではない。平等で公正な水の利用は、近代的な水利技術の導入によって共有される資源の量を増やす努力とともに、対等なパートナー間での対話によってのみ実現可能なものであると、錦田は結論付けている。

第 8 章「気候変動から紛争への経路――アフリカ・サヘルを事例に」において華井和代は、3 点を指摘している。第一に、住民の多くが農業や牧畜に従事するサヘル地域では、降雨量や気温の変動が大きくなれば、食料と水の安全が脅かされる。それが、ひいてはコミュニティレベルでの紛争発生につながる可能性がある。第二に、砂漠化、洪水、干ばつなどの異常気象による移住は、既存の定住者と移住者とのあいだの争いにつながるだけでなく、土地をめぐるコミュニティ内部の価値観の衝突を引き起こす。第三に、2010年代以降、サヘル地域の少数民族トゥアレグの独立闘争とイスラム系武装勢力による紛争が激化しており、その結果、農耕民と牧畜民の軋轢が武装勢力によって国家レベルの紛争に利用される潜在的なリスクが高まっている。実効性のある紛争仲裁と公平な資源管理は、紛争を防止するためのメカニズムとして機能する可能性がある。

第9章「豊かな時代の『欠乏』――マニラ首都圏における水、統治、日々の政治」においてナジア・フサインは、水不足と政治的結果の関係について調査を行っている。マニラ首都圏では都市部の貧困層が様々な非国家行為主体を介して水の供給を受ける際の文脈に、既存の不平等が内包されている。特に、2019年の気候に関連する深刻な水不足は都市貧困コミュニティの脆弱性をさらに深めた。政治家は水不足が政治的支持の喪失につながる可能性があると気づき、コミュニティに水を提供した。政府は水の供給に責任がある役所や民間機関の上層部を処罰した。住民は組織的な抗議運動を起こさなかった一方で、次に危機が発生した場合には政治的行動に訴える意思を示した。調査結果が示すように、日常生活においてどう水不足が発生し、経験され、統治されたかを理解すれば、水ストレスが政治的結果をもたらすことへの洞察が得られる。

第10章「紛争地域における気候リスクと政治変動――インド、ジャンムー・カシミール州の事例から」において永野和茂は、ヒマラヤ山脈の豪雨や洪水など、気候変動に起因する自然災害という新たなリスクが、領土をめぐる国際紛争と「長引く社会紛争」という二重のリスクを抱えるカシミール地方にとってさらなる負担となっていることを明らかにする。永野はまた、これらの複合的なリスクが既存の紛争や政治にどのように影響し、インドのジャンムー・カシミール州の解体につながったかを説明する。この章は、固有の社会的・政治的脆弱性を有する紛争地域における気候変動の間接的側面と相互作用的な側面の分析が、紛争防止のための研究に貢献する可能性を示している。

第11章「気候変動がもたらす中印水紛争への影響――ヤルンツァンポ-ブラマプトラ川の事例から」においてヴィンドゥ・マイ・チョタニは、国境を越えて流れる河川、特にヤルンツァンポ-ブラマプトラ川における共有水資源をめぐるインドと中国の対立について考察している。チョタニは、両国の水をめぐる不安のうち増大しつつある水不足という要因に焦点を当て、インドと中国の性格から、水をめぐる不安そのものが武力紛争につながる可能性は低いと論じる。ただし、国内および二国間の他の要因と相まって、紛争の可能性が大幅に高まることはありうる。両国間の公式かつ実効性のある稼働中のメカニズム、あるいはヤルンツァンポ-ブラマプトラ川に関する水資源共有条約が存在しないことが、そうした可能性をさらに高めている。

第12章「気候変動と民主主義——インド・ビハール州における洪水とその政治的含意」において中溝和弥は、民主主義は気候変動を解決できるのかとの問いを提起している。英国の植民地支配が不安定なモンスーンの諸条件によって引き起こされる洪水の制御という問題に真摯に取り組むことはなかった。治水を通じて飢餓を克服することは、独立を求めるインドの人々にとって重要な目標の１つであった。独立後のインド政府は、近代的な技術と大規模なダムや堤防の建設によって、治水、ひいては食糧問題を解決できると考えていた。しかし、洪水の被害を受ける地域の数はほとんど減少せず、2000年代に入り、被害者数と被害総額が急速に増加した。一方、ヒマラヤ水系の河川を多く抱え、大きな人的・経済的損害を蒙ってきたビハール州の歴代選挙の分析によれば、政治指導者が危機管理を誤ると、選挙でその報いを受ける可能性があることがわかる。中溝は、民主主義は気候関連のストレスと結び付いた不満に対処するためのプロセスを提供すると結論づける。

最後に、第13章「干ばつと戦禍のアフガニスタンから国際政治を見る——中村哲・『命の水』灌漑プロジェクトが照らす人道支援の方途」において清水展は、タリバンが勢力を拡大した1990年代末から2001年の同時多発テロおよび米国による空爆と侵攻に至るまでのアフガニスタンにおける、地球温暖化による深刻な干ばつ被害とその長期化を現地の視点で考察している。同時に清水は、中村哲医師とペシャワール会による灌漑用水確保のためのマルワリード用水路建設の意義を説明する。中村医師のアフガニスタンでの活動は、気候変動や水資源をめぐる国内政治と国際政治が密接に絡み合っていることを浮き彫りにしている。中村医師は2019年に暗殺という悲劇に見舞われたが、清水は中村医師が生涯をかけた現地での活動と見聞、それに基づく報告を通して、戦禍に苦しむアフガン農民・難民の視点から国際政治を見直し、開発援助と平和構築のオルタナティブなビジョンを示した。

4 まとめ

本書は、時間、空間、研究分野、視点を超えて事象やプロセスをたどることで、気候変動リスクと社会の現実との相互作用を描き出す。各章が試みているのは、現場の実態に即し、気候変動リスクが世界各地でどのような展開を見せているのか、豊かな質感のある考察を提供することである。生命を育む源である水は、こうした考察をたどるための重要なレンズの役割を果たしている。本書の執筆者は、臆することなく疑問を提起し、学問上のアプローチの違いを越えて協力している。執筆者の願いは、本書が気候変動リスクと関連する様々な政治問題についてより広範な議論を行うための土台となることである。

気候変動の影響が社会に広がる中、政府、国際開発機関、紛争予防機関は、国や地域の政治的安定を維持し、持続可能な開発を確保する上での課題に直面している。社会的、政治的、経済的な不平等が世界中のどの社会にも存在することを考えると、気候変動リスクが社会の分断をさらに深くするのではないかという懸念がある。分断によってどのような政治的結果が現れるかは未知であるが、未来を想像すると、特に開発途上国には不安が満ちている。

政府、国際的な行為主体、市民社会にとって、現在と未来の危機に備えられるかどうかは、現場の現実を十分に理解しているかどうかにかかっている。本書を通じて、地域の文脈と気候変動リスクの相互作用に注目する必要性を訴えたい。本書が豊かな情報と深い分析を提供することで、実効性の高い政策に貢献し、ひいては、国際社会の平和、発展、繁栄に貢献することを願う。

■参考文献

Ehrlich, Paul R.（1968）*The Population Bomb*. New York, Ballantine Books.

Hanna, Susan, Carl Folke and Karl-Göran Mäler（1996）*Rights to Nature: Ecological, Economic, Cultural, and Political Principles of Institutions for the Environment*, Washington DC, Island Press.

Hardin, Garrett（1968）“The Tragedy of the Commons” *Science* 162（3859）, pp.1243-1248.

Harvey, David（1974）“Population, Resources, and the Ideology of Science” *Economic*

Geography 50, pp.256-77.

Hernandez-Aguilera, J. Nicolas, Weston Anderson, Alison L. Bridges, M. Pilar Fernandez, Winslow D. Hansen, Megan L. Maurer, Elisabeth K. Ilboudo Nebie and Andy Stock（2021）"Supporting Interdisciplinary Careers for Sustainability" *Natural Sustainability* 4, pp. 374-375.

Heynen, Nik, Maria Kaika and Erik Swyngedouw（2006）*In the Nature of Cities - Urban Political Ecology and the Politics of Urban Metabolism,* New York, Routledge.

Holling, C. S.（2001）"Understanding the Complexity of Economic, Ecological, and Social Systems" *Ecosystems, 4*（5）, pp.390-405.

Homer-Dixon, Thomas, Brian Walker, Reinette Biggs, Anne-Sophie Crépin, Carl Folke, Eric F. Lambin, Garry D. Peterson, Johan Rockström, Marten Scheffer, Will Steffen and Max Troell（2015）"Synchronous Failure: the Emerging Causal Architecture of Global Crisis" *Ecology and Society* 20（3）：6.
http://dx.doi.org/10. 5751/ES-07681-200306

IPCC（2022）*Climate Change 2022：Impacts, Adaptation, and Vulnerability,* Contribution of Working Group II to the Sixth Assessment Report of the Intergovernmental Panel on Climate Change.
https://www.ipcc.ch/report/sixth-assessment-report-working-group-ii/

Jackson, Patrick Thaddeus（2010）*The Conduct of Inquiry in International Relations: Philosophy of Science and Its Implications for the Study of World Politics,* London, Routledge.

Lawhon, Mary, Henrik Ernstson and Jonathan Silver（2014）"Provincializing Urban Political Ecology: Towards a Situated UPE Through African Urbanism" *Antipode*（46）, pp.497-516.

Malthus, Thomas R.（1992）*An Essay on the Principle of Population*（*selected and introduced by D. Winch*）, Cambridge, Cambridge University Press.

Meadows, Donella H., Dennis L. Meadows, Jørgen Randers and William W. Behrens III（1972）*The Limits to Growth: A Report for the Club of Rome's Project on the Predicament of Mankind,* NewYork, Universe Books.

Muldavin, Joshua S. S.（1996）"The political ecology of agrarian reform in China: The case of Helongjiang Province." In Peet, Richard and Michael Watts（eds.）*Liberation Ecologies: Environment, Development, and Social Movements,* New York, Routledge, pp.227-259.

Ostrom, Eleanor（2009）"A General Framework for Analyzing Sustainability of Social-Ecological Systems" *Science,* 325, pp.419-422.

Rind, David（1999）"Complexity and Climate" *Science, 284*（5411）, pp.105-107.

Robbins, Paul（2011）*Political Ecology: A Critical Introduction,* Hoboken, NJ, John Wiley & Sons.

Selby, Jan（2014）"Positivist Climate Conflict Research: A Critique," *Geopolitics*, 19：4, pp. 829-856.

Sen, Amartya（1981）*Poverty and Famines: an Essay on Entitlement and Deprivation,* Oxford, Clarendon Press.

Smith, Neil（1984）*Uneven Development,* Oxford, Blackwell.

Von Uexkull, Nina and Halvard Buhaug (2021) "Security Implications of Climate Change: A Decade of Scientific Progress" *Journal of Peace Research,* 58 (1), pp.3-17.

Wilbanks, Thomas J. and Robert W. Kates (1999) "Global Change in Local Places: How Scale Matters" *Climatic Change 43* (3), pp.601-628.

第 1 部

気候変動政治をめぐる
理論分析

第1章

21世紀のパンデミック政治と気候変動政治のネクサス

竹中 千春

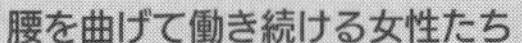

腰を曲げて働き続ける女性たち

撮影：インドの農村ジャーナリスト、パラグミ・サイナート氏

環境破壊、自然災害、市場競争に晒されつつ、大地を耕すインドの女性たち。家事、出産・育児、水運びなど、女性たちに休みはない。

2020年以降のパンデミック現象は、この数十年間のグローバリゼーションがもたらしたと言われる。ウイルスの急速な拡散は、膨大な数の人々の国境を越えた移動による、と。しかし同時に、グローバルな情報ネットワークこそが感染の状況や被害を刻々と伝え、多くの人々がデータを共有し、自らの国や地域を比較の視点から見直し、国際社会の意義を再検討する機会ともなった。まさに、日常的な比較政治学と国際政治学の実践である。そのような「パンデミック政治」の経験は、「気候変動や温暖化」という、自然と人間社会の関わる新たな難題に取り組む上での「歴史の教訓」となり得るか。そうした視点から、COVID-19の衝撃に対応した国々、国際社会、人々の動向を分析する。

1 はじめに：自然、人間社会、国際政治

新型コロナウイルス感染症（COVID-19）の蔓延は、グローバリゼーションの進む世界がこれまでにない脅威に襲われかねないという事実を、人々に認識させることになった。アントニオ・グテーレス（António Guterres）国連事務総長は「グローバル・サウス（Global South）」はさらなる苦境に耐えることになると警告したが、「グローバル・ノース（Global North）」もまた厳しい困難に見舞われることになった。グローバルな情報が飛び交う中で、どの国の人々も自国の状況と他国の状況を比較考量し、政府が適切に対策を講じているのかを考えさせられる日々を送ってきた。見方を変えれば、パンデミックをめぐる国際政治学と比較政治学が日常的に実践されてきたとも言えるのではないだろうか。

国際政治学の領域においては、三十年戦争を終結させるためにヨーロッパのすべての国々が合意した1648年のウェストファリア条約によって国際政治の基礎が形作られたと論じられてきた。延々と争い続けた皇帝・君主・将軍・貴族が自らの国家と利益を守るために合意した仕組みこそが、主権国家秩序としての国際社会だとされてきたのである。それ以後370年以上の時間を経て、今なお維持されているとされるウェストファリア体制は、例えば、「諸国家のシステム、あるいは相互に承認している領土の内側において強制力を独占的に保持する主権国家という主体が構成する国際社会」（Coggins 2009）というように、一般的に定義されてきた。

けれども、パンデミックへの関心を抱えた現在から見直すと、三十年戦争の歴史も異なる意味合いを帯びてくる。君主たちの勢力争いの舞台裏で、感染症が猛威を振るい、人々の命を奪い社会を荒廃させていたという事実が目を引くのである。「三十年戦争における戦闘は熾烈を極めたものであったが、戦闘による死者以外にも、紛争に伴う『飢饉』や『発疹チフスの蔓延』によって数十万人が命を落としていた」（*HISTORY.COM*, “Thirty Years’ War”）。また、「800万人ものドイツ人が、ノミが媒介する腺ペストとシラミが媒介する発疹チフスの犠牲になった」という。後のナポレオン戦争についても、疫病の猛威が戦況を左右したという史実がある。1812年に「ナポレオン軍がモスクワから撤退したとき、発疹チフス、赤痢、肺炎が大陸軍の兵士50万人のうち45万人の命を奪っていた」（*TIME*, “Medicine: War and Pestilence”）。

つまり、近代ヨーロッパの戦争の歴史には、単なる国際政治的な問題だけでなく、感染症の拡大やその被害、それらによる社会の貧窮化という現象が関わっていたのである。社会的な荒廃は各国の軍隊に甚大な影響を及ぼし、国家間の和平を模索させただけではなかった。「魔女狩りがヨーロッパで始まったのは三十年戦争の頃だと、歴史学者は推測する。戦闘に脅かされ不安に煽られた人々が、ヨーロッパにおける災害の元凶を『超自然的なもの』に求めたことに原因があるという。戦争はヨーロッパ大に社会的な衝撃を与え、人々に『異なる他者』への恐怖心を植えつけ、民族や信仰の異なる人々への不信感を強めた。こうした感情は、現在まで消滅していない」（*HISTORY.COM*, “Thirty Years’ War”）。

現代世界においても自然災害や社会的荒廃と武力紛争の強い関連性が指摘される。例えば、飢饉は自然事象と論じられがちだが、戦闘や軍事占領、国家秩序の崩壊と密接に関係している。紛争により通常の輸送システムや取引ネットワークが寸断され、難民や避難民が発生し、家族やコミュニティが機能不全に陥り、食糧不足が起こり、飢饉と呼ばれるような社会的危機を招いてしまう。2016年にソマリアで発生した飢饉を分析した専門家は、「飢饉とは食糧の入手がきわめて困難となる状況であり、その結果、栄養不良が蔓延し、飢えと感染症による死者が発生することだ」と定義し、以下のように論じている。飢饉の原因として干ばつ、戦争、疾病、急激な人口増加など様々なものが挙げられるが、実際には「これら複数の要因が組み合わさって発生するものであり、特に人々の生活を脆弱化する拙劣な（あるいは意図的に悪質な）政策決定によってもたらされる。そうした脆弱性が公にされない限り、飢饉が起こってしまう」と指摘する（Hufstader 2020）。つまり、飢饉は単なる自然災害ではなく人為的な被害であり、国家の政策的失敗として責任を追求すべきものなのである。関連する問題としての疾病や感染症の蔓延と被害についても、同様な視点が適応できるだろう。

グローバリゼーション時代だからこそ、人間社会の動きと関連して気候変動やパンデミックという現象が発生している。地球環境の変化を前に人間社会は適切に対応できるか。それらの負の影響を軽減できるのか。国家、企業、市民社会、そして国際社会は、合理的、効果的、先見的に対処できるか。自然科学や社会科学などの分析や予測を政策に適切に反映できるか。国家や国際社会における政治的合意を達成できるか。これらの問いに答えることが、政治学の課題となってきている（サックス 2012; 沖 2016; 藤原 2020）。本章では、COVID-19によるパンデミックをめぐる現象を、国際政治学の視点も絡めながら比較政治学の観点から分析し、これから長期的に取り組んでいくべき課題としての気候変動や温暖化への政治的な対応を構想していく上での糧としたいと考える。

2 パンデミックとグローバル社会

2020〜21年のCOVID-19の蔓延によりわずか18か月のうちに300万人以上の人々の命が奪われたが、この事実は私たちの多くを驚愕に陥れた。2019年11月末に中国で発生したこのウイルスは、12月初めには中国政府がそれを確認したとされ、翌年の2020年の初頭から日本を含めた近隣諸国へと伝播し始めた。飛行機、船舶、自動車など様々な輸送手段を使う人の移動によって2月末から3月初めには東アジア域外にも伝播し、3月下旬から4月にはアフリカ、アメリカ、オセアニアなど他の大陸へと感染が拡大した。その後、イギリス、南アフリカ、ブラジル、インドなどでの変異株も確認され、その度に新たな感染の波が訪れた。グローバリゼーション時代ならではの急速な展開であった。

振り返ってみれば、1980年代以降、様々な感染症が問題となってきた。HIV／エイズ、エボラ出血熱、狂牛病（BSE）、コロナウイルスによるSARSとMERS、鳥インフルエンザ、各種のインフルエンザなど、次々と思い出される。特に中国大陸を含むユーラシア大陸は新しい感染症の発生しやすい地域とされ、アジア、アフリカ、ラテンアメリカの熱帯・亜熱帯地域は、HIV／エイズ、エボラ出血熱などの致死性の高い疾病の発生地、そして流行地として警戒されてきた。熱帯病とも通称されるデング熱、コレラ、結核、ハンセン病、マラリアなどは今日でも恐ろしいものであり、下痢、赤痢、腸チフス、狂犬病などのより一般的な疾病と並んで、多くの人々の命を奪ってきた。

新型のウイルスやバクテリアの疾病は人獣共通感染症として動物と人間の間で伝播するとされ、HIV／エイズウイルスは、20世紀初頭にアフリカのチンパンジーから伝染して広がり、1980年代にはアメリカやヨーロッパでHIV／エイズウイルスが登場して、世界的な脅威となった。しかし、公衆衛生や医療の分野に努力が注がれ、予防や治療の方法も開発・普及されてきている。また、エボラ出血熱は1976年にアフリカで出現して何度かの流行を引き起こし、致死率がきわめて高いために非常に恐れられたが、これを発生させた国々は世界保健機関

（WHO）や他の国際機関に従って、政府、医療機関、地域社会が連携して流行を抑制してきた（WHO website）。このように、伝染病に対する戦いも熱心に続けられ、成果を出してきたといえる。例えば、はしかや黄熱病は未だに残存してはいるものの、天然痘は1980年には WHO の根絶宣言が出されたことで知られている。

とはいえ、感染症といえば「熱帯病」のイメージが強く、アジア、アフリカ、ラテンアメリカなどの途上国の問題だという思い込みは根強い。しかも、素人だけでなく政策決定過程に関わる人々の間でもそうだという。例えば、狂牛病と通称される BSE が2000年代初頭のイギリスで発生し、ヨーロッパや北アメリカの先進諸国に打撃を与えたことは記憶に新しいし、インフルエンザのようにこうした国々をも巻き込む疾病は少なくないのだが、にもかかわらず、WHO などの国際支援を受けながら自国の改革努力が求められなければならないのは圧倒的にグローバル・サウスの国々であり、公衆衛生や医療の高い水準を保つ先進諸国は基本的に自力で乗り切ることができる、と考えられてきたと指摘される。こうした固定観念を突き崩したのが COVID-19であり、感染状況の実態であった[1)]。

ジョンズ・ホプキンス大学のコロナウイルス・リソース・センターが提示した国・地域別の感染者数・死亡者数リストを見ると、COVID-19がいかに先進諸国で猛威を振るったのかが確認できる。2021年３月14日のデータによると、感染者数の上位10位にアメリカ、ブラジル、インド、ロシア、イギリス、フランス、イタリア、スペイン、トルコ、ドイツと並び、死亡者数も同様の傾向を示していた。ヨーロッパや北米の最も豊かな先進国においてウイルスの蔓延や死亡者数の増加を止められなかったとともに、新興経済国として期待を集めてきていた、中国以外の BRICS 諸国やそれと比肩するような国々が、ここに登場していた（Johns Hopkins University website）。

東アジア域内でも明暗が分かれた。世界第２位の経済大国となった中国や、先進国の列に加わった韓国、台湾、シンガポールはいずれも感染抑制の成果を挙げ、さらにベトナムなども抑制政策に成功したと評価された。対照的に、フィリピンではドゥテルテ大統領の下で厳しいロックダウン政策が直ちに採用されたのだが、

１）公衆衛生の専門家としてアジア・アフリカなどへの国際協力に従事されてきた坂井スオミ博士と Dr. John Smith へのインタビュー、2021年１月10日。

感染者数と死者数の増大を招いたし、一貫して緩やかな対応に終始したインドネシアも膨大な数の感染者と死亡者を発生させた。日本は、2020年東京オリンピックの開催を予定していたが、1年目の感染抑止にも2年目のワクチン接種プログラムにも大幅に出遅れてしまったものの、堅固な入国規制とともにマスク着用やソーシャルディスタンス政策が人々に実践されたことにより、感染者数と死者数を抑えることのできた事例である。2021年3月時点では、マレーシアは感染者数・死亡者数とも日本より少なく、タイも感染抑制にかなり成功したと評価された。

ただし、統計数字もすべての現実を反映しない。紛争地域や難民・避難民の滞在地などを含めて、政府の行政機能が脆弱な国々や地域では感染やその被害の状況把握も進まず、治療やワクチン接種も進まない。2021年2月時点で、グテーレス国連事務総長は、地球上のワクチンの分配には「大きな格差があり、公平ではなく」、すべてのワクチンのうちの75%が、わずか10か国で接種されていると指摘した。130を超える国々において1回分のワクチンでさえ接種されていないと訴え、グローバル・サウスへの支援を呼びかけた（United Nation Security Council, UN SC/14438）。実際に、アメリカ、イギリス、スイスの製薬会社がワクチンを開発・生産し、先進諸国はその製品を大量かつ迅速に輸入し始めたが、財源の乏しい貧しい国々にとっては入手が困難となった。他方、中国、ロシア、インドは自国製ワクチンを開発して生産を開始し、自国内でのワクチン接種を展開し、国外への輸出や支援にも乗り出した。皮肉なことに、COVID-19の人道的な危機を前に、国際政治の世界では「ワクチン外交」と呼ばれるようなパワー・ポリティクスが追求されたのである。

3　市民によるパンデミックの比較政治学

さて、COVID-19の引き起こしたパンデミックにより、多くの人々がグローバリゼーションというものが自らの生命を脅かしかねないという思いを経験した。メディアやインターネットを通して、刻々と数字やグラフや地図が配信され、感染症の特徴や被害を被った人々の画像や動画がアップロードされる。否が応でも、どの国のどのような政策が成功し、どの国のどのような政策が失敗したかが露わにされる。したがって、自国政府の政策を検討し、必要とあればその責任を問うことも可能になるだろう。まさに、グローバリゼーション時代だからこその「日常の比較政治学」の実践である（日下部他 2022）。

2021年前半、すなわちパンデミックの2年目半ばの時点で、コロナ対策に成功したとされた国々と失敗したとされた国々を比較してみたい。第一は、中国、韓国、台湾、シンガポール、ベトナムなど、COVID-19に対して迅速かつ強力に対処したと評価される東アジアの国々である。これらの国々の共通点はSARS、鳥インフルエンザ、インフルエンザなどの伝染病の脅威に常にさらされ、WHOなどの示すガイドラインに沿った対策を事前に準備していたことにある。加えて、独特の政治経済体制の存在が指摘できるだろう。それを説明する上で有用なのが、チャルマーズ・ジョンソン（Chalmers A. Johnson）の提起した「開発主義国家」という概念である。ジョンソンは、1960〜70年代における日本の高度成長がなぜ可能となったのかを問い、自民党の安定政権の下で、中央政府の強力な行政指導が実施され、企業がその方針に誘導されたからだと分析した（Johnson 1982）。この数十年間、急速な発展を遂げてきた東アジアの国々においても、かつての日本に類似した国家の体制が醸成されており、それを基盤に効率的な感染抑制対策が実施されたと考えられるのではないだろうか（Haggard 2018）。

顕著であったのが習近平政権下の中国であり、「ゼロコロナ政策」と呼ばれる強力な感染症対策が実施されてきた。ウイルス発生地と推定される武漢市の周辺などはいち早く封鎖されて厳しく監視され、国境の出入国管理が厳格化され、外国人の居住者を含めて国民大に徹底的なウイルス検査と感染者の隔離が実施された。その結果として、中国政府はパンデミックを迅速に克服したと早々に宣言したのだが、国際社会においては強権的な政策によって自由や人権が侵害されたという批判が起こった（BBC 2021; Wang 2021）。並行して、中国企業がワクチンの開発と製造を成功させ、2020年7月には国内でのワクチン接種を開始するとともに、貿易や対外援助により世界各国への輸出を推進した。ブラジル、トルコ、ロシアなどで中国製ワクチンの臨床試験を実施し、その有効率は2021年初めに70〜80％と報告される成果を達成した（Wu and Gelineau 2021）。

東南アジアに残存するもう1つの社会主義国家ベトナムも、昨今では「開発主義国家」の候補国として注目されつつある。ここでは政府が全国的なロックダウンを迅速に行い、2020年半ばにはウイルスの封じ込めに成功し、「事実上、普段の生活に徐々に戻すことができた」という政府の声明が発せられ、国際的にも評価された（Pham 2020）。成長を期待されるアジアの中でも多くの国々でパンデミックによる景気後退が深刻な問題となっているが、ベトナムはいち早く成長軌道に回帰し、パンデミック以前よりも貿易や外国投資を増加させるほどの勢いを示してきた。

東南アジア諸国連合（ASEAN）の中心であり、グローバル・ハブとして揺るぎない地位を保持するシンガポールも、ウイルスの脅威にすばやく対応した事例である。インターネットやセキュリティのネットワーク、スマートフォンとそのアプリケーション・ソフトウェア、サーモスタットなど、先進的なIT技術や設備を最大限に活用したという。以前よりリスクや危機への対策を重視してきた同国は、行政組織や法体系についても十分な準備を講じてきていたため、それらを駆使して徹底的な対策を実施できたと指摘される。けれども、国民が自宅外でマスクを着用しなければ犯罪行為として処罰され、外国人居住者が政府の方針に違反すれば直ちに滞在資格や労働資格を奪われるなど、強力な施策は個人の自由や権利に厳しい制限を課すものとなった。とはいえ、断固たる感染抑制政策の結果、2021年には十分な経済回復が期待できる国際都市として息を吹き返したとされる（Abdullah and Kim 2020）。

これらの国々とは大きく異なる体制の下にありながら、同じように感染抑制に成果を収めたのが、韓国と台湾である。共産党が支配する国でもなく、権威主義的な体制でもない。どちらも、競合的な政党制と自由な選挙がダイナミックに機能し、政権交代も頻繁に起こり、東アジアで最も活発な民主主義が展開する国々と考えられている。にもかかわらず、政府が成長を重視して積極的な経済政策を推進してきた点では、ジョンソンの提起した「開発主義国家」に該当する特徴を備えているといえるだろう。要するに、ビジネス界や様々な利益団体、そして市民社会に対して、政府が一貫した方針を掲げて有効な介入を行う素地が醸成されていたと考えられる。

韓国民主党の文在寅大統領は、朴槿恵大統領と彼女が率いる保守政党セヌリ党（旧ハンナラ党）の保守政権に代わり、2017年に都市部の若い有権者の支持を得て政権の座に就いた（Martin and Yoon 2020）。台湾では、2016年1月の総統選挙で勝利を収めた民主進歩党の蔡英文が、COVID-19の危機が始まった2020年1月の総統選挙でも再選され、若者や進歩的な世論の支持を得ていた。いずれの政権も、リーマンショック後の長引く景気低迷の克服を約束し、新自由主義的な経済政策とは一線を画した成長モデルを公約していたのだが、パンデミックが起こると、IT 先進国のインフラストラクチャーを活用しつつ、民主的に国民の協力を強く呼びかける方法をとった。特に台湾では、総統のリーダーシップと熟議民主主義の実践と並んで、インターネットのネットワークやソフトウェアのアプリケーションを活用するデジタル担当大臣オードリー・タン（唐鳳）の采配が注目を浴びた（Nachman 2021; Marmino and Vandenberg 2021）。

第二のグループは、ニュージーランド、アイスランド、デンマークなど、女性のトップリーダーが主導する先進諸国である。先述した台湾も加えることができるだろう。深刻な危機の最中に、女性リーダーの活躍が着目されたことは大変興味深い。民主主義が活発に機能してきた国々であるだけでなく、企業や投資家の利益を最大化することよりも国民にとっての公衆衛生や社会保障を優先することが優先される政治基盤が培われてきたことの結果である。女性リーダーが誕生する背景には、女性の活躍を持続的に後押しする世論と政党が存在し、そのような政治文化ゆえに新自由主義的な市場経済の利潤を最優先するような利益団体を抑制することが可能となったという解釈も可能かもしれない。今後、ジェンダーの切り口も含めた政治学的分析が期待される。

一定程度の感染拡大が起こってしまったとはいえ、ヨーロッパの中心的な大国であるドイツのアンゲラ・メルケル（Angela Merkel）首相もこうしたリーダーの一人であった。ギリシャおよびユーロの金融危機、難民・移民危機、国際テロリズムの危機など国際社会を襲った危機に対処せざるえなかった2010年代に、社会民主主義、人権、国際協力を目標に掲げるメルケル政権が EU を率いたことには重要な意義があったが、COVID-19による危機も例外ではなかった（Freizer et al. 2020; ザカリア 2021）。

4　気候変動政治とパンデミック政治の相関性

パンデミックの比較政治学について、もう少し掘り下げてみよう。当たり前のことだが、深刻な危機に巻き込まれたからこそ、人々は政府やその政策について目を光らせ、政府と市民社会の協力についても再考することとなった。自分たちの暮らす地区の行政を担当する政府が必要な措置を講じなければ、感染リスクにさらされ、医療サービスの崩壊を招きかねないからだ。

今回のパンデミック以前に、アメリカのジョンズ・ホプキンス大学のトマス・オリヴァー（Thomas R. Oliver）は、「公衆衛生政治（politics of public health）」の重要性を説き、この分野についての意識変革が求められると主張していた。「市民や政策立案に関わる人々が、既存の社会状況や諸政策をどのように認識し定義するのか、公衆衛生の領域にどのような介入を求めるのか、政策の実施についてどのような課題を設定するのかについては、政治こそが中心的な役割を果たす」のである、と（Oliver 2008）。

続けて、そのような政治を可能にする条件も提起している。①危機の性質を迅速かつ的確に把握すること。②効果的かつ実行可能な計画を人々に示すこと。③関連する政策目標の優先度を決定すること。④政党、企業、市民社会の間のコンセンサスを形成すること。⑤全国、地域、草の根レベルで緊急に施策を実施するための制度的取り決めを準備すること。⑥国際協力を強化すること。⑦長期にわたる危機の期間に一貫して責任を負う政治的リーダーシップを保持すること、である。もちろん、実際の政治ではこうした条件は揃うわけがないという批判もありえるが、深刻な危機を前に政治的な合意がまとまらず、政府が適切なリーダーシップの下で運営されないと、いかに悲惨な結果となるかは、COVID-19に襲われたこの数年間が示している。

さて公衆衛生の領域に止まらず、グローバリゼーション時代であり新しい危機が次々と登場するからこそ、一国の政府に適切な統治能力があるのかどうか、言い換えればガバナンス能力が備わっているのかどうかが、国際社会の重要な関心事項となってきた。ある国の機能不全によって国際的な危機が引き起こされかねないからであり、そのような危険性をはらむ国々については、「破綻国家（failed state)」や「脆弱国家（fragile state)」といった概念が適用されてきた。それでは、「破綻国家」とは何か。一般的には、次のように理解されている。「主権を持つ国民国家の叶えるべき2つの基本的な機能――自国の領土と住民に対して権威を維持することと、自国の国境を防御すること――を果たせない国家。破綻国家の統治能力は弱体化し、人々やリソースを管理する上で必要な行政的かつ組織的な責務を実行できず、最低限の公共サービスしか提供できない。国民も自国政府の正統性を信頼せず、国際社会からも国家の正統性が失われたと受け止められる」(Britannica website)。

さらに、「破綻国家」には至っていないが、それに接近している状態の国家が

「脆弱国家」と分類されている。経済協力開発機構（OECD）の『2014年報告書』によると、「脆弱な地域・国家とは、基本的な統治機能を遂行する能力が低く、国家と社会の間で相互に建設的な関係を築く能力を欠いている。脆弱な地域・国家は、経済危機や自然災害など、国内外からの衝撃に対してきわめて脆弱である」（OECD 2014）。国連、OECD、国際通貨基金、世界銀行が設立した「21世紀開発統計パートナーシップ（Partnership in Statistics for Development in the 21st Century: PARIS21）」の報告書では、「脆弱性をもたらす状況は危機に見舞われた国々、戦時下の国々、復興の過程にある国々、そして人道的危機や自然由来の危機、極度な貧困状況など多岐に渡る」と記述されている（NSDS website）。

パンデミックについても、こうした国々の状況がただちに懸念される必要があった。グテーレス国連事務総長は、2020年3月25日、最も貧しい国々においてもCOVID-19への対策を進めるため、国連人道問題調整事務所（OCHA）の原案に基づいて20億ドルの基金と「COVID-19グローバル人道支援計画（Global Humanitarian Response Plan for COVID-19）」を創設すると発表した。「紛争、自然災害、気候変動という人道的危機の最中にある国々にも、このウイルスは到達している」のであり、「極度に脆弱な状況に置かれた人々、つまり自分たちを守ることのできない何億もの人々に、私たちは援助の手を差し伸べなければならない。これは基本的な人間の連帯の問題であり、ウイルスと闘う上でも不可欠なことである」。このような国々の多くがグローバル・サウスに位置し、ウイルスの甚大な被害が予想される地域に属している。だからこそグローバル・ノースの支援が今こそ必要だ、と訴えた（UN 2020）。事務総長の危機感は、感染の被害が急速に広がっていた先進諸国においても、自国の状況への対応に迫られざるを得ず、国連や国際協力への支援が先細りになってしまうという現実に裏書きされていたとも言えるだろう。

さて、「公衆衛生政治」のモデルと比較する意味で、イギリスの社会学者アンソニー・ギデンズが提起した「気候変動政治（politics of climate change）」についても考えてみよう。ギデンズも気候変動と温暖化という未曾有のグローバルな危機に対応するためには、国家と政治が重要であり、それを基礎に国際協力をしていくことの重要性を強調している。「国家は非常に重要なアクターである。なぜなら、国内政策だろうが国際政策だろうが、国家こそが多くの権力を握っているからである」。そして、「工業国が気候変動への取り組みを主導しなければならないし、その成否は政府および国家にかかっている」(Giddens 2011, p.4、傍点筆者)。

科学的に見れば、国連気候変動枠組条約(UNFCCC)の京都議定書のように、温室効果ガス排出量の削減に関する国際的な合意をまとめて実施に移すことが急務なのだが、国際社会の原則に照らせば、他の国々、国際機関、ビジネス、NGOなどとの協力をある国に強制することはできない。したがって、それぞれの国の世論が重要であり、このイシューに関心の高い人々の支持を背景にして、長期的な観点に立った政府がビジネス、市民社会、国際社会を先導し、その責務を果たすことが可能になるだろう。政府はビジネスの領域にも介入し、市民社会と協力し、代替エネルギー政策を推進して温暖化に立ち向かい、地域社会、国民社会、国際社会の協力関係を築いていく必要がある、と。

ここでは、「気候変動政治」を成り立たせる諸条件が以下のように指摘されている。第一に、「公共の目標を立ててモニタリングし、その目標をわかりやすく受け入れやすい形で実現する」ような「保証国家(ensuring state)」の存在である。第二に、「政治的収束(political convergence)」、つまり、気候変動に関する諸政策が、エネルギーや社会福祉といった他の公共政策の分野と有機的に結び付けられる必要がある。第三に、「経済的収束(economic convergence)」、つまり、低炭素化技術の導入、ビジネス慣行や人々のライフスタイルの変革などを、経済的な競争原理とうまく結び付けていく必要がある。言い換えれば、「経済的収束」とは、技術開発と経済成長を結び付け、気候変動や温暖化について異なる経済主体の間にウィンウィンの関係を形成しようとするアプローチである。第四に、政党政治を超えた一般的な合意を生み出すこと、つまり「政治的超越性(political transcendence)」である。政争によって政策が紆余曲折することは避けなければならないからである。第五に、科学的な分析に基づいて将来へのリスクを見極めながら、「適応の政治(politics of adaptation)」と「緩和の政治(politics of amelioration)」を連携させていくこと、つまり被害が起こってから事後的な対策を組むのではなく「プロアクティヴな適応(proactive adaptation)」を行う条件が求められる(Giddens 2011, pp. 71–75)。

以上のような政策枠組みの構想は、現実の政治経済を踏まえているがゆえに大変魅力的だが、一種の楽観主義をも伴っている。それゆえに、ラディカルな変革を求める人々からは国家の権力や市場の利益に妥協したモデルにすぎないとして、厳しい批判も浴びてきた（例えばScott 2009）。それでもなお、ギデンズの問題提起は、気候変動や温暖化のイシューに対処していく上での処方箋として重要な意味合いがあり、さらにパンデミックを含めて種々のグローバルな危機を克服していくための国家と国際社会の努力の方向性を示す、示唆に富んだものであると評価したい。

5 ポピュリズムと反科学主義の高まり

さて、2010年代以降、世界金融危機と景気の低迷、難民・移民危機、テロリズムとテロとの戦いなど、グローバル・サウスはもちろん、アメリカ、イギリス、EU諸国を含めて自由主義的で民主主義なグローバル・ノースの国々の多くも、ギデンズのモデルを実現するにはほど遠い状況に陥ってきた。グローバルな市場経済への反発、排他主義やポピュリズムの台頭、それらに対抗する人権救済の運動などをめぐり、各国の政治が不安定化してきた。さらに、敵対的な政治の中に、気候変動やパンデミックの議論も呑み込まれがちになっている。

イギリスでは、2016年6月下旬にEU離脱の是非を問う国民投票が行われ、EU残留を支持した有権者が48.1%、EU離脱に投じた有権者が51.9%となり、離脱の方針が選択された。EUとの40年以上もの一体性を壊す劇的転換を選ばせた原因は、この国の自由主義的な民主主義の動揺であり、直前の時期にEUが抱えた「移民の波」の現象であった。離脱推進派は、自国の主権をEUから取り戻すと訴え、人の移動の自由を保障するシェンゲン協定や貿易やその他をめぐるEUの規制から解放された暁には、イギリス人に明るい未来が待っていると主張したのである（遠藤 2016; BBC 2016）。

アメリカがもう1つの事例である。2016年11月のアメリカ大統領選挙は民主党候補のヒラリー・クリントンと共和党候補のドナルド・トランプの決戦となり、得票数としてはクリントンが48.1%、トランプが46.4%であったにもかかわらず、独特の選挙制度に基づいてトランプ陣営に軍配が上がった。彼は不法移民の追放を叫び、女性やマイノリティに対する差別的態度を隠そうともしなかったが、そのような「トランプ主義」が強い国民的人気を博したことが、政権交代をもたらした。「アメリカ・ファースト」というスローガンが繰り返され、「真のアメリカ人」の富と安全保障を損ねているとして中国が強い非難を浴びせられた（Pew

Research Center 2016)。メキシコとの国境沿いに長い壁を建設する計画が打ち出され、バラク・オバマ前大統領の成果とされた2015年11月の国連気候変動枠組条約第21回締約国会議（COP21）の「パリ協定」からの離脱が宣言された（BBC 2020)。アメリカの180度の政策転換は国際協力の枠組みに衝撃を与え、憂慮する市民の運動が世界各地で展開し、多くの子どもや若者も「気候変動デモ」に参加した。

ポピュリズムとも呼ばれるこのような政治の動きは、気候変動と温暖化のイシューをめぐる態度とどう関連するのか。ジョンズ・ホプキンス大学のエレーネ・カマルク（Elaine Kamarck）は、アメリカの世論調査を基礎にこう論じている。「気候変動の原因に関しては科学的な証拠が積み重ねられており、科学界においては一定のコンセンサスが形成されている。にもかかわらず、アメリカの世論は分裂したままであり、多くの政治家たちの関心は低い」。悲惨な自然災害が増加しているにもかかわらず、「気候変動について『とても心配だ』と答える有権者の割合は40％台に止まり、過去2年間その値はほとんど変化していない」。さらに、「国民の3分の1から半数にあたる人々が、地球温暖化の深刻さは誇張されていると考えている」(Kamarck 2019)。

> 未曾有の劇的な自然災害が起こっても、世論にはほとんど影響を与えていない。2015年の冬期にはブリザードと異常な寒さが訪れたが、その直後の調査においても、自分が生きている間に気候変動が深刻な脅威となると考えると回答したアメリカ人は、わずか37％に止まった。2017年にハリケーン・ハービーやハリケーン・イルマが襲った直後の調査で、気候変動を心配する人々は共和党の支持者では7ポイント、民主党の支持者では2ポイント増加した。けれども、カリフォルニア州で発生した山火事の直後に行われた2018年8月の世論調査では、気候変動が心配だと回答した人々は共和党の支持者では44％に低下し、逆に民主党の支持者では79％へと跳ね上がった。アメリカとヨーロッパが記録的な熱波に見舞われた2019年夏に行われたYouGovの調査では、「気候変動がとても心配だ」と回答した人々は42％となったが、共和党の支持者だけを見るとそのように回答した人々はわずか22％に止まった（Kamarck 2019)[2)]。

まさに、衝撃的な結論である。カマルクによれば気候変動をめぐる見解が共和

2）著者は次の記事を参照している。Saad 2015; Toth 2018; YouGovAmerica 2019

党と民主党の支持者の間で明らかに分裂してきたのは最近のことである。1997年の世論調査では、「地球温暖化の影響が出始めた」と回答した人々は、民主党陣営も共和党陣営もほぼ同じ割合だった。しかし、その10年後には両者の格差が34%にまで広がり、民主党の支持者の76%が「気候変動の影響が出始めた」と回答したのに対し、共和党の支持者でそう回答したのは42%に止まった。つまり、「緊急の警告も、科学的なコンセンサスも、未曾有の異常気象による犠牲者の増加も、人々の意見を大きく動かすには至らなかった」。もっとも新しい調査によれば、半分以上の国民は気候変動についてあまり心配してないという（Kamarck 2019）[3)]。

このようなアメリカ社会の分裂は、気候変動と温暖化のイシューに限られていない。2020年以降のパンデミックについての世論も、同じような動向を示した。トランプ前大統領は、地球温暖化に関する科学的議論を真っ向から否定したが、COVID-19に関する医療関係者や公衆衛生の専門家の分析や予測、そして政策提言についても同じような態度を取り、それが共和党のトランプ派からの支持を強めることになった。彼はアメリカを攻撃するためにウイルスを開発し拡散させたと中国を非難し、自らもマスクを着用しないとマスク政策を否定し、ソーシャルディスタンスも守らなかった。この年の大統領選挙では共和党集会を各地で開催し、感染拡大を後押しした。どう考えても、気候変動政治とパンデミック政治、そしてポピュリズム政治の間には、深い相関関係がある。

第一に、どちらのイシューも、人間社会と自然との関係性が論点である。第二に、これらのイシューに関しては、研究者や専門家の科学的な見解を適切な形で政策決定過程に組み込む必要がある。先述のように、気候変動とパンデミックについて、科学者や専門家の間では一定のコンセンサスが存在している。だが、それらのコンセンサスが政治的に採用されるとは限らない。特に、自由主義的な民主主義の社会で合理的な選択をもたらす選挙や世論の動きが保証されていない。第三に、これらのイシューに関する政策は市場やビジネスを規制し、場合によっては負の影響を与える可能性があるため、既得権益を持つ人々からの強い抵抗が予想される。投資家や企業の経営陣だけでなく、事業の閉鎖や失業への恐れから労働組合や雇用される側の人々が反発する可能性も高い。

3）著者は次の記事を参照している。Kennedy and Hefferon 2019

第四に、知識人、オピニオンリーダー、政治家などが、グローバリゼーションへの漠然とした不安や怒りを抱えている人々の支持を得るために、論争的なテーマとして取上げやすくなっている（水島 2016）。特に、気候変動やパンデミックについて国際協力を訴えれば、強硬なナショナリズムの餌食になりやすい。

第五に、敵対的な政治の中では、政策パッケージを掲げる二陣営の対立という図式が固定化しやすい。しかも、一方の陣営は進歩的・開明的・外向的であり、他方の陣営は反動的・保守的・内向的というように、「白と黒」のイメージに色分けされる傾向が強まる。実際の政治の現場では、互いに矛盾するような数多くの要素が浮かび上がり、それらを調整しながら政策をまとめ実施していくという妥協の政治が必要となるのだが、敵対的な政治においては、指導者たちも「あれか、これか」という抽象的な政策を選択しやすい。例えば、キリスト教原理主義者の人工妊娠中絶反対、環太平洋パートナーシップ協定（TPP）への加盟反対とともに、気候変動と温暖化政策に関わる国際協力への反発、パンデミックについての科学的な対策への反対などが、共和党右派の政策パッケージとなってしまう。裏返せば、研究者や専門家の示す科学的かつ合理的な政策は否定されがちになってしまう。

パンデミックが猛威を振るった2020年がアメリカ大統領選挙の年と重なり、民主党陣営との争いを最優先するトランプ前大統領が、多くの国民が命を失っていく状況の中で、公衆衛生の専門家を「嘘つき」と呼び、感染症を抑止する政策を退け続けたことは残酷な結果をもたらした（Bor et al. 2021; Tollefson 2020）。「2021年1月21日、アメリカにおけるCOVID-19の死者数は、第二次世界大戦で死亡したアメリカ人の数字405,399を上回ってしまった」（Stone and Feibel 2021）。ここまで考えてきたアメリカやイギリスだけでなく、ブラジル、インド、ロシア、トルコ、南アフリカ、フィリピン、インドネシアなどの国々も感染症の抑止に成功したとはいえなかった。いずれも新自由主義的な政策の下でグローバリゼーションを加速してきた諸国だが、特にブラジル、インド、ロシア、トルコ、フィリピンはカリスマ的な人気を誇る男性リーダーが強いリーダーシップを奮っている国だった（日下 2020; 中溝 2020; 湊 2020）。先述した女性リーダーたちの活躍という現象と並んで、政治的なリーダーシップとパンデミック政治、そしてジェンダーの関係をどのように分析していくかは今後の課題であろう[4)]。

4）インドに関しては、*India Today* 2020を参照。

6 結びにかえて：危機をチャンスに変えられるか

深刻な危機こそが、人間にとっての「真実の瞬間」をもたらすのかもしれない（竹中 2015）。COVID-19の引き起こしたパンデミックが、新自由主義的な思想を源にグローバリゼーションへの道を突き進んできた人間社会のあり方を再検討する機会を提起したと考えることも不可能ではない。自由競争を重視し市場における利潤の増大が最優先される過程で、教育・医療・福祉などの公共サービスの削減、環境保全に関する政府予算の削減、国営・公営企業の民営化、企業のリストラやレイオフに関する規制緩和、労働組合運動の弱体化、発展途上国への投資と工場移転によるコスト削減などが推進されてきた。ソ連・東欧を中心とした社会主義国家の解体のみならず、ヨーロッパの社会福祉国家も税金を無駄に使う「大きな国家」として改変されてきた。しかし、アメリカやイギリスをはじめとして新自由主義的な政策が大きな影響力を発揮してきた国々では、COVID-19の蔓延を抑止しきえれず、多くの人々の命が危険にさらされてきたといえる（Sachs 2011; Stiglitz 2012; スティグリッツ 2012）。だからこそこの経験は、より長期的かつ持続的な地球大の危機である気候変動と温暖化、それらに伴う危機への対処を考えて行く上で、現状の仕組みを問い直す重要な「歴史の教訓」となり得るのではないだろうか（日本平和学会 2021）。

古いものを維持してきた、あるいは新自由主義に貢献してきた国家と国際社会を、新しい形での安全や豊かさをもたらすものに変革できるか。そうしたブレイクスルーを遂げることによって、人類は未来に向けて生き残ることができるのだろうか。人間の技術革新と生産力の増大がもたらした自然の変貌が、人間の社会に甚大な脅威を突きつけている今だからこそ、創造的な知と自己変革への構想を生み出すことが私たちに強く求められている。

■付記

本章は、科学研究費補助金基盤研究（A）（研究代表：藤原帰一）「気候変動と水資源をめぐる国際政治のネクサス―安全保障とSDGsの視角から」の成果報告として執筆した、Chiharu Takenaka, “Global Challenges of Climate Change and Pandemic in the 2020s: Can Nation-States and International Society Save People’s Lives?”, March 2021, https://ifi.u-tokyo.ac.jp/en/wp-content/uploads/2021/06/sdgs_wp_2020_takenaka_en.pdf. を翻訳・修正したもので

ある。

■参考文献

遠藤乾（2016）『欧州複合危機――苦悶するEU、揺れる世界』中央公論新社。
沖大幹（2016）『水の未来――グローバルリスクと日本』岩波書店。
日下渉（2020）「ドゥテルテ政権の新型コロナウイルス対策――なぜフィリピン人が厳格な『封鎖』に協力するのか」『SYNODOS』2020年3月26日、https://synodos.jp/international/23408（最終アクセス2021/3/31）
日下部尚徳、本多倫彬、小林周、高橋亜友子編（2022）『アジアからみるコロナと世界――我々は分断されたのか』毎日新聞社。
ザカリア、ファリード（2021）『パンデミック後の世界 10の教訓』日本経済新聞出版社。
サックス、ジェフェリー（2012）『世界を救う処方箋――「共感の経済学」が未来を創る』早川書房。
スティグリッツ、ジョセフ、楡井浩一、峯村利哉訳（2012）『世界の99%を貧困にする経済』徳間書店。
竹中千春編（2015）「特集 グローバル・アジアにみる市民社会と国家の間 危機とその克服」『地域研究』第15巻1号、京都大学地域研究統合情報センター。
中溝和弥（2020）「コロナ禍と惨事便乗型権威主義 インドの試練」『国際問題』電子版（ISSN:1881-0500）-2020年12月、No.697、https://www2.jiia.or.jp/BOOK/
日本平和学会（2021）「特集 パンデミック時代における平和の条件」『平和研究』第56号、https://www.jstage.jst.go.jp/browse/psaj/56/0/_contents/-char/ja
藤原帰一（2020）『不安定化する世界――何が終わり、何が変わったのか』朝日新聞出版。
水島治郎（2016）『ポピュリズムとは何か――民主主義の敵か、改革の希望か』中央公論新社。
湊一樹（2020）「世界最大のロックダウン」はなぜ失敗したのか――コロナ禍と経済危機の二重苦に陥るインド」『IDE スクエア』、2020年7月、https://www.ide.go.jp/Japanese/IDEsquare/Analysis/2020/ISQ202010_004.html（最終アクセス2021/3/31）
Abdullah, Walid Jumblatt and Soojin Kim（2020）"Singapore's Responses to the COVID-19 Outbreak: A Critical Assessment," *The American Review of Public Administration*, pp. 770-776.
BBC（2016）"EU Referendum: Results."
https://www.bbc.co.uk/news/politics/eu_referendum/results
BBC（2020）"Trump Wall: How Much Has He Actually Built?,"（2020/10/31）
https://www.bbc.com/news/world-us-canada-46824649
BBC（2021）"Wuhan Lockdown: A Year of China's Fight Against The Covid Pandemic,"（2021/1/22）.
https://www.bbc.com/news/world-asia-china-55628488
Bor, Jacob, David U. Himmelstein, and Steffie Woolhandler（2021）"Trump's Policy Failures Have Exacted a Heavy Toll on Public Health," *The Scientific American*（2021/3/5）.
https://www.scientificamerican.com/article/trumps-policy-failures-have-exacted-a-heavy-toll-on-public-health1/

Coggins, Richard（2009）“Westphalian State System,” McLean, Iain and Alistair McMillan eds., *The Concise Oxford Dictionary of Politics, 3rd ed.*, 2009, https://www.oxfordreference.com/view/10.1093/acref/9780199207800.001.0001/acref-9780199207800

Freizer, Sabine, Ginette Azcona, Ionica Berevoescu, and Tara Patricia Cookson（2020）“COVID-19 and Women's Leadership: From an Effective Response to Building Back Better,” *Policy Brief No. 18.*
https://www.unwomen.org/-/media/headquarters/attachments/sections/library/publications/2020/policy-brief-covid-19-and-womens-leadership-en.pdf?la=en&vs=409

Giddens, Anthony（2011）*The Politics of Climate Change*（Second Edition), Oxford, Polity Press.

Haggard, Stephan（2018）*Developmental States*, Cambridge, Cambridge University Press.

Hufstader, Chris（2020）“What is Famine, and How Can We Stop It?,”（2020/5/14).
https://www.oxfamamerica.org/explore/stories/what-is-famine-and-how-can-we-stop-it/

India Today（2020）“25% Think Modi Govt Failed to Curb Covid-19 Pandemic: Mood of the Nation,” *India Today*（2020/8/7).
https: //www. indiatoday. in/mood-of-the-nation/story/25-think-modi-govt-failed-to-curb-covid-19-pandemic-mood-of-the-nation-1708962-2020-08-07

Johnson, Chalmers A.（1982）*MITI and the Japanese Miracle*, Stanford, Stanford University Press.

Kamarck, Elaine（2019）“The Challenging Politics of Climate Change,”（2019/9/23).
https://www.brookings.edu/research/the-challenging-politics-of-climate-change/

Kennedy, Brian and Meg Hefferon（2019）“U.S. Concern about Climate Change is Rising, but Mainly among Democrats,” *Pew Research Center*（2019/8/28).
https: //www. pewresearch. org/fact-tank/2019/08/28/u-s-concern-about-climate-change-is-rising-but-mainly-among-democrats/

Marmino, Marc and Layne Vandenberg（2021）“The Role of Political Culture in Taiwan's COVID-19 Success,” *The Diplomat*（2021/1/25).
https://thediplomat.com/2021/01/the-role-of-political-culture-in-taiwans-covid-19-success/

Martin, Timothy W. and Dasl Yoon（2020）“How South Korea Successfully Managed Coronavirus,” *The Wall Street Journal*（2020/9/25).
https://www.wsj.com/articles/lessons-from-south-korea-on-how-to-manage-covid-11601044329

Nachman, Lev（2021）“Taiwan's COVID-19 Triumph,” *The Diplomat*（2021/2/1).
https://thediplomat.com/2021/01/taiwans-covid-19-triumph/

Oliver, Thomas R.（2006）“The Politics of Public Health Policy,” *Annual Review of Public Health*, 27, pp.195–196.

OECD（2014）*Domestic Revenue Mobilization in Fragile States*,
https://www.oecd.org/dac/conflict-fragility-resilience/docs/FSR-2014.pdf.

Pew Research Center（2016）“Top Voting Issues In 2016 Election,”（2016/7/7).
https://www.pewresearch.org/politics/2016/07/07/4-top-voting-issues-in-2016-election/

Pham, Phuong (2020) "Can Vietnam's COVID-19 Response Be Replicated?," (2020/8/20).
https://www.policyforum.net/can-vietnams-covid-19-response-be-replicated/

Saad, Lydia (2015) "U.S. Views on Climate Change Stable After Extreme Winter," *Gallup* (2015/3/25).
https://news.gallup.com/poll/182150/views-climate-change-stable-extreme-winter.aspx

Sachs, Jeffrey (2011) *The Price of Civilization: Reawakening American Virtue and Prosperity,* New York, Penguin Random House.

Scott, Michael (2009) "Review: Anthony Giddens, *Politics of Climate Change* (2009)."
https://www.socresonline.org.uk/15/4/reviews/2.html

Stiglitz, Joseph E. (2012) *The Price of Inequality: How Today's Divided Society Endangers Our Future,* New York, W. W. Norton & Company.

Stone, Will and Carrie Feibel (2021) "The U.S. 'Battles' Coronavirus, But Is It Fair to Compare Pandemic to a War?," *NPR* (2021/2/3).
https: //www. npr. org/sections/health-shots/2021/02/03/962811921/the-u-s-battles-coronavirus-but-is-it-fair-to-compare-pandemic-to-a-war

TIME (*1940*) "Medicine: War and Pestilence," (1940/4/29).
http://content.time.com/time/subscriber/article/0,33009,794989,00.html

Tollefson, Jeff (2020) "How Trump Damaged Science — And Why It Could Take Decades to Recover," *Nature* (2020/10/5).
https://www.nature.com/articles/d41586-020-02800-9

Toth, Jacqueline (2018) "As Wildfires Rage, Divide Widens Between Democratic, GOP Voters on Climate Change," *Morning Consult* (2018/8/22).
https: //morningconsult. com/2018/08/22/as-wildfires-rage-divide-widens-between-democratic-gop-voters-climate-change/

United Nations (2020) "Secretary-General's Remarks at Launch of Global Humanitarian Response Plan for COVID-19," (2020/3/25).
https://www.un.org/sg/en/content/sg/statement/2020-03-25/secretary-generals-remarks-launch-of-global-humanitarian-response-plan-for-covid-19

United Nations Security Council (2021) "Secretary-General Calls Vaccine Equity Biggest Moral Test for Global Community, as Security Council Considers Equitable Availability of Doses," United Nations Meetings Coverage and Press Releases, SC/14438 (2021/2/17).
https://www.un.org/press/en/2021/sc14438.doc.htm

Wang, Yaqiu (2021) "China's Covid Success Story is Also a Human Rights Tragedy," Human Rights Watch, (2021/1/26).
https: //www. hrw. org/news/2021/01/26/chinas-covid-success-story-also-human-rights-tragedy#

Wu, Huizhong and Kristen Gelineau (2021) "Chinese Vaccines Sweep Much of the World, Despite Concerns" (2021/3/2).
https://apnews.com/article/china-vaccines-worldwide-0382aefa52c75b834fbaf6d869808f51

YouGovAmerica (2019), *The Economist/YouGov Poll,* July 27–30, 2019.

https://d25d2506sfb94s.cloudfront.net/cumulus_uploads/document/hash0nbry8/econTabReport.pdf.

■ウェブサイト

Britannica website: Barma, Naazneen H. "Failed State."
https://www.britannica.com/topic/failed-state（最終アクセス2021/3/10）
HISTORY. COM, "Thirty Years' War."
https://www.history.com/topics/reformation/thirty-years-war（最終アクセス2021/3/10）
Johns Hopkins University, Coronavirus Resource Center, COVID-19 Dashboard.
https://coronavirus.jhu.edu/map.html（最終アクセス2022/4/25）
National Strategies for the Development of Statistics（NSDS）, *Guidelines,* "Fragile States."
https://nsdsguidelines.paris21.org/node/291（最終アクセス2021/3/10）
World Health Organization（WHO）, "Emergencies."
https://www.who.int/emergencies/diseases（最終アクセス2021/3/10）

第2章

気候変動対応をめぐる多国間主義のレジリエンス

城山 英明

気候変動条約第26回 COP（締約国会合）

写真：ロイター／アフロ

イギリスで開催し「グラスゴー気候合意」を採択した。COP には締約国政府以外の多様なアクターが参加する機会もある。

本章では、気候変動対応に関する多国間主義に基づく制度のレジリエンス（強靱性）を可能とするメカニズムに関して、多国間主義の重層性、専門家・地方政府・NGO・民間企業のネットワークの役割、セキュリティ化（securitization）、あるいは国内制度の観点から分析する。具体的には、気候変動に関する政府間パネル（IPCC）、C40等の都市の国際組織、パリ協定において設定された非国家主体による気候のための行動（NAZCA）プラットフォーム、気候関連財務情報開示タスクフォース（TCFD）、アメリカ国内の自動車燃費規制に注目する。また、多国間主義を維持するためには、国レベルとの連携や国レベルでの能力確保とそれを支援するメカニズムが不可欠である点についても言及する。

1 はじめに

グローバル化に伴う人・モノ・情報の移動の増大や科学技術の進展は、健康面、環境面、経済面、安全保障面などでの様々なリスクをもたらしてきた。グローバル化は社会における異なる多様なセクターの連結度の強化をもたらし、この結果、リスクの対象の複合化が加速され、また、その対象は人間の健康や環境の保全を含む広義の「安全」リスクのみならず、様々な「セキュリティ」リスクに関する対象にも拡大してきた（城山 2016）。

このようなリスク管理・危機管理の領域においては、一方では多数国間の協力による多国間主義（multilateralism）に基づく様々な枠組みが構築されてきた。他方、このような多国間主義に対する批判や、一国主義に基づくチャレンジもみられる。しかし、このようなリスク管理・危機管理における領域では、様々な批判やチャレンジがみられるものの、多国間主義に基づく制度は一定のレジリエンス（強靱性）を有しているように思われる（城山 2020）。

本章では、このようなリスク管理・危機管理における多国間主義に基づく制度のレジリエンスを可能とするメカニズムに関して、多国間主義の重層性、中央政府レベルではない専門家・地方政府のネットワークの役割、NGO・民間企業のネットワーク、セキュリティ化（securitization）、あるいは議会行政府関係といった国内制度構造に注目して分析する。素材としては、気候変動の事例に即して検討する。また、多国間主義に基づくグローバルガバナンスを維持するためには、国レベルとの連携や国レベルでの能力確保とそれを支援するメカニズムが不可欠である点についても検討する。

本章では、まず気候変動における多国間主義に基づく枠組みについてその形成過程（第2節）、展開過程（第3節）を歴史的に分析する。その上で、その運用のメカニズムについて、特にNGO、民間企業の役割に焦点を当てて事例分析を行うことする。運用メカニズムについては、パリ協定の実施状況の検討や気候関連財務情報開示に関する事例（第4節）、アメリカ国内における自動車燃費規制の事例（第5節）に着目する。

2 気候変動における多国間主義の形成と強化

気候変動問題に関しては、1985年にオーストリアのフィラハで開催された会議において科学者等が地球温暖化の見通しについて合意し、各国政府に国際的対策を要請した。それをうけて、世界気象機関（World Meteorological Organization：WMO）と国連環境計画（United Nations Environment Programme：UNEP）は、1988年に気候変動に関する政府間パネル（Intergovernmental Panel on Climate Change：IPCC）を合同で設立した。

IPCCは、1990年に第1次報告、1995年に第2次報告、2001年に第3次報告を提出した。IPCCは人為的な気候変動が起きているのかに関するリスク評価を行ってきた。例えば、第2次報告では「エビデンスは全体として地球環境への人間の確認できる影響を示唆している」と評価したのに対して、第3次報告では「最近50年間に観測された温暖化のほとんどは人間活動に起因するものであるという新たなより確かなエビデンスが存在する」と評価し、人為的気候変動の可能性がより高まったという判断を示した。

IPCCには、その名称からも明らかなように、専門家パネルという側面と政府間パネルという側面の双方がある。IPCCの各部会の評価報告書の「政策決定者向け要約」については、各国政府代表によって一行一行検討され、合意されることにより、各国政府の政策的要請も反映されることになっている。そのため、IPCCは、厳密な学術組織でもなければ政治組織でもない、ユニークな混成団体であると性格付けられることになる。

IPCCの運営においては、信頼性の確保が重要である。しかし、2009年にイギリスのイーストアングリア大学気候研究ユニット長が特定時期の平均気温の低下を「トリック」を使って隠したというような記述のある文書がハッキングにより明らかにされ、IPCCやこれに関与する研究者が批判されるという「クライメートゲート事件」が発生した。調査の結果、「トリック」は捏造を意味したものではないことなどが明らかにされたが、国連事務総長とIPCC議長は、各国のアカデミーが参加するインターアカデミックカウンシルにIPCCの「手続きおよび作業過程に関する包括的な独立レビュー」を行うことを依頼した。この評価報告書は、IPCC全体としては成功してきたと評価したものの、レビューの体制やプロセス、各作業部会における不確実性の扱いに関する統一性の確保、コミュニケーション戦略における透明性の確保等に関して勧告を行った（城山 2018）。

このような専門家組織と政府間組織との中間的性格を持つ IPCC という国際的なネットワークを基礎として、気候変動に関する多国間の枠組みが構築されることとなった。1988年に IPCC が設立されたのち、1990年に国連総会の下での政府間交渉プロセスとして政府間交渉委員会（Intergovernmental Negotiating Committee for a FCCC：INC）が決議（決議45/212）により設置された。INC は、5回の交渉を経て、1992年5月に気候変動枠組条約を採択した。交渉プロセスでは、途上国は先進国主要責任論を主張し、それを踏まえて枠組条約3条1は「締約国は、衡平の原則に基づき、かつ、それぞれ共通に有しているが差異のある責任及び各国の能力に従い、人類の現在及び将来の世代のために気候系を保護すべきである。したがって、先進締約国は、率先して気候変動及びその悪影響に対処すべきである」と規定した（高村 2011）。また、欧州諸国は先進国の削減目標を入れ込むように主張したが、アメリカはモニタリング等の協力だけを記載し、各国の排出削減義務は盛り込むべきではないと主張した。その結果、気候変動枠組条約では先進国の排出削減目標を拘束力の低いものにとどめた。その後、1995年の気候変動枠組条約第1回締約国会合（Conference of the Parties：COP1）では、先進国の削減目標を拘束力の強いものとすべく交渉が開始され、1997年に合意された京都議定書では先進国の排出削減目標が強化され、各先進国は2008年から2012年までの5年間（第1約束期間）に決められた量の温室効果ガス排出量を削減しなければならなくなった（亀山 2011）。

しかし、2001年には、アメリカはブッシュ大統領の下で、京都議定書を批准することはないと表明し、京都議定書は当時の最大排出国のアメリカが参加しない枠組みとして2005年に発効した。また、その後、2011年末にはカナダも京都議定書からの脱退を表明した。このように、先進国に環境規制の観点から拘束力のある削減目標を設定するというトップダウンアプローチは有効には機能しなかった。

3 トップダウンアプローチから多中心的アプローチへ：地方政府、NGO・民間企業、二国間・主要国間枠組みの役割

京都議定書の後の体制をめぐる議論は停滞し、2009年のコペンハーゲン会議（COP15）には、アメリカのバラク・オバマ大統領を含む110以上の諸国の首脳

が参加し、コペンハーゲン合意が作成されたものの、ベネズエラ、ボリビア、キューバ、スーダン等がその作成手続きが透明性、公正さを欠くものとして批判したため、コペンハーゲン合意をCOPの合意として採択することはできず、コペンハーゲン合意を「留意する」とのCOP決定を行うにとどまった（高村2011)。オバマ大統領は積極的な姿勢を示したものの、最終的には正式な合意が得られなかった。そのような状況の下で、従来のトップダウンアプローチとは異なるアプローチが主張されるようになった（Cole 2015)。例えば、政治経済学者のエレノア・オストロム（Elinor Ostrom）は、世界銀行への報告の中で「多中心的アプローチ（polycentric approach)」を主張した（Ostrom 2009)。多中心的アプローチにおいては、多様な主体が多様な協力を通して相互信頼（mutual trust）を構築することで、関係資本（relational capital）を蓄積することが期待される。また、国際政治学者のロバート・コヘイン（Robert O. Keohane）とデビッド・ビクター（David G. Victor）は、単一のレジームではなく複合レジーム（regime complex）による対応（Keohane and Victor 2011）や、実験的ガバナンス（experimental governance）の重要性（Keohane and Victor 2015）を主張した。あるいは、「規制的モデル（regulatory model)」から「触媒的・促進的モデル（catalytic and facilitative model)」への変化（Hale 2016)、間接的なガバナンスの一形態としての「オーケストラ化（orchestration)」といった変化の方向性に関する指摘も行われた。

このような手法の変化は、いくつかの現象の中で、実際に確認することができる。第一に、地方政府が大きな役割を果たすようになった（Bulkeley 2010; Gordon and Johnson 2017)。まず、1990年代初頭から北米、欧州の都市で気候変動への対応がとられるようになり、国際的にも持続可能な都市と地域を目指す自治体協議会（International Council for Local Environmental Initiative：ICLEI）といったネットワークが構築された。その後、2005年くらいから地方レベルの活動の第二の波がみられ、地方政府の関与は象徴的関与から実質的関与に展開していった（Gordon and Johnson 2017)。例えば、2005年10月ロンドン市長リビングストン（Ken Livingstone）による18大都市による会議開催を契機として、都市の国際的組織であるC40が結成された。2006年には民間のクリントン気候イニシアティブ（Clinton Climate Initiative）がC40に招待され関与するようになり、参加都市も40都市となった。その後、2011年にはサンパウロでサミットを開催し、世界銀行や、ICLEI との連携も進めた。また、2011年元カリフォルニア州知事アーノルド・シュワルツェネッガー（Arnold Schwarzenegger）が、国連、NGO、企業等と連携し、地方政府レベルでのグリーン経済へのインフラ投資の促進を目的として非営利国際組織である R20（Regions of Climate Action）を設立した。また、政府間レベルで2007年に開催されたバリ会議（COP13）においてもバリ世界市長・地方政府気候保護協定（Bali World Mayors and Local Governments Climate Protection Agreement）が署名された。さらに、気候変動に対応する地方政府は拡大し、各国の首都や大都市、南の諸都市も関与するようになった（Bulkeley 2010）。

第二に、NGO・民間企業ネットワークが大きな役割を果たすようになった。その重要な契機となったのは2000年に開始された Carbon Disclosure Project（CDP）である。CDP は企業の気候変動リスクに関する情報を機関投資家に提供するために、気候関連活動に関する企業の報告手続を自主的に標準化することを試みた。これは、単なる炭素会計（carbon accounting）ではなく、排出測定に加えて、組織的準備、技術的投資、排出権取引・オフセット等に関する情報開示も試みるものであった（Kolk et al. 2008）。2002年には245社が情報開示を行い、2020年にはその後に開示対象となった都市・地方政府も含め、10000以上の組織が情報開示を行っている。CDP は、2007年には、サプライチェーンを構成する企業にも情報開示を求めるサプライチェーンプログラムを開始した（CDP 2020）。その後、国連のアナン事務総長が2006年に提唱した責任投資原則（Principles for Responsible Investment：PRI）への支持拡大も背景となり、2014年秋には投資先の温暖化ガス排出量やカーボンフットプリントを定量的に把握し、削減していく動きが顕在化した。具体的には、投資先の二酸化炭素排出量・カーボンフットプリントを毎年計算し公表していくというモントリオール炭素誓約（Montreal Carbon Pledge）が2014年秋に開始され、2015年12月までには120の投資機関が署名した（高瀬 2017）。

2014年には、NGO である Climate Group が CDP と連携して RE100を設立した。RE100は、各企業が事業運営に必要なエネルギーの100％を再生可能エネルギーで賄うことを支援する取り組みであり、各企業は再生可能エネルギーへの転換期限を設定した目標達成計画を立て、承認受ける必要がある。RE100の運営は、Climate Group と CDP の代表からなる RE100プロジェクト委員会が、RE100諮問委員会（企業メンバーと独立アドバイザーによって構成される）と技術的諮問グループの支援を得て行っている（RE100 2021)。2019年の時点で、RE100には261のメンバーが加盟しており、その内訳は欧州のメンバーが37、北米のメンバーが15、アジアのメンバーが35となっている。そして、そのうち141のメンバーはサプライチェーンの活動についても報告している（RE100 2020)。排出削減のうち、再生可能エネルギーの利用拡大は、いわゆるスコープ２（電力・熱・蒸気等二次エネルギーの利用による間接排出）の排出削減に有効であると位置付けることができる（高瀬 2017)。

また、NGO である Climate Counts と Center for Sustainable Organizations (CSO）が2013年に公表した報告書「気候科学から見た企業排出の評価（Assessing Corporate Emissions Through the Lens of Climate Science)」を契機として、グローバルな目標を企業レベルの目標に翻訳するメカニズムとしての科学と整合した目標設定（Science Based Targets：SBT）への関心が高まった。SBT には、絶対量のバランスの取れた削減を目指すアプローチ、経済的貢献とのバランスも踏まえた削減を目指すアプローチ、セクター別の特色を踏まえた削減を目指すアプローチがある。そのような手法の多様性を踏まえつつ、2014年には、世界資源研究所（World Resources Institute：WRI)、持続可能な開発のための世界経済人会議（World Business Council for Sustainable Development：WBCSD)、CDP 等が主導して、SBT の普及促進が図られた。そして、2016年には、CDP の企業等への質問項目として、目標設定に SBT を活用しているのかに関して開示することが求められるようになった（Walenta 2020)。また、CDP では、2015年から、鉄鋼、セメント製造、自動車製造、鉱業、化学、電力といったセクターに関してセクター別リサーチグループを設置し、セクター別の特色の検討も行うようになった（高瀬 2017)。

第三に、様々な二国間や主要国間での取り組みが進められた。二国間では、アメリカと中国による取り組みが進んだ（鄭 2017)。中国、アメリカの双方において、国際協力を可能とする条件が整いつつあった。中国では、2008年以後、高度経済成長を維持しつつもエネルギー利用における石炭比率は低下した。その背景には、環境規制強化、地方政府の業績評価項目にエネルギー・環境指標が加わったこと、石炭価格制度改革による石炭の高価格化といった事情があった。そして、2015年６月には国が決定する貢献（Nationally Determined Contribution：NDC)

として2030年前後に二酸化炭素排出量をピークアウトできるとした（堀井 2016）。アメリカでは、2009年にオバマ大統領がコペンハーゲン会議でリーダーシップ発揮を試みるが失敗し、国内的にも排出権取引法制の立法は2010年に上院で頓挫した。その後、2013年からのオバマ政権第2期においては、大統領権限で実施可能な施策を講じることとなり、2013年6月には「大統領気候変動行動計画」を策定し、2014年6月には国内既設火力発電所への排出基準を定めるグリーンパワープランを策定した（上野 2016）。そのような中で、米中間の協議が進むこととなった。2013年4月には米中気候変動共同作業グループ（Joint US-China Climate Change Working Group）が設置され、2014年11月にはオバマ大統領、習国家主席による共同声明が出された（Cole 2015）。その中では、アメリカは、温暖化ガス排出を2025年には2005年比26～28%削減するという目標を提示した。また、2015年9月にも再度、米中共同声明が出された。そこでは、「強化された透明性のシステムと能力の点で必要とする途上国への柔軟性」、「低炭素経済への移行に向けた今世紀中頃までの戦略の策定・公表」、「先進国による途上国への支援継続とその意思を持つ他国による支援の奨励」といった方針が示され、これらは2015年のパリ協定に反映されることとなった（上野 2016）。

主要国間の取り組みとしては、2005年にイギリスが議長を務めたG8グレンイーグルズサミットにおいて、いわゆる「グレンイーグルズ・プロセス」が開始され、気候変動も課題として取り上げられた。グレンイーグルズ・プロセスでは、G8諸国のみならず、中国・インド・南アフリカ・ブラジル・メキシコの「プラス5」諸国に加え、急速に経済発展をしている国を含む計20か国が参加する「G20 対話」も開催された。また、グレンイーグルズ・プロセスを開始したイギリスは、気候変動問題を安全保障の問題と位置付け、「気候安全保障（climate security）」として問題をフレーミングすることを試みた（環境省 2007）。冷戦後の1988年にも気候変動問題を「環境安全保障」問題として位置付ける動きがみられたが（米本 1994）、再度、セキュリティ化による政治的注目を集めることが試みられたわけである。そして、その一環として、2007年4月の国連安全保障理事会においては、初めて気候変動問題が取り上げられた。その後、2011年、2019年においても、気候変動問題が安全保障理事会において取り上げられた。

4 パリ協定と気候関連財務情報開示タスクフォース（TCFD）：多様なステークホルダーの役割の制度化

多中心的アプローチに基づく都市やNGO・民間企業等の動員は、2015年に締結されたパリ協定に向けた準備過程においても進められた。2014年9月には、気候変動枠組条約の下での政府間交渉の枠外で、国連により気候サミットがニューヨークで開催され、政府代表に加え、企業CEO、市長等が招聘された。その後、2014年12月に気候変動枠組条約の下でリマにおいて開催されたCOP20では、ペルーの環境大臣が中心となり、都市、企業等の動員を主導した。COP採択文書においても都市、民間セクターへの言及が試みられたが、最終的はそれらの文言は落とされた。ただし、その後、2015年のCOP開催国であるフランスも国だけではなく都市、NGO、民間企業等を担い手とするトランスナショナル気候ガバナンスを重視するようになった（Hale 2016）。

このような背景の下で、パリ協定に向けてリマ・パリ行動アジェンダ（Lima-Paris Action Agenda：LPAA）が設置された（Gordon and Johnson 2017）。LPAAは、フランス政府、ペルー政府、気候変動枠組条約事務局、国連事務総長が主導するものであり、都市、企業等から1万以上のコミットメントを得た（Hale 2016）。このような動きは、小島嶼国連合（Alliance of Small Island States：AOSIS）の支持も得て、2015年にパリにおいて開催されたCOP21では、4つめの柱となる行動アジェンダ（Action Agenda）として、「非締約国ステークホルダー（Non-Party stakeholders）」が言及されることとなった（Hale 2016）。

その結果、2015年12月に採択されたパリ協定提案文書（FCCC/CP/2015/L.9/Rev.1）では、第118パラグラフにおいて、「非締約国ステークホルダーによる気候関連活動の拡大を歓迎し、これらの活動を非国家主体による気候のための行動（Non-State Actor Zone for Climate Action：NAZCA）プラットフォームに登録することを促進する」とされた。また、第134パラグラフにおいて、「市民社会、民間部門、金融機関、都市その他の地方政府を含むすべての非締約国ステークホルダーによる 活動を歓迎する」とされた。このように、非締約国ステークホルダーを公式的に位置付ける枠組みとしてNAZCAが設置され、ここには、市民社会組織、民間部門組織、金融機関、都市その他の地方政府等が参画することが期待された。また、これらの非締約国ステークホルダーの参画を促す手段としての国の役割も強調され、第137パラグラフにおいて、「国内政策や炭素価格を含む排出削減のためのインセンティブの提供の重要な役割も認識する」と規定された。その後、2016年4月時点で2021都市がNAZCAに参画し、これらの都市の人口は世界人口の6.5%を構成していた(Hsu et al. 2017)。また、NAZCAの実質的役割を確保するためには、排出の二重計上等を防ぐために透明性のあるデータ共有が重要であることが主張された(Hsu et al. 2016)。

パリ協定は2015年12月にCOP21において採択され、2016年11月に、165か国とEUが署名して発効した(高村 2017a)。パリ協定では、2条1において、「世界全体の平均気温の上昇を工業化以前よりも摂氏2度高い水準を十分に下回るものに抑えること並びに世界全体の平均気温の上昇を工業化以前よりも摂氏1.5度高い水準までのものに制限するための努力を、この努力が気候変動のリスク及び影響を著しく減少させることとなるものであることを認識しつつ、継続すること」と目的を設定した。

その上で、各国が、NDCsの達成状況について定期的に報告し、その報告に基づいて世界全体としての実施状況の検討を行うという枠組みが設定された。NDCsの設定主体、報告主体、実施状況の検討主体として国という重要ステークホルダーも重視されているといえる。まず、4条2において、「各締約国は、自国が達成する意図を有する累次の国が決定する貢献を作成し、通報し、及び維持する。締約国は、当該国が決定する貢献の目的を達成するため、緩和に関する国内措置を遂行する」と規定された。その上で、4条9において、「各締約国は…国が決定する貢献を5年ごとに通報する。第14条に規定する世界全体としての実施状況の検討の結果については、各締約国に対し、情報が提供される」とされ、14条1において、「この協定の締約国の会合としての役割を果たす締約国会議は、この協定の目的及び長期的な目標の達成に向けた全体としての進捗状況を評価するためのこの協定の実施状況に関する定期的な検討(この協定において「世界全体としての実施状況の検討(global stocktake)」という)を行う。この協定の締約国の会合としての役割を果たす締約国会議は、包括的及び促進的な方法で、緩和、適応並びに実施及び支援の手段を考慮して並びに衡平及び利用可能な最良の科学に照らして、世界全体としての実施状況の検討を行う」とされた。

また、このようなメカニズムを動かすためには信頼や透明性の確保が重要であること、また、各国の能力差を考慮し柔軟性を確保することが重要であることが強調された。13条1では、「相互の信用及び信頼を構築し、並びに効果的な実施を促進するため、この協定により、行動及び支援に関する強化された透明性の枠組みであって、締約国の異なる能力を考慮し、及び全体としての経験に立脚した内在的な柔軟性を備えるもの（an enhanced transparency framework for action and support, with built-in flexibility which takes into account Parties' different capacities and builds upon collective experience）を設定する」と規定され、13条14では、「開発途上締約国に対しては、また、その透明性に関する能力を開発するための支援を継続的に提供する」と規定された。

このように、2015年12月に採択されたパリ協定においては、多様なステークホルダーの役割をNAZCAとして制度化するとともに、主要なステークホルダーである国の役割やその能力構築についても重視してきた。このような国と多様なステークホルダーとの連携の制度化は、パリ協定以外の局面においてもみられた。

第3節において触れたように、企業等の気候リスクの開示と評価は、2000年に活動を開始したCDP等によって進められてきた。しかし、様々な試みにおいて、何が重大なリスク（a material risk）なのかといった点に関して違いがあった。そのような中で、金融的観点から公的機関も関与する形で、情報開示方法の標準化が進められることとなった（Walenta 2020）。

標準化のきっかけとなったのは、G20財務大臣・中央銀行総裁会議である。2015年4月にワシントンDCにおいて開催されたG20財務大臣・中央銀行総裁会議は、その共同声明においては、金融安定理事会（Financial Stability Board: FSB）に対し「公共・民間セクターの参加者を招集し、金融セクターが気候関連問題をどのように考慮できるかについてレビューを行うように求めた」（TCFD 2017）。その背景には、低炭素経済への移行は重大な、また短期的には経済セクターおよび産業界全体にわたる根本的な変化を必要とすることもあるため、特に深刻な金融混乱や資産価値における急激な損失を避けるという観点から、財務関連の政策決定者は国際金融システムに対するその影響に関心が高かったという事情があった（TCFD 2017）。

そのような要請を受けて、金融安定理事会は産業界が主導するタスクフォースとして気候関連財務情報開示タスクフォース（Task Force on Climate-related Financial Disclosures：TCFD）を2015年12月に設置した。タスクフォースは幅広い経済部門と金融市場から、気候関連財務情報開示の利用者と作成者のバランスを考慮した32名により構成された。TCFD は、複数の気候関連情報開示の枠組みが様々な国や地域で提示されてきてはいるものの、既存の体制と G20の国・地域を越えた連携を促進し、気候関連財務情報開示の共通の枠組みとなる標準的な枠組みに対するニーズがあることを確認した（TCFD 2017)。

TCFD は2017年6月に最終報告書を公表し、企業等に対し、気候変動関連リスク、および機会に関する項目について開示することを推奨した。項目は大きく4つに分かれる。第一の項目は、ガバナンス（governance）である。どのような体制でリスクや機会を検討し、それを企業経営に反映しているかに関する事項である。第二の項目は、戦略（strategy）である。短期、中期、長期にわたり、企業経営にリスクや機会どのように影響を与えるか、またそれについてどう考えたかに関する事項である。第三の項目は、リスク管理（risk management）である。気候変動のリスクについて、どのように特定、評価し、またそれを低減しようとしているかに関する事項である。最後に第四の項目は、指標と目標（metrics and targets）である。リスクと機会の評価について、どのような指標を用いて判断し、目標への進捗度を評価しているかに関する事項である（TCFD 2017)。

また、リスクと機会の具体的内容についても一定の整理を行った。まず、気候変動リスクは気候変動に対応するために必要とされる移行に伴う移行リスクと気候変動の物理的リスクに大きく分けられた（Walenta 2020)。そして、移行に伴うリスクは（transition risks)、政策および法規制のリスク（policy and legal risks)、新たな技術の利用に伴うリスク（technology risk)、製品やサービスへの需要が変化することに伴う市場のリスク（market risk)、評判上のリスク（reputation risk）に分けられ、資産に対する直接的損傷やサプライチェーンの寸断から生じる間接的影響を含む物理的リスク（physical risks）は 異常気象等の急性リスク（acute risk）急性リスク、長期的な気温上昇等の慢性リスク（chronic risk）に分けられた。他方、気候関連のもたらす機会は、循環型経済の進展みられるような資源の効率的利用（resource efficiency)、再生可能なエネルギーのような新たなエネルギー源（energy source)、カーボンフットプリントを重視した低排出型の新たな製品・サービス（products and services)、 新しい市場や新しいタイプの資産に関する機会を積極的に見つけようとする組織がより良いポジションを確保できる新たな市場（markets)、リスクを管理し機会をとらえられるような適応能力を開発することにつながるレジリエンス（resilience）に分けられた。

このように、機関投資家の要請のもとNGO主体で進められてきたCDP等の気候変動についての比較可能な情報開示の枠組みについて、TCFDをG20財務大臣・中央銀行総裁会議や金融安定理事会が主導したことからもわかるように、特に金融面から国家・地域も必要性を認識し、進展させることとなった（高瀬2017）。この点でも、NGO・民間企業主導の動きと政府間の動きとの連動が進められてきたといえる。

5　アメリカ連邦政府の政策変動と多国間主義のレジリエンス

2017年に政権についたアメリカのドナルド・トランプ大統領は、パリ協定からの離脱を表明した。しかし、このようなアメリカ連邦政府の離脱表明の実質的インパクトについては、様々な限界も指摘されている。

第一に、気候変動対応主体として、アメリカは30年前ほど重要ではなく、中国、EUが主導しているという現実がある（Keohane 2017）。

第二に、第3節において述べてきたように、現在の気候変動ガバナンスが「多中心的（polycentric）」あるいは「トランスナショナル（transnational）」な性格を持っているという事情がある（Selby 2018）。アメリカでは、温室効果ガス削減による経済的利益（再エネ、省エネ）、異常気象といった負の効果経験、州のリーダーシップ志向、実験場としての州の活用という事情もあり、カリフォルニア州における自動車からの二酸化炭素排出制限、ニューヨーク州における地域的な排出権取引市場の試みのように、地方政府レベルでの気候変動対策が試みられてきた（Rabe 2008）。また、2015年には50州のうち20州が温暖化ガス排出削減目標を持っていた。そして、例えば、カリフォルニア州は温暖化ガス排出を2030年までに1990年比40%削減するとし、テキサス州は風力発電導入を促進してきた（Selby 2018）。さらに、これらのボトムアッププロセスの成果は強靭性を持っており、トランプ大統領がパリ協定離脱を表明した際にも、企業、地方政府のリーダーは継続的参加を主張した。例えば、2016年11月には、85市長がトランプ次期大統領への公開書簡である「市長全国気候行動計画（Mayors National Climate Action Agenda）」に署名した（Betsill 2017）。あるいは、24州の州知事の超党派的な集まりである「アメリカ気候同盟（United States Climate Alliance: USCA）」という組織も存在する（USCA 2019; Murthy 2020）。現時点で、アメリカの人口の55%をカバーすることになっている。USCA はパリ協定の目標達成を目的としており、温暖化ガス排出削減の記録をとり、公表することを具体的に目指している。

そのような地方政府の行動の背景には、エネルギーコスト構造の変化もあった。各州による排出削減策、再エネ導入策が進んでおり、30州が再エネ目標を設定していた。例えば、2030年にカリフォルニア州は総小売電力量の50%、ニューヨーク州は最終エネルギー消費の40%、ハワイ州は総小売電力量の50%を再エネにすることを目標として掲げていた（高村 2017b)。

このような地方政府の動向と同様に、民間企業もパリ協定へのコミットメントを維持した。2017年のアメリカ連邦政府のパリ協定からの離脱表明後、アメリカの主要企業は目標達成へのコミットメントを再確認した（Walenta 2020)。

第三に、制度的要因もある。国内的には、独立行政機関や予算決定権限を持つ議会は、大統領から一定の自律性を持っていた。例えば、連邦エネルギー規制委員会はトランプ大統領が主張した石炭発電所への補助金導入を拒否した（Selby 2018)。また、行政府は2018年度の連邦環境保護庁（Environmental Protection Agency: EPA）の予算31%削減を要求したが、これは実現せず、結局1%削減のみが議会により認められた（Hand 2017)。さらに、2017年度国家安全保障戦略からは気候変動の脅威は削除されたが、他の文書には国家安全保障への気候変動の脅威に関する言及は残った（Selby 2018)。

また、制度的要因には、国際的要素もあった。パリ協定は国別目標を設定するものではなかった。NDCs は自主的コミットであり、履行できなかった場合の制裁はなかった。また、条約規定上、発効の4年後である2020年11月4日まで脱退できない仕掛けとなっていた（Selby 2018)。

このように、アメリカにおいては、連邦政府＝トランプ政権はパリ議定書からの離脱を志向していたが、一定の地方政府や主要企業は、パリ協定へのコミットメントを維持した。その結果、気候変動対応に関する多国間主義は一定のレジリエンス（強靭性）を示したといえる。その際、鍵となるのは、連邦政府と地方政府の緊張関係の帰趨である（Balthasar et al. 2020; Trachtman 2019)。

まず、理論的には、州や都市はパリ協定の署名当事者になることはできない。しかし、マーシー（Sharmila L. Murthy）は、地方政府は規範支持者（norm sustainer）としての役割を果たすことができるとする。具体的には、①自らの温暖化ガス排出削減等に関する情報開示（disclosure）による履行確保（compliance）、②規範における原則の明確化（例えば、先進地域と発展途上地域は共に責任を負うがその程度は異なるという「共通だが差異ある責任（common but differentiated responsibility）」の具体的内容を、地方政府の具体的なコミットメントを通して体現し、規範内容の明確化を図ること）、③政策の実現可能性（feasibility）の証明といった役割を果たせるとする。これは、NGO のような組織が果たす規範起業家（norm entrepreneur）としての役割、国のような協定当事者が果たす規範主催者（norm sponsor）としての役割と対置されるとする（Murthy 2020）。このような、規範支持者としての役割、あるいは規範起業家としての役割については、パリ協定において、NAZCA という枠組みが与えられていると考えることができる。

また、トランプ政権下のアメリカにおいては、実際に、連邦政府と地方政府の緊張関係が進行していた。アメリカにおいては、州の役割は、特にカリフォルニア州に関連して歴史的文脈の中で規定されてきた面が大きい。カリフォルニア州では、1969年に、ロサンジェルス、サンフランシスコ湾地域における大気汚染規制が超党派的支持の下で制定され、実施のための行政機関としてカリフォルニア州大気資源局（California Air Resources Board：CARB）が設置された。翌1970年、連邦政府が大気清浄法（Clean Air Act：CAA）を制定したが、すでに存在したカリフォルニア州規制の方が厳しかったので、カリフォルニア州に対して連邦規制からの免除であるウェイバー（the California waiver）を認めたという経緯がある（辻 2021）。その後、1977年には、CAA の修正において、他州にもカリフォルニア州と同一基準を採用するのであれば、ウェイバーを認めるという規定が追加された（Mazmanian et al. 2020）。

そのような状況の下で、トランプ大統領は、自動車燃費規制に対してカリフォルニア州に2013年に付与されたウェイバー撤回の提案を2018年８月に行った。燃費規制については、カリフォルニア州と他の13州およびワシントン DC が他よりも厳しい基準を採用していた。このようなウェイバーを撤回する際の法的理由として、トランプ政権は、①気候変動はグローバルな問題なので州規制は不要であること、②厳しい規制は技術的に実現可能性がないこと、③温暖化ガスについては他の法（エネルギー政策及び省エネ法（Energy Policy and Conservation Act：EPCA））により連邦が管轄を先占しているという論点を提示した。しかし、①

については、元来ゼロエミッション車導入理由は窒素酸化物排出規制であったこと、②についてはすでにCARBが技術的実現可能性を確認していること等を考えると、なかなか難しい議論であった（Hankins and Bryner 2018）。

その後、トランプ政権とカリフォルニア州の交渉が行われたが、妥協することはできず、2019年7月、カリフォルニア州は一部の自動車メーカー（BMB、本田、フォード、フォルクスワーゲン）と温暖化ガス排出削減に関する自主的合意を締結した。それに対して、2019年9月トランプ大統領が実際にウェイバーを撤回すると、カリフォルニア州、他の22州、ワシントンDC、ニューヨーク市、ロサンジェルス市は、まずは運輸省道路交通安全局（National Highway Traffic Safety Administration: NHTSA）に対し、その後、EPAに対して訴訟を提起した。他方、自動車メーカーは割れており、2019年10月に、GM、トヨタ、マツダ、現代等11社はトランプ大統領支持で訴訟に参加した。そのため、カリフォルニア州は、これらの11社を州の調達から締め出す枠組みを構築することとなった（Oller 2019）。

6 おわりに

以上、気候変動の事例に即して、多国間主義のあり方、トランプ政権下でのアメリカの一国主義的な行動に対する一定の多国間主義のレジリエンス（強靭性）を確認してきた。このような多国間主義の強靭性の源泉としては、以下の4つを指摘することができる。

第一に、多国間主義自身の重層性がある。気候変動の場合、気候変動枠組条約に加え、G8、G20のような枠組みや、米中共同宣言のような二国間枠組みが一定の役割を担った。

第二は、民間組織・専門家・地方政府のトランスナショナルなネットワークである。気候変動においてはIPCCという政府間組織としての性格も持った専門家ネットワークやC40、R20、USCAのような地方政府のネットワーク等が重要な役割と果たした。また、CDP等が開始した企業の気候変動関連のリスク評価・情報開示に多くの企業が参加し、また、開示情報を機関投資家等の金融機関が重視するに従い、多くの主要企業は、国レベルの政府の政策からは独立して、一定の削減目標に対するコミットメントを表明するようになってきた。

第三に、セキュリティ化（securitization）というフレーミングも一定の役割を果たしてきた。気候変動についても、イギリスはG8サミットや国連安全保障理事会において、気候安全保障というフレーミングを行った。気候変動の安全保障問題としての位置付けは、近年もみられる。

第四に、国内制度構造の要因もある。アメリカのトランプ政権下において、行政府は環境行政を担当するEPAの予算の大幅削減を試みたが、結果としては実現しなかった。その要因としては、議会がそのような予算削減に抵抗したことが挙げられる。また、特にアメリカにおいては、連邦政府と州政府（特にカリフォルニア州）の歴史的な緊張関係が、重要な規定要因となっていた。

このように、多国間主義は、一定程度、一国主義的な行動に対してレジリエンス（強靭性）を示してきた。ただし、多国間主義の実効性確保には、国レベルでのコミットメントが重要であるという側面もある。気候変動における目標設定、報告、検証においても国が重要な主体であり、これらにおける国レベルの能力の確保や能力確保への支援も、多国間主義の重要な要素であった。また、企業のカーボンフットプリント等の情報開示に関しても、TCFDの活動の経緯にみられるように、金融規制の観点からの政府レベルでのコミットメントが重要な促進要素であった。

■付記

本章は、グローバルヘルスに関する多国間主義と気候変動対応に関する多国間主義を比較した城山（2020）の気候変動対応に関する多国間主義の分析を発展・展開させ、新たに気候関連財務情報開示タスクフォース（TCFD）等に関する分析を追加したものである。

■参考文献

上野貴弘（2016）「オバマ政権第二期の気候変動対策と今後の行方」『アジ研ワールド・トレンド』第22巻4号、pp.8-11。

亀山康子（2011）「国際関係論からみた気候変動レジームの枠組み」、亀山康子・高村ゆかり編『気候変動と国際協調――京都議定書と多国間協調の行方』第1章、pp.20-42、慈学社出版。

環境省中央環境審議会地球環境部会気候変動に関する国際戦略専門委員会（2007）「気候安全保障（Climate Security）に関する報告」。
https://www.env.go.jp/earth/report/h19-01/full.pdf（最終アクセス2021/3/14）

城山英明（2016）「複合リスクとグローバルガバナンス――機能的アプローチの展開と限

界」、杉田敦編『岩波講座現代4――グローバル化のなかの政治』第10章、pp.239-268、岩波書店。
城山英明(2018)『科学技術と政治』ミネルヴァ書房。
城山英明(2020)「多国間主義のレジリエンス――重層性、専門家・地方政府ネットワーク、セキュリティ化、国内制度構造」、日本国際問題研究所『反グローバリズム再考――国際経済秩序を揺るがす危機要因の研究 「世界経済研究会」最終報告書』第10章、pp.221-242、国際問題研究所。
高瀬香絵(2017)「パリ協定後の企業戦略――カーボン・プライシング規制・ESG投資の拡大が企業経営にもたらす影響」『日本LCA学会誌』第13巻1号、pp.39-49。
高村ゆかり(2011)「気候変動レジームの意義と課題――国際法学の観点から」亀山康子・高村ゆかり編『気候変動と国際協調京都議定書と多国間協調の行方』第2章、pp.43-84、慈学社出版。
高村ゆかり(2017a)「パリ協定――その特質と課題」『公衆衛生』第81巻12号、pp.966-972。
高村ゆかり(2017b)「米国不在でも進むパリ協定の枠組み」『外交』第41巻、pp.121-127。
チェン(鄭)ファンティン(2017)『重複レジームと気候変動交渉――米中対立から協調、そして「パリ協定」へ』現代図書。
辻雄一郎(2021)「自動車規制をめぐる州と連邦政府の衝突」辻雄一郎他編『アメリカ気候変動法と政策――カリフォルニア州を中心に』勁草書房。
堀井伸浩(2016)「中国の石炭・エネルギー問題と気候変動対応」『アジ研ワールド・トレンド』第245巻、pp.12-15。
米本昌平(1994)『地球環境問題とは何か』岩波書店。
Balthasar, Andreas, Mirand A. Schreurs and Frederic Varone (2020) "Energy Transition in Europe and the United States: Policy Entrepreneurs and Veto Players in Federalist Systems," *Journal of Environment and Development*, 29 (1), pp.1-23, 107049651988748
Betsill, Michele M. (2017) "Trump's Paris Withdrawal and the Reconfiguration of Global Climate Change Governance," *Chinese Journal of Population Resources and Environment*, 15 (3), pp.189-191.
Bulkeley, Harriet (2010) "Cities and the Governing of Climate Change," *Annual Review of Environmental Resource*, 35, pp.229-253.
Carbon Disclosure Project (CDP) (2020), "Celebrating 20 Years of CDP." https://www.cdp.net/en/info/about-us/20th-anniversary#34e2d1989a1dbf75cd631596133ee5ee (最終アクセス2021/3/14)
Cole, Daniel H. (2015) "Advantages of a Polycentric Approach to Climate Change Policy," *Nature Climate Change*, 5 (2),pp.114-118.
Gordon, David J. and Craig A. Johnson (2017) "The Orchestration of Global Urban Climate Governance: Conducting Power in the Post-Paris Climate Regime," *Environmental Politics*, 26 (4), pp.694-714.
Hale, Thomas (2016) "'All Hands on Deck': The Paris Agreement and Nonstate Climate Action," *Global Environmental Politics*, 16 (3), pp.12-22.
Hand, Mark (2017) "Climate, Environmental Programs Left Mostly Untouched in Budget

Deal," *Think Progress* (1 May 2017).
https://thinkprogress.org/climate-environmental-programs-left-mostly-untouched-in-budget-deal-3742f7bad9c5/（最終アクセス2021/3/14）

Hankins, Meredith and Nicholas Bryner (2018) "Trump Administration and California are on Collision Course over Vehicle Emissions Rules," *The Conversation,* (3 August 2018).
https://theconversation.com/trump-administration-and-california-are-on-collision-course-over-vehicle-emissions-rules-100574（最終アクセス2021/3/14）

Hsu, Angel, Yaping Cheng, Amy Weinfurter, Kaiyan Xu, and Cameron Yick (2016) "Track Climate Pledges of Cities and Companies," *Nature,* 532 (7599), pp.303-306.

Hsu, Angel, Amy J. Weinfurter, and Kaiyan Xu (2017) "Aligning Subnational Climate Actions for the New Post-Paris Climate Regime," *Climate Change,* 142 (3), pp.419-432.

Keohane, Robert O. (2017) "The International Climate Regime without American Leadership," *Chinese Journal of Population Resources and Environment,* 15 (3), pp.184-185.

Keohane, Robert O. and David G. Victor (2011) "The Regime Complex for Climate Change," *Perspective on Politics,* 9 (1), pp.7-23.

Keohane, Robert O. and David G. Victor (2015) "After the Failure of Top-down Mandates: The Role of Experimental Governance in Climate Change Policy", in Scott Barrett, Carlo Carraro and Jaime de Melo eds., *Toward a Workable and Effective Climate Regime,* Ch.14, pp.201-212, CEPR Press.

Kolk, Ans, David Levy and Jonatan Pinkse (2008) "Corporate Responses in an Emerging Climate Regime: The Institutionalization and Commensuration of Carbon Disclosure," *European Accounting Review,* 17 (4), pp.719-745.

Mazmanian, Daniel A., John L. Jurewitz and Hal T. Nelson (2020) "State Leadership in U.S. Climate Change and Energy Policy: The California Experience," *Journal of Environment and Development,* 29 (6398), 107049651988748.

Murthy, Sharmila L. (2020) "States and Cities as "Norm Sustainers": A Role for Sustainable Actors in the Paris Agreement on Climate Change," *Virginia Environmental Law Journal,* 37 (1), pp.1-51.

Oller, Samantha (2019) "California Strikes Back at Trump Efforts to Revoke Emissions Waiver: State Sues EPA and Snubs Automakers Who Defended Trump's Position on One Federal Policy," *CSP,* (20 Nov. 2019).
https://www.cspdailynews.com/fuels/california-strikes-back-trump-efforts-revoke-emissions-waiver（最終アクセス2021/3/14）

Ostrom, Elinor (2009) "Polycentric Approach for Coping with Climate Change," *Policy Research Working Paper 5095,* The World Bank.

Rabe, Barry G. (2008) "States on Steroids: The Intergovernmental Odyssey of American Climate Policy," *Review of Policy Research,* 25 (2), pp.105-128.

Selby, Jan (2018) "The Trump Presidency, Climate Change, and the Prospect of a Disorderly Energy Transition," *Review of International Studies,* 45 (3), pp.471-490.

Task Force on Climate-related Financial Disclosures (TCFD) (2017)「最終報告書　気候関連

財務情報開示タスクフォースによる提言（Final Report Recommendations of the Task Force on Climate-related Financial Disclosures)」
https://assets.bbhub.io/company/sites/60/2020/10/TCFD_Final_Report_Japanese.pdf（最終アクセス2021/3/14）

The United States Climate Alliance（USCA）（2019）"2019 Fact Sheet" https://static1.squarespace.com/static/5a4cfbfe18b27d4da21c9361/t/5ccb5aa56e9a7f542fe4233c/1556830885910/USCA+Factsheet_April+2019.pdf（最終アクセス2021/3/14）

Trachtman, Samuel（2019）"Building Climate Policy in the States," *The Annals of the American Academy,* 685（1）, pp.96–114.

Walenta, Jayme（2020）"Climate Risk Assessment and Science-based Targets: A Review of Emerging Private Sector Climate Tools," *Wiley Interdisciplinary Reviews: Climate Change,* 11（2）, e628.

100% Renewable Electricity（RE100）（2020）*RE100 Annual Progress and Insights Report 2020.*
https://www.there100.org/growing-renewable-power-companies-seizing-leadership-opportunities（最終アクセス2021/3/14）

100% Renewable Electricity（RE100）（2021）"RE100 About Us."
https://www.there100.org/about-us（最終アクセス2021/3/14）

第3章

エコロジー的近代化とその限界

ロベルト・オルシ
（監訳：華井和代）

窓から世界を眺める

出典：筆者撮影

理論（theory）はギリシア語の眺める・熟考する（theomai）に由来する。
窓は私たちが世界を眺めるためのものであり、理論家にとって良い比喩になる。

本章では、エコロジー的近代化とそれに対する主要な批判を総覧する。はじめに、エコロジー的近代化の起源と全体的な歩みを概観し、その後、ポリティカル・エコロジー、エコマルクス主義（あるいはポストマルクス主義）、構成主義／ポストモダニズムの3つの視座から、これまで数十年にわたり生態社会学などの研究で展開された様々な反論について取り上げる。

1 はじめに：エコロジー的近代化とは何であり、なぜそれが重要なのか

エコロジー的近代化とは、様々な学術領域を横断して、人間社会と自然環境との関係を問う社会科学におけるアプローチである（Jänicke 2020, p.13）。エコロジー的近代化は、産業の近代化を生み出し、発展させてきたのと同じ手段――合理化、科学技術革新、産業化、経済成長――を用いることで、近代産業社会が経済危機と折り合いをつけることができる、またつけなければならないとの考えに基礎を置く。エコロジー的近代化の有用性と限界を理解することはなぜ重要なのだろうか。その問いにシンプルに回答すると、グローバルな生態学的危機、とりわけ気候変動の悪化が明らかであるなか、社会と環境との関係をどう考えるかという類型化は、適応や緩和のための戦略や政策に決定的な長期的影響を与えるためである。後述するように、今日の世界では、気候変動などの環境問題を当然のようにエコロジー的近代化のレンズを通してみる傾向があり、その当然視を自覚することが必要である。そうした見方が政策立案者を最適な方法や最良の結果に導かないこともあるためである。

本章では、主に3つの節で構成する。第2節では、1980年代初頭に登場したエコロジー的近代化の歴史的変遷から、現在の議論の状況までを概説する。加えて、エコロジー的近代化を説明する方法として、社会が環境問題を引き起こし、それに対処するパターンを紹介することで、エコロジー的近代化の主要な特徴を描き出す。第3節では、過去40年間にエコロジー的近代化が受けた様々な批判を体系的に概観する。簡潔にまとめると、ポリティカル・エコロジーからの批判（3.1）、エコマルクス主義あるいはポストマルクス主義からの批判（3.2）、構成主義とポストモダニズムからの批判（3.3）に分類される。第4節では、エコロジーの議論においてエコロジー的近代化が享受してきた優位な立場が現在直面している主な課題に目を向けるが、そのいくつかは非常に手ごわいものである。筆者はエコロジー的近代化の議論をできるだけわかりやすくしようと試みるが、本章は理論的な議論や欧州の社会学に精通していない読者にとっては難解な章になっているかもしれない。過度に単純化すると科学的な正しさを損なう可能性があるため、読みやすさや概念の明瞭さとのバランスに配慮したことを付言しておきたい。

2 エコロジー的近代化の歴史と主要な理念

2.1 エコロジー的近代化の起源

エコロジー的近代化は、1980年代初頭のベルリン社会科学学術センター（Wissenschaftszentrum Berlin）に関連する研究者グループに端を発する。その提唱者はJoseph Huberとされており（Huber 1982, 1985, 1991）、ドイツのMartin Jänicke、Volker von Prittwitz、Udo Simonis、Klaus Zimmermann、オランダのMaarten Hajer、Arthur P.J. Mol、Gert Spaargaren、英国のAlbert Weale、Maurie Cohen、Joseph Murphyら多くの研究者により発展を遂げた（Mol and Sonnenfeld 2000, p. 4)。エコロジー的近代化は、有限な地球において無限の経済成長は不可能であるとする「成長の限界」論（Meadows et al. 1972）が優位を占める言説空間で議論が興った。この見解は、欧米社会で1950年代、60年代にすでにみられた産業化と大量消費の帰結に関する学術的議論から生じた。その頃には、環境破壊を見過ごしたり、無視したりすることができなくなり始めていた。その後まもなく、環境に関する懸念は資本主義システムへの急進的な批判として、ひいては近代社会全体への急進的な批判として現れた。

批判の焦点は主に、人口爆発や環境汚染、生物多様性の喪失、資源枯渇という問題に置かれた。これらの懸念はしばしば、ある種の脱産業化／脱近代化こそが進歩であり、産業化以前の時代に戻るといったような急進的な提唱に行きつくこともあった。歴史的に見るとエコロジー的近代化は、エコロジー急進主義への正面攻撃を先導するものではなかったものの、当時優勢だった脱産業化／脱近代化の議論に対する応答、反応、あるいは対抗運動とみなされている（Mol and Spaargaren 2000, p.19; Spaargaren and Mol 1992; Mol 1995)。しかしエコロジー的近代化はむしろ、実務家志向のニッチとして始まり、優れた成功をおさめて政策立案者や民間主体に採用されることを通じて社会学的立場を強固にした。エコロジー的近代化の社会学理論的な位置付けは今もなお断片的で未発達であるものの、1980年代までのエコロジー議論で主流であった根本的に悲観的な、「黙示録的」な立場に対し、エコロジー的近代化は、産業化によって引き起こされた環境危機への「楽観的」で「モダニスト」的なアプローチだとみなすことができる（Machin 2019, p.210)。

2.2 エコロジー的近代化の定義

エコロジー的近代化をより正確に描き出すことは容易ではない。過去40年以上の歩みの中で、様々な研究者が、微妙ではあるが重要な違いのある様々な定義を与えてきた。エコロジー的近代化のもっとも著名な提唱者の一人であるArthur P.J. Molは、「エコロジー的近代化という概念は、(中略)現代世界における様々なスケールでの環境改良プロセスの社会科学的な解釈である。(中略)エコロジー的近代化の研究は、様々な組織や社会的アクターが、自らの日常的な機能、発展、ならびに他者や自然界との関係の中に、環境問題をいかに統合するかを考察する」としている(Mol et al. 2014, p.15)。Susan Bakerはエコロジー的近代化を「社会変革の理論であり、後期産業社会において近代化がもたらす環境上の負の帰結に対応するための試みを探求する」(Baker 2007, p. 299)とし、Nazmul Hasanは、「エコロジー的近代化理論は、生産と消費の構造の長期的な変革により環境保護が保証されれば経済成長の継続は可能であるとの考えに基づく、楽観的な諸理論の集合である」(Hasan 2018, p.260)と述べる。しかし、他の研究者は、認識論的な問いへの関わりや一貫性と説得力の面で、エコロジー的近代化は理論と呼ぶに十分なレベルには達していないとする。

エコロジー的近代化は、近代の産業社会に内在する合理性は根本的に進歩のための力であるという前提に立っている。この前提はエコロジー的近代化の基本構造において保持される必要がある。しかし、環境危機に対応し、解決するには、危機に対処するための措置がエコロジー的近代化に統合される必要がある。Baker(2007, p.299)は、エコロジー的近代化に関する文献に見られる4つの主要テーマとして、①経済成長と環境保護のシナジーは可能である、②政府は他の活動領域に環境政策の要素を組み込み、統合する必要がある、③エコロジー的近代化を推進するには新たな政策手段が必要である、④近代化あるいは「超産業化」プロセスは、「特に産業セクターにおいて、新しい技術や産業プロセスを運用する手法の発明、革新、普及を伴うセクター固有の活動を通じて」発生するということを挙げる。

エコロジー上の挑戦に成功するための戦略や戦術には、いくつかの構造転換、再概念化が必要である。第一に、成長の限界や脱産業化の立場のように科学と技術を環境問題の発生源や原因としてのみとらえたり、そうした側面を強調するのではなく、それらの諸問題に対する科学と技術の積極的な貢献を重視する必要がある。その際、科学と技術によってダメージを修復することが可能であると考えるのみならず、むしろ「設計段階から環境への配慮を組み込んだ社会技術的な予防アプローチ」が可能であるととらえる必要がある。第二に、市場と経済主体を「エコロジーの再構築と改革の実践者」とみなす必要がある。第三に、新たなスタイルのガバナンスを生み出すことが必要である。それは、「分権的で、柔軟で、コンセンサス型」であり、よりフラットで、「従来は国民国家が果たしてきた行政、規制、管理、共同、仲介機能を非国家主体が担う」余地のあるガバナンスである。第四に、社会運動の積極的関与が必要である。最後に、私たちの文化的背景においてこれらの諸問題が表象され、公的議論において強調され、そして支配的なイデオロギーにおいて重視されるという「言説的実践」の変容がある。産業化の初期段階のように環境問題を完全に無視することはもはや受け入れられず、また同時に、経済的な利益と環境上の利益は必然的に相反するものであるとする極論も捨てなければならない（Mol and Sonnenfeld 2000, pp.6-7）。

近年の研究では（Hasan 2018, p.260; Warner 2010, pp.540-542; Eckersley 2004）、Peter Christoff（1996）が提示した分類法に従って、エコロジー的近代化の年代的段階および、「弱い」エコロジー的近代化と「強い」エコロジー的近代化とを区別する。

第一段階として、1990年代初頭まで、エコロジー的近代化は主にドイツや北欧諸国における特定の環境問題に対応するための、理論としては未発達で、実践的な問題解決型のアプローチによって活気づいた。この第一波の「弱さ」は、視野が比較的狭いこと、地理的対象範囲が限定的であること、そして技術革新と改良によって問題解決できると想定し、社会的・政治的な要素にほとんど注意が払われていない点にあった。

1990年代からの第二の波、すなわち「強い」エコロジー的近代化は、より洗練された議論に発展した。Mol や Spaargaren らの業績により、エコロジー的近代化は北欧での比較的局地的な議論を離れ、環境社会学分野でグローバルに（特に北米で）知られるものとなった。また、当初の考えの社会的、政治的影響に関して、より複雑な議論が展開されるようになり、環境問題の解決は、科学的＝技術革新にのみ依存するのではない（圧倒的ですらない）とされ、政策の改革、規制、そして経済的インセンティブにより力点が置かれるようになり、同時により洗練された理論的枠組みが構築された。

近代化に対する楽観主義が明らかに過去のものとなった時代においてエコロジー的近代化はあまりに「近代主義」のスタンスが強すぎるとする批判（詳細は後述）に対処するため、エコロジー的近代化の理論家は新たな知的基盤を提供しようとしてきた。そこでは、「近代化プロセスの究極の目的と特性」（Eckersley 2004, p.109）が積極的に問われ、複雑な産業システムや近代社会全体の変革能力が「近代化プロセスそのものの質」（Warner 2010, p.540）になるとされた。例えばJänicke（1990）は「国家の失敗（state failures)」に対する理論的関心から発展したものであり、環境破壊を国家の失敗としてとらえている。それによると環境破壊は、発展がもたらす迷惑な副産物や発展の過渡期として対処される存在だけでなく、従来の近代主義的アプローチの限界に気づくための国家の自省を要求する存在ともなる。こうしたアプローチの限界を認識して始めて限界を克服でき、現在の苦境を乗り越えることができるのであり、これが自省の中核をなす仕組みである。

2.3 エコロジー的近代化の主題

エコロジー的近代化は「構造」よりも「プロセス」を強調しがちである。すなわち、エコロジー的近代化の理論ではしばしば、時間の経過とともに比較的変化せずにとどまるもの（構造）よりも、異なる要素間の複雑な相互作用（プロセス）によって社会的変革がいかにして生じるかの重要性を強調する。エコロジー的近代化は、循環の重要性とイノベーションの役割に関するシュンペーター的な考え[1)]から大いに影響を受け、変革について機能主義的説明を展開した。とりわけ、産業化プロセスの内的ダイナミクスがもたらす危機の連続が、変革を可能にしている。このようなプロセスは、大規模、堅固かつ非効率な構造を生み出す傾向がある（Jänicke 1990, pp.41-44)。Jänickeによるとこのような構造は、技術面と政策面の両アーキテクチャーにおけるイノベーションが起きて堅固なシステムが解体されない限り、供給する生産物の価格を正確に設定できなくなる。環境保護は、このような波あるいは循環によって、産業化プロセスに組み込まれていく。

1）Joseph A. Schumpeter（1883-1950）は、資本主義の歴史を、創造的破壊の危機を頂点とするサイクルによって前進する進化的プロセスとして概念化したオーストリアの経済学者である。経済変動の主な要因は、技術革新とイノベーションである。

この波あるいは循環のイメージには、政治的な側面がある。1970年代のような紛争が多い危機の時代には、危機の解決は政治的な合意形成や相対的な平和化と結び付けて考えられる（Warner 2010, p.543）。

第二波では、より堅固な理論的再構築が行われ（しかし、後述するように、問題がないわけではない）、エコロジー的近代化は勢力を急速に拡大し、特に欧州連合（EU）において、環境政策および基礎的なエコ社会学的議論の主要アプローチの1つとして数年のうちに確立された（Machin 2019, p.210; Warner 2010, p.540; Baker 2007, p.297）。エコロジー的近代化の成功は、1990年代の楽観的な時代精神（Zeitgeist）に合致していたこと、基本的に市場寄り（pro-market）でビジネス寄り（pro-business）な志向であったこと（「新自由主義」と称する人もあろう）に関係しているといえよう。

しかし、政策立案者の間におけるエコロジー的近代化の成功は、欧州の枠をはるかに超え、持続可能性や持続可能な開発といったいまやグローバルに確立された概念に影響を与えた。1980年代、環境と開発に関する世界委員会（World Commission on Environment and Development：WCED、通称「ブルントラント委員会」）は、産業化の過程で生じた環境危機に関する大規模な調査を主導し、よく知られるように、持続可能な開発を「将来の世代のニーズを満たす能力を損なうことなく、今日の世代のニーズを満たす」ような開発であるとして理論化した（WCED 1987, p.8）。多くの研究者は、1970年後半から1980年代初頭には明白であった不平等、特に世界の富の南北格差の拡大に取り組むことでのみ持続可能な開発は可能になるとみなしていた。よって、こうした不平等の是正は、持続可能性の最も深い論理に内在するものであり、その結果として変革の倫理的、政治的、社会的な次元を包含するものであると概念化された。『我ら共有の未来（*Our Common Future*）』はネオ・マルサス的な見解や成長の限界論に影響されたそれまでの文書（例えば、1973年の「国連人間環境会議報告」）と一線を画し、グローバルレベルでの環境政策に一区切りをつけたと評価されている。持続可能な開発は、理論的にはエコロジー的近代化となおも区別されるものの、ブルントラント委員会はエコロジー的近代化の主要な考えのいくつかを取り入れた、あるいは、両者には「重なり」があると指摘する研究者もいる（Langhelle 2000）。1995年にはすでに、Mol は「エコロジー的近代化は、持続可能な開発の新しい、多くの点で改善された同義語」であり、エコロジー的近代化は「北半球の都市型変革産業の環境問題を考えるためのマクロ的または包括的な枠組みとして、持続可能な開発よりも有用」であると断言した（Mol 1995, p.63; Buttel 2000, p.63）。持続可能な開発、とりわけ「持続可能な開発目標（SDGs）」として知られる「持続可能な開発のための2030アジェンダ」は、いまやエコロジー的近代化の言説に根差しているかのような形で日常的に概念化されている（Weber and Weber 2020）。持続可能な開発とエコロジー的近代化とのこのような緊密な関係は、政府のあらゆる部門の実務者や民間の経済事業者を含むほとんどの人が、持続可能な開発を概念化し、それゆえに社会全体に大きな影響を与える持続可能性関連のプロジェクトやプログラムを構想する際の基本的な側面をなしている。だからこそ、エコロジー的近代化は抽象的な学術的議論の主題となるにとどまらず、持続可能性のアジェンダに関連するすべてのことにおいて、明確にそうと言われなくても実体的影響を及ぼしているのである。

しかしながら、持続可能性をいわば暗黙のエコロジー的近代化としてとらえるこのような見方は、果たして健全な考えなのだろうか。次節では、エコロジー的近代化が様々な方法で批判され得ること、また、持続可能性に向かう有力なアプローチとしてすべての人がエコロジー的近代化に満足しているわけではないことを述べる。

3 エコロジー的近代化の限界

環境政策へのアプローチとしての過去から現在にいたる卓越性、イデオロギー的なルーツと影響力を考えると、エコロジー的近代化が多くの批判を受けるのも理解できる。本節ではMol and Sonnenfeld（2000, p.5）に従って「エコロジー的近代化への反論」を、ポリティカル・エコロジー、エコマルクス主義、構成主義という3つのおおまかな類型に区分する。3つのグループの間には重複があり、また、異なる系統に属する研究者によって議論がなされていることから、この類型は実用的な理由によるものにすぎない。

3.1 ポリティカル・エコロジーからの批判

エコロジー的近代化に批判的な立場をとる第一のグループは、ネオ・マルサス主義[2]、特に新エコロジカル・パラダイム（New Ecological Paradigm: NEP）とその派生型といった環境社会学的立場の領域の研究者や、ヒューマン・エコロジーという学問領域の研究者によって構成されている。このグループの研究者によるエコロジー的近代化批判では、実証上の失敗と理論上の欠陥の両面が指摘される。

実証上の失敗については、消費拡大と高い相関関係にある経済拡大（GDP成長）に焦点を当て続けることは、現在の技術文明や人類の存在そのものの拠り所である生態学的な基盤を長期的に維持することと根本的に両立し得ないと論じられる。自然環境への負荷が恒常的に増加し続けて軽減されないことは、自然エコシステムの地球規模での崩壊を誘発しえるものであり、人間社会に壊滅的な影響を及ぼすとされる（Daly and Farley 2010; Ehrlich and Ehrlich 2013）。エコロジー的近代化の主要な論点に的を絞った批判として、環境への配慮、技術的・科学的革新、最適化、効率化を体系的に統合する政治改革によって、さらなる産業化の進展と人口拡大がもたらす環境破壊のバランスをとることができるという考えに異論を唱える研究者がいる。エコロジー的近代化は、事例研究的な方法論を採用するのが常であり、しばしば定量的ではなく定性的であるためこの問題を見過ごしているが、大規模な潮流を正確に測定するには、異なる、より定量的な方法論が必要であろう（Ewing 2017, p.130; York et al. 2010）。言い換えれば、エコロジー的近代化の研究者は、誤った方法論を用いて、誤った社会現象の観察・測定をしている可能性があり、環境と産業社会との関係について歪んだ像を生みだしている可能性がある。

理論上の欠陥については、人間生態学の研究者によると、エコロジー的近代化は、人類を質的に「他」とは異なるものとして位置付ける人間特例主義のよく知られた立場を再定式化する洗練された巧妙な方法であるという。したがって環境

2）ネオ・マルサス主義は英国の経済学者 Thomas Robert Malthus（1766～1834年）、とりわけ彼の著作『人口論』（1798年）から影響を受けた主張である。この著作でマルサスは、食糧生産は限られた土地の供給に依存し、人は食糧生産の拡大よりも速く繁殖するため、飢饉が人間の人口増加を抑制すると未来を仮定した。マルサスは、この二世紀における農業生産の驚異的な成長や避妊の普及を予測できなかったが、彼の研究は、人口と環境の限界との関係に関する初期における最も重要な研究の1つであり続けている。将来における他の環境資源の利用可能性に関し、現在ネオ・マルサス主義者は同様の議論をしている。

と人間社会との関係性は、生態科学と同じ概念と方法を用いた「人間生態学」としては単純に概念化できないと批判される。つまり、人間特例主義は、環境との基本的な関係に関して、人間が究極的には他のすべての生物と同等であることを否定しているのである。1970年代末にはすでに、NEPの提唱者とされるWilliam CattonとRiley Dunlapがこのような「人間特例主義パラダイム」(paradigm of human exceptionalism: HEP)を徹底して論じた(Catton and Dunlap 1978; 1980)。換言すると、ポリティカル・エコロジーの研究者は、人間の知性と、(近代的、合理的、科学的)知性そのものが生み出した危機を克服する能力への過度な楽観視と信頼を指摘する。こうした楽観視は、根本的に非合理なもの、すなわちこの宇宙において人類が例外であるという(論拠のない)「信念」に結局のところ依拠するであろうが、科学的論証では正反対のことが示されている。人間特例主義が神学的、特に一神教的、キリスト教的な世界における人間の位置付けの概念を世俗化したものであると主張する者もあろう。だとするとそのような信念は、近代化論が繰り返してきた、自然を人間が利用するための資源の「常備在庫(standing reserve)」としてとらえるアプローチの基底にあり、エコロジー的近代化もまたそのアプローチを保持してきた(Baker 2007, p.303)。

3.2 エコマルクス主義(およびポストマルクス主義)からの批判

エコロジー的近代化を批判する第二のグループはマルクス主義(またはポストマルクス主義)の社会学と政治理論に属する研究者である。マルクス主義者からすると、エコロジー的近代化には自省が欠如しており、産業資本主義およびその社会的・政治的秩序を問うのではなく、イデオロギー的な正当化を展開することに終始している。エコロジー的近代化は環境正義の問題にほとんど関心を示さず、環境危機を解決するために技術的・科学的な取り組みがどれほどなされようとも、引き続き環境危機を引き起こし続ける構造的要因を軽視してきた(Foster 2012; Warner 2010)。さらに、エコロジー的近代化の機能主義的な分析は「国家/経済関係について過度に決定論的に理解する傾向」があり(Eckersley 2004, p.60)、「変革の本質的な原動力として産業改革の物質的な効果をあまりにも重視しており、社会的勢力や社会的紛争、あるいはこれに関する歴史的エージェンシーの偶発性に対してほとんど役割を認めていない」(Warner 2010, p.543)。実際、その「安心させる」という社会学的立場の性質により、エコロジー的近代化の診断と処方の面において紛争はほとんど存在しないように思われる。このことは「生態系の変革を引き起こす上での国家の役割について過度に単純化された想定」に基づいている可能性がある（Baker 2007, pp.300-301）。

マルクス主義者とエコロジー的近代化研究者との間の論争は、Allan Schnaiberg が 1980 年の著書 *The Environment: From Surplus to Scarcity*（Schnaiberg 1980）で初めて想定した「生産の踏み車（treadmill of production）」理論を軸に長らく展開してきた（Foster 2005）。その中心的な考え方は、様々な政治・経済主体（国家、資本、組織化された労働者）の間の対立が、経済拡大への解決策を模索させるものの、これが新たな対立の要因となり、ひいては新たな拡大の原動力となるということである。Schnaiberg が分析した独占資本主義の世界では、天然資源の採取と廃棄物の生産が事実上止められないため、生産の踏み車は環境破壊の要因となっており、それは現在まで拡大を続けているとされる（Zehr 2015などを参照）。マルクス主義における資本主義と環境との関係性に関するさらなる先駆的理論として、James O'Connor の「資本主義の第二の矛盾（second contradiction of capitalism）」理論にも同様の指摘が見られる。その要点は、資本主義的な生産がいかにして環境破壊をもたらし、ひいては生産コストを引き上げ（資本主義が有する飽くなき成長の原動力によって、地理的に到達しにくく、より大きな組織的努力を要する、より低品質の資源を使用することが強いられるなど）、生産の拡大を要求する結果となるかを説明している（O'Connor, 1998）。より近年では、John Bellamy Foster が「物質代謝の亀裂（metabolic rift）」の概念を提唱した。この概念は、すでにマルクスの初期の論考において検討が見られるもので、自然と社会の関係、すなわち人間社会の物質的存在を維持する社会的代謝、具体的には当時の集約的な農業による土壌浸食の問題について述べた。Foster によると、物質代謝の亀裂は、特定の天然資源の利用可能性に依存する資本主義的な生産が、自らが依存する資源そのものを枯渇させ、結果として生産システムの危機を引き起こすときに発生する（Foster 2012; Foster et al. 2010）。物質代謝の亀裂の例として、いわゆる「炭素の亀裂（carbon rift）」がある。資本主義的な生産は、生産プロセスで発生する二酸化炭素を吸収する自然環境の能力に依存しているものの、資源の枯渇により社会と自然環境の関係を混乱させるという形で、資本主義の危機を生み出している（Clark and York, 2005）。

マルクス主義者に限ったことではないが、生産の踏み車理論と関連して、エコロジー的近代化のおそらく最も有名な経験的主張、すなわち経済成長と天然資源消費のデカップリングは、ジェボンズのパラドックス（Jevons Paradox）を援用することで疑問視されており、生態学的危機を克服するために科学的・技術的革新がポジティブな役割を果たすというエコロジー的近代化の主要なポイントが批判される。ジェボンズのパラドックスとは、石炭の効率的な利用とその総消費量との関係について、19世紀半ばに英国の経済学者 William Stanley Jevons によって観察されたパラドックスである。ジェボンズの観察によれば、石炭利用の効率性が向上すると、石炭の総消費量が減少するのではなく、逆説的に消費は増加に向かう。こうして、特定の資源が利用しやすくなればなるほど（かつ／または安くなるほど）、消費者がさらなる用途を生み出し、結果として総消費は拡大するのである。有名な例を挙げると、「ペーパーレス・オフィス」を実現すると期待された技術革新により、実際にはどこでも印刷が可能になり、結果として紙の消費を大幅に増加させた例がある（York 2006）。

世界のある地域、とりわけ多くのエコロジー的近代化の研究者が理論的・実証的研究を行っている北欧では、一見したところ資源消費が減少しているが、それは世界規模での消費拡大によって大部分が相殺され、生産の踏み車理論やジェボンズのパラドックスに則して、全体として増加しているように見える。より一般的には、多くの研究者、特に Immanuel Wallerstein が提起したアプローチである世界システム論（Wallerstein 2004）[3]を援用する研究者は、エコロジー的近代化が生態系破壊とその分配パターンを国際的次元でとらえ損ねていると論じている。

世界システム論によるエコロジー的近代化批判は、中核国から周辺に汚染、危険、有害な活動の継続的な地理的再配分がなされると強調し、それゆえ北半球の一見高潔な国によって達成されたとされる見かけ上の環境改善の多くは、生産のアウトソーシングやグローバル化した生産チェーンの構築により生み出された幻

3）世界システム論は、15世紀に植民地主義が始まって以来の経済・政治世界の歴史的変遷をマルクス主義社会学的に明らかにし、「中核」と「周辺」という概念を取り入れたことで知られている。世界の諸国家――あるいは国民経済・政治単位――はヒエラルキーを形成し、それは、マルクス主義によれば、各社会内の異なる財産階級間、特に支配的有産市民階級と労働者階級との間に存するヒエラルキーを、地球規模で再生産するものである。よって世界には、世界経済・政治システムを支配する中核国家と、中核国の資本主義的要請と目標によって諸条件が規定される周辺国家とが存在するのである。

想であると実証的に研究してきた（Ewing 2017)。同様の歴史的ダイナミクスをより経済学的立場から説明するものとして、生態学的不等価交換論が練り上げられている（Givens et al. 2019)。

別の観点では、Susan Baker は、前述のエコロジー的近代化と持続可能な開発との重なりについて、南北関係をより政治的に読み解く見方を中心に据えて再考する、実に興味深い議論を展開している。南北関係のような関係は、ブルントラント委員会が練り上げたように持続可能な開発の本来の考えの核となっていたが、「エコロジー的近代化の戦略において回避されてきた」のである。Baker は以下のように述べる。

> エコロジー的近代化では、社会変革の決定要因として専ら技術と経済企業家に重点を置いている。（中略）社会的変革は、特にブルントラントにとって、多様な主体が関与するプロセスであり、持続可能な開発の推進には、より深い原則との関わりがともなう。これらの原則には、世代間および世代内での公平性という規範的原則が含まれる。（中略）ブルントラントが公式化した持続可能な開発では、技術および制度レベルでの変革が求められるだけでなく、成長の究極的な限界を受け入れた上で、特に欧米の高度消費社会におけるより基本的な社会、経済、文化、ライフスタイルの変革が求められている（Baker 2007, pp.303-304)。

Baker によるエコロジー的近代化と峻別された持続可能な開発の解釈では、グローバルな政策は一層明確な再配分的な側面を持つ必要があるだけでなく、消費を抑制することも必要である。特に、天然資源の消費を大幅に減らさなければ持続可能性は達成できず、その結果、北半球の最も裕福な経済が全体的に安定化するかあるいは縮小するかを左右する可能性がある。この解釈では、持続可能な開発は、ある種の脱産業化または脱成長を主張する環境政治およびグリーン政治の立場に著しく近いと思われる。

3.3 構成主義とポストモダニズムからの批判

エコロジー的近代化を批判する第三のグループは、構成主義やポストモダニズムと呼ばれる研究者である。構成主義／ポストモダニズムと上述したポリティカル・エコロジーの研究との間には、顕著な重なりがある。これらの研究者は、エコロジー的近代化の論点は、ほとんどが認識論的な問い、概念上の実現可能性と一貫性に関する問いを中心に展開されているとみなしている。エコロジー的近代化の形成期、1990年代にはすでに、エコロジー的近代化は自然と社会の関係に関する哲学的実在論的概念を土台としており、近代主義者の餌食となり、それゆえに啓蒙主義や進歩主義的な「グランド・ナラティブ」を追究し続ける時代遅れの思想であると攻撃された。上述したように、一部の構成主義者やポストモダンの論者によれば、こうした思想はその不十分な自省によって行き詰まっているようである（Yearley 1991; Dunlap and Catton 1994; Hannigan 1995; Blühdorn 2000; Buttel 2000）。言い換えれば、エコロジー的近代化は、自らが構想して採用した概念、特に「自然」と人間社会に対するその影響に関する暗黙の理解（「自然」とは何か？　この概念が動員されるときに、当然視すべきないのに当然視されるのは何か？）が内包し永続させている限界やバイアスに無自覚的であるように見受けられる。特に、エコロジー的近代化それ自体が社会的に構築されたものであり、必然的に権力構造に取り込まれていることに無自覚であるように見られる。

こうした批判に対して Mol と Spaargaren は、自然と社会との関係性に関する哲学的・社会学的に最新の説明を明確にすることは複雑なタスクであり、「もはや当然のものとしては考えられないが、内省的に組織化される必要がある」と認めることですでに応えている（Mol and Spaargaren 2000, p.25）。他方で彼らは、このようなことはエコロジー的近代化の内部ですでになされており、ポリティカル・エコロジー論者が提示した静的で具象化された自然概念に正確に応じる形で、エコロジー的近代化は自然・社会関係の複雑な図をすでに構想していると主張した。

結局のところ、エコロジー的近代化は、生態学的社会学の議論で広く用いられる基本概念が「社会的に構成された」ものであり、「歴史の自然性は自然の歴史性の鏡像である」ことを理論レベルにおいて認めているようである（Mol and Spaargaren 2000, p.26）。すなわち、「自然」とは、その概念化を可能にする社会的に定義された諸条件のレンズを通してのみ理解し得るものである。

自省と近代化に対する批判的な考え方にさらに真正面から取り組むエコロジー的近代化論者の努力はあるものの、エコロジー的近代化のイメージは依然として「環境問題のエコ・モダニスト的な理解」であり、それは「現在の制度的構造に基づいた対応を好み、経済目標に敏感で、技術開発に好意的」である（Kargas 2019, p.63）。

4 おわりに：エコロジー的近代化はどこに向かうのか

エコロジー的近代化は多くの批判に耐えてきた（時には無視してきた）が、批判の中にはエコロジー的近代化の中核となる立場を真摯に再考したり（最善の場合）、エコロジー的近代化の段階的な見直しの契機となり得るものもある。根底において、環境破壊をより悲観的に説明し、よって産業近代化の危機が急速に悪化していることを支持する方向に動いているように見えるためである。実際、2010年代後半には、地球環境の危機が加速度的に悪化していることを示す数多くの科学的研究が発表されている。生態系の危機はもはや直線的なプロセスとは見なされず、複雑な（地球の）エコシステムの乱れの中で、閾値、転換点、「プラネタリー・バウンダリー（planetary boundaries）[4]」という考え方が普及し、一般に受け入れられつつある。このような閾値やバウンダリーは、環境破壊のレベルを示しており、それを超えると、望ましくない不可逆的な社会生態学的変化を引き起こす可能性のある一連の急速な自己強化メカニズムやフィードバックループを誘引する可能性がある。

さらに近年、「人新世（Anthropocene）」という概念が提起されたことで、自然と人間社会との関係についての近代主義的な概念に根本的な見直しが必要であるとの認識が強まっている（Rockström et al. 2009; Steffen and Rockström 2018）。つまり、「地球環境の変化のペースは、エコロジー的近代化が唱道する制度改革のペースと一致していない」（Warner 2010, p.533）。特に気候変動については、大気中の二酸化炭素蓄積の現状と、それが人間社会を含む地球全体の将来にもたらすであろう影響について、気候学コミュニティはますます悲観的になっているようである。それに応じてメディアの圧力が、Extinction Rebellion の抗議活動[5]や Greta Thunberg の啓発キャンペーンなどの政治的現象と相まってエスカレー

4）プラネタリー・バウンダリーとは、人類が安全に活動できる惑星規模での環境や資源開発の大きさに関する9つの閾値または境界のことである。2009年に Johan Rockström と Will Steffen を中心とする科学者グループによって開発・提唱された（Rockström et al. 2009）。

5）Extinction Rebellion は2008年に英国で生まれた世界的な環境活動であり、公共の場や建物を占拠するなど、非暴力による抗議行動を組織し、政府に環境危機への積極的な対応を求めている。

トしている。

エコロジー的近代化の中核的な信条に従って、(気候工学を含む) 技術革新や公的・民間主体による一層積極的な政策関与によって気候変動の緩和が達成できるのであれば、机上では、これはエコロジー的近代化の最も輝かしい時代といえるであろう。しかし現在、2050年までにゼロ・カーボン・エミッションを達成するために必要な努力の規模や程度は、改革主義的・近代主義的なアプローチの範囲を超えているように思われる。様々なグリーンディール[6]を経済的な機会として描こうとする例は多くあるものの、その移行にかかるコストは膨大であり、経済的機会の著しい減少や倹約的ライフスタイルが方程式に必ず含まれる要素となることは明白である (IEA 2020; Brand et al. 2019; Barry and Eckersley 2005)。

すでに2018年末にフランスで「黄色いベスト」運動[7]が発生したように、より積極的な環境政策が紛争の引き金になることもある。紛争を扱った広範な研究は存在するものの (例として、Scartozzi 2020)、本章で示したように、エコロジー的近代化は紛争という次元については十分に理論化していない。より一般的に言えば、これはエコロジー的近代化が全体的に環境問題を「脱政治化」する傾向にあると読みとることができる。Ingolfur Blühdorn は最近の研究の中で、Daniel Hausknost が詳述した「ガラスの天井 (glass ceiling)」(Hausknost 2020) という概念——Blühdorn によると、根本的な環境問題における真の進展を妨げる見えない障害——を援用し、真のエコロジー国家またはグリーン国家への移行がなぜうまくいかないのかという問いに取り組むことで、この問題へのアプローチを試みている。

Blühdorn によれば、ガラスの天井は結局のところ、国家は「自由、選択、消費者の行動、および自己決定した個人のライフスタイルに干渉すること」が不可能であり、これは国家のレベルにではなく、「民主的多数が変革的なアジェンダ

6) グリーンディールとは、経済と社会の包括的な再構築を通じて、政府の支出を環境目標に決定的にシフトさせることを目的とした一連の経済的・法的改革である。

7) 黄色いベスト運動は、2018年11月にフランスで起きた、経済的資源の公平な分配を求める抗議運動である。きっかけは、化石燃料への増税が農村部の住民に対して不公平だと受け止められたことであった。

8) 正統化の危機 (legitimation crisis of democracy)」は1960年代から1970年代にかけて Jürgen Habermas と批判的社会学が発展させた概念である。

を拒絶したり支持したりする利益、規範、価値選好」のレベルに位置付けられる（Blühdorn 2020, p.40）。Blühdornは、国家が真のエコロジー国家に向かうことができないこと自体が、民主主義の機能不全の一部であり、民主主義の正統化の危機[8)]の現れであるとの説を唱える。

環境危機が深刻化した結果として政治的対立の可能性が高まっていることを考えると、脱政治化問題の解決は、環境政策立案のための有用な理論的基盤としてのエコロジー的近代化の未来にとって、至上命題であると思われる。Jänicke（2020）は、エコロジー的近代化がパラダイム転換の文脈における変革の包括的な理論として機能できない可能性、すなわち、50年の時を経て「成長の限界」の悲観論が論争に打ち勝つ兆候であることを指摘している。

■参考文献

Baker, Susan（2007）"Sustainable Development as Symbolic Commitment: Declaratory Policy and the Seductive Appeal of Ecological Modernisation in the European Union," in *Environmental Politics,* Volume 16, Issue 2, pp.297-317.

Barry, John and Robyn Eckersley（2005）"W（h）ither the Green State?," in Barry and Eckersley（eds.）*The State and the Global Ecological Crisis,* MIT Press, pp.255-272.

Blühdorn, Ingolfur（2000）"Ecological Modernisation and Post-Ecologist Politics," in Spaargaren, Gert et al.（eds）*Environment and Global Modernity,* Sage, pp.219-228.

Blühdorn, Ingolfur（2020）"The Legitimation Crisis of Democracy: Emancipatory Politics, the Environmental State and the Glass Ceiling to Socio-Ecological Transformation," in *Environmental Politics,* Volume 29, Issue 1, pp.38-57.

Brand, Christian et al.（2019）"Lifestyle, Efficiency and Limits: Modelling Transport Energy and Emissions Using a Socio-Technical Approach," in *Energy Efficiency,* Volume 12, pp. 187-207.

Buttel, Frederick H.（2000）"Ecological Modernization as Social Theory," in *Geoforum,* 31, pp. 57-65.

Catton, William and Riley Dunlap（1978）"Paradigms, Theories and the Primacy of the HEP-NEP Distinction," *The American Sociologist,* 13, pp.256-259.

Catton, William and Riley Dunlap（1980）"A New Ecological Paradigm for a Post-Exuberant Sociology," *American Behavioral Scientist,* Volume 24, Issue 1, pp. 15-47.

Christoff, Peter（1996）"Ecological Modernisation, Ecological Modernities," in *Environmental Politics,* Volume 5, Issue 3, pp.476-500.

Clark, Brett and Richard York（2005）"Carbon Metabolism: Global Capitalism, Climate Change, and the Biospheric Rift," *Theory and Society,* Volume 34, pp.391-428.

Daly, Herman E. and Joshua Farley (2010) *Ecological Economics: Principles and Applications*, Island Press.

Dunlap, Riley and William Catton (1994) "Struggling with Human Exemptionalism: The Rise, Decline and Rivitalisation of Environmental Sociology," *The American Sociologist*, Volume 25, pp.5-29.

Eckersley, Robyn (2004) *The Green State: Rethinking Democracy and Sovereignty*, MIT Press.

Ehrlich, Paul and Anne H. Ehrlich (2013) "Can a Collapse of Global Civilization Be Avoided?" in *Proceedings of the Royal Society*, B 280 (20122845), pp.1-9.

Ewing, Jeffrey (2017) "Hollow Ecology: Ecological Modernization Theory and the Death of Nature," in *Journal of World-Systems Research*, Volume 23, Issue 1, pp. 126-155.

Foster, John B. (2005) "The Treadmill of Accumulation: Schnaiberg's 'Environment' and Marxian Political Economy," *Organization & Environment*, Volume 18, Issue 1, pp.7-18.

Foster, John B. et al. (2010) *The Ecological Rift: Capitalism's War on the Earth*, Monthly Review Press.

Foster, John B. (2012) "The Planetary Rift and the New Human Exemptionalism: A Political-Economic Critique of Ecological Modernization Theory," *Organization & Environment*, Volume 25, Issue 3, pp.211-237.

Givens, Jennifer et al. (2019) "Ecologically Unequal Exchange: A Theory of Global Environmental Injustice," *Sociology Compass*, Volume 13, pp.1-15. https://doi.org/10.1111/soc4.12693 (accessed on 27 March 2022).

Hannigan, John (1995) *Environmental Sociology: A Social Constructionist Perspective*, Routledge.

Hasan, Md Nazmul (2018) "Techno-Environmental Risks and Ecological Modernisation in "Double Risk" Societies: Reconceptualising Ulrick Beck's Risk Society Thesis," in *Local Environment*, Volume 23, Issue 3, pp.258-275.

Hausknost, Daniel (2020) "The Environmental State and the Glass Ceiling of Transformation," *Environmental Politics*, Volume 29, Issue 1, pp.17-37.

Huber, Josef (1982) *Die verlorene Unschuld der Ökologie und superindustrielle Entwicklung*, Fischer Verlag.

Huber, Josef (1985) *Die Regenbogengesellschaft. Ökologie und Sozialpolitik*, Fischer Verlag.

Huber, Josef (1991) *Unternehmen Umwelt. Weichenstellungen für eine ökologische Marktwirtschaft*, Fischer Verlag.

IEA (International Energy Agency) (2020), *World Energy Outlook 2020*, available at https://www.iea.org/reports/world-energy-outlook-2020 (accessed on 27 March 2022).

Jänicke, Martin (1990) *State Failure: the Impotence of Politics in Industrial Society*, Polity.

Jänicke, Martin (2020) *Ecological Modernisation - a Paradise of Feasibility but No General Solution*, in L. Metz et al. (eds.), *The Ecological Modernization Capacity of Japan and Germany, Energiepolitik und Klimaschutz, Energy Policy and Climate Protection*, Springer Fachmedien/Springer Nature.

Kangas, Jarkko (2019) "Picturing Two Modernities: Ecological Modernisation and the Media

Imagery of Climate Change," *Nordicom Review*, 40, pp.61–74.
Langhelle, Oluf (2000) Why Ecological Modernization and Sustainable Development Should Not Be Conflated, *Journal of Environmental Policy & Planning*, Volume 2, pp.303–322.
Machin, Amanda (2019) "Changing the Story? The Discourse of Ecological Modernisation in the European Union," *Environmental Politics*, 28, pp.208–227.
Meadows, Donella et al. (1972) *The Limits to Growth*, Universe Books.
Mol, Arthur P.J. (1995) *The Refinement of Production*, Van Arkel.
Mol, Arthur P. J. and David A. Sonnenfeld (2000), "Ecological Modernisation Around the World: An Introduction," *Environmental Politics*, Volume 9, Issue 1, pp.1–14.
Mol, Arthur P.J. and Gert Spaargaren (2000) "Ecological Modernisation Theory in Debate: A Review," *Environmental Politics*, Volume 9, Issue 1, pp.17–49.
Mol, Arthur P. J. et al. (2014) "Ecological Modernization Theory: Taking Stock, Moving Forward," in Mol, Sonnenfeld, and Spaargaren (eds.), *The Ecological Modernisation Reader: Environmental Reform in Theory and Practice*, Routledge, pp.501–520.
O'Connor, James (1998) *Natural Causes: Essays in Ecological Marxism*, Guilford Press.
Rockström, Johan et al. (2009) Planetary Boundaries: Exploring the Safe Operating Space for Humanity, Ecology and Society, Volume 14, Issue 2, pp.31–64.
Scartozzi, Cesare M. (2020) "Reframing Climate-Induced Socio-Environmental Conflicts: A Systematic Review," *International Studies Review*, https://doi.org/10.1093/isr/viaa064 (accessed on 27 March 2022).
Schnaiberg, Allan (1980) *The Environment: From Surplus to Scarcity*, Oxford University Press.
Spaargaren, Gert and Arthur P. J. Mol (1992) "Sociology, Environment and Modernity: Ecological Modernisation as a Theory of Social Change," in *Society and Natural Resources*, Volume 5, Issue 4, pp.323–344.
Steffen, Will; Rockström, Johan et al. (2018) "Trajectories of the Earth System in the Anthropocene," *Proceedings of the National Academy of Sciences of the United States of America*, Volume 115, Issue 33, pp.8252–8259.
Wallerstein, Immanuel (2004) *World-Systems Analysis: An Introduction.*, Duke University Press.
Warner, Rosalind (2010) "Ecological Modernisation Theory: Towards a Critical Ecopolitics of Change?," *Environmental Politics*, Volume 19, Issue 4, pp.538–556.
WCED (World Commission on Environment and Development) (1987) *Our Common Future*, Oxford University Press.
Weber, Heloise and Martin Weber (2020) "When Means of Implementation Meet Ecological Modernization Theory: A Critical Frame for Thinking about the Sustainable Development Goals Initiative," *World Development*, 136, pp.1–11.
Yearley, Steven (1991) *The Green Case: A Sociology of Environmental Issues, Arguments and Politics*, Harper Collins.
York, Richard (2006) "Ecological Paradoxes: William Stanley Jevons and the Paperless Office," *Human Ecology Review*, Volume 13, Issue 2, pp.143–14

York, Richard et al. (2010) "Ecological Modernization Theory: Theoretical and Empirical Challenged," in Michael Redclift and Graham Woodgate (eds.), *The International Handbook of Environmental Sociology*. Cheltenham, UK: Edward Elgar Publishing, pp.77-90

Zehr, Stephen (2015) "The Sociology of Global Climate Change," *WIREs Climate Change*, Volume 6, pp.129-150.

第4章

気候変動と紛争のネクサスおよび英国とシンガポールのリスク評価体系

イー・クアン・ヘン

（監訳：華井和代）

気候変動に関連するリスク

出典：World Economic Forum, Global Risks Perception Survey 2020を基に作成

世界経済フォーラムの「グローバルリスク認知調査」などでは、気候変動リスクへの懸念が常に上位に挙げられている。

Adams and Ide（2018）は、気候変動と紛争の間の潜在的な関連性についてサンプリングを行う際に、まずはすでに暴力が起きている場所に焦点が当てられる傾向があると指摘している。本章ではすでに発生している紛争に注目するよりも、各国政府が気候変動に関係する紛争のマッピング、予測、発生防止にどのように取り組んでいるかを分析する。なかでも、確立されたプログラムを実施している英国とシンガポールにおいて、リスク評価や「未来」構想が、気候変動と紛争の潜在的な相互関連性をどのように評価しているかを検討する。

1 はじめに

国連開発計画（United Nations Development Programme：UNDP）が2021年1月に実施した「みんなの気候投票（Peoples' Climate Vote）」には全世界から120万人の回答が寄せられた。投票には、「全体像」に関する2つの質問と、1つの質問につき3つまで選択できる政策に関する質問（計18項目）があり、最初の「全体像」に関する質問では、気候変動が世界的な緊急事態だと思うかどうか、思う場合にはそれに対処するために必要な行動の緊急性が問われた。その結果、回答者のほぼ3分の2が気候変動を緊急事態とみなしていることが明らかになった（UNDP 2021）。2020年版の世界経済フォーラム（World Economic Forum：WEF）の「グローバルリスク報告書」では、「気候変動の緩和・適応策の失敗（Failure of Climate Change mitigation and adaption）」が影響の大きい長期リスクの第1位に挙げられた（WEF 2020）。ロイドレジスター基金の「世界リスク調査2019」でも、「厳しい気象（severe weather）」が日常的に経験するリスクの第1位に浮上し、気候への不安が浮き彫りになった（Lloyd's Register Foundation 2020）。

気候変動は、紛争の可能性を高める「脅威の乗数（threat multiplier）」である（CNA Military Board 2007）。ここでいう紛争とは、幅広く多面的な意味で理解される。Quincy Wright（1951）が述べたように、「戦争は紛争の一種」である。路上でのけんかや法廷闘争も同様に、「関係者の申し立てや感情、目的、主張の不一致、ときにはそれらの不一致を解決するためのプロセスを指すこともある」という意味で、やはり「紛争」である。進行する水不足や沈みゆく島々の領有問題をめぐって武力紛争や軍事紛争が発生することもある。

紛争の見方をさらに広げると、国内の気候避難民（World Bank 2018）に関する懸念の高まりは、他国に対して気候変動に起因する国境を越えた移動を意図的に操作することにも関わるであろう。一例として、ロシアはシリア難民を、EUに対する「武器」にしていると言われている（Sagar et al. 2020）。非軍事的な手段が用いられる紛争もある。例えば制裁を課したり、評判を落としたりすることで、気候変動に強硬姿勢をとる他国に罰を与えることができる。ノーベル賞受賞者のJoseph Stiglitzが米トランプ政権への対抗策としてEUに提案した、いわゆるグリーン制裁がこれにあたる。「炭素からの無秩序な移行」（Selby 2019）が起きた場合、サウジアラビアやアラブ首長国連邦のような産油国は、新しい欧州グリーンディール（Tucker 2019）のような迅速な動きに比べて適応が遅いために、関税を課される可能性がある。気候変動が激化する中で、気候関連法が不十分な国や排出政策が遅れている国からの輸出品に対して課税する「国境炭素調整」などのアイデアが検討されている。シンガポールのような石油・石油化学製品の精製拠点も批判を浴びる可能性がある（Hsu 2019）。国内では、官民一体となった制度改革を求めるシンガポール気候マーチ[1)]の開始時に2,000人の参加者があったことは、社会的な不安と政府への非難が高まっていることを示唆する（Low and Elangovan 2019）。気候変動を懸念するアクティビスト・ヘッジファンドや長期的影響を勘案する投資家は、すでに石油大手エクソンモービルをターゲットにしている（Rosenbaum 2020）。

十分に「グリーン」ではないと見られる企業や政府に対して、気候変動活動家がRobinHoodのような株式購入アプリを使用する可能性があり、気候変動が新興技術のリスクと相互に関連する可能性が浮き彫りになっている。ゼロ・カーボン・エミッションへの移行に伴うコストが原因で、国内ステークホルダーからの抵抗が起きることも考えられる。また、大規模な金融産業を有する国は、無秩序な移行や厳しい気象現象が起きた場合に、各種指数や資産価格の変動に直面する可能性がある（Financial Stability Board 2020）。

新型コロナウイルス危機に英国のEU離脱が相まって、食料や重要なサプライチェーンも深刻な混乱に陥りかねないことが浮き彫りになった。供給の多様化を目指してきた英国やシンガポールのような国では、そのようなストレス要因は気候変動とともに増大する可能性が高い（Scanlan 2018）。気候変動はさらに、一方でこれを否定するポピュリスト的指導者と関わり、環境危機に対応して反移民政策などの極右政策を正当化するいわゆる「アボカド政治」と関わる可能性がある（Gilman 2020）。また、現在の政治家の無策に将来世代が腹を立てるという「世代間正義」の問題も提起されている。Extinction Rebellion 運動[2)]や、Greta

1）シンガポール気候マーチとは、気候変動に関心を持つ若者を中心とする個人が構成する非営利団体である。

2）Extinction Rebellion 運動とは、非暴力による市民的不服従キャンペーンを展開し、政府に気候変動に対する効果的な行動をとるよう迫る世界的な環境保護運動である。

Thunbergに触発され、デジタル・オンライン技術によって促進された活動などが思い浮かぶ。

そうした複雑で相互に関連するリスクを特定し、マッピングする試みとしてよく引き合いに出されるのが、世界経済フォーラムの「グローバルリスク報告書」である。例えば2018年の報告書では、気候変動リスク、社会的不安定、技術進歩の相互関連性を強調している。しかし、問題が広いグローバルな範囲にわたる中で、気候変動、技術リスク、社会的不安定の相互関連性について、一国の政策立案者はどのように評価するのであろうか。

そこで、以下の問題が提起される。気候変動と相互に関連する紛争リスクの早期警戒シグナルを、各国政府はどのように、そしてどの程度まで規定し、マッピングしようとしてきたか。政策および統治上の影響はどのようなものか。

本章では、リスク評価・予測能力が発達した2か国について事例研究を行う。まず英国を選んだのは、「国家リスク評価を最初に編み出した国の1つであり、この政策分野で今なお世界のリーダー的存在」(Stock and Wentworth 2019)とされるためである。英国政府は、内閣府が2008年以来まとめ役を務めている国家リスク評価(National Risk Assessment: NRA)実践をもとに、「国家リスク一覧」を作成している。2つめのケースとして、シナリオ・プランニングで30年以上の経験を持つシンガポールについて検討する。この小さな都市国家は、首相府に置かれた戦略的未来センターを大いに喧伝しており、2007年に国家安全保障調整事務局内に、世界初のリスク・アセスメント・ホライズン・スキャニング・プログラムを設けたと告知した。英国とシンガポールを選ぶことで、規模、政策、統治構造の違いや、戦略・安全保障上の背景を勘案して、地域比較分析を行うことができる。

理論的・概念的な枠組みに関して、本章は、両国のリスク評価体系が、政府のマトリックスシステムや全政府的アプローチ(Christensen and Lægreid 2007)の特徴をどの程度示すかを評価する。また、リスク評価を政府機関に限定せず、リスクの経済的、財務的、社会的、政治的な影響に関わりのある他の組織へといかに広げていくか(Renn and Klinke 2004)についても検討する。

一次データの収集では、まず文書・記録の分析によって、潜在的な紛争リスクとしての気候変動の評価の基礎となる方法、構造、手段、前提を明らかにする。ステークホルダーマッピングも行った。現場での調査観察や、政策立案者、実務家、学者へのインタビューも、一次データの収集源となった。英国とシンガポールの関連する政府機関や学術機関との間で、2019年から2021年にかけてオンラインおよび対面（新型コロナ前）で議論の機会を持った。匿名の半構造化インタビューを、既存文献から引用した二次データによって補完した。

2 先行研究の視角から：国家によるリスク評価の登場

気候変動と安全保障にはつながりがあるとよく言われるが、同時に異論もある。しばしば引き合いに出される気候変動とシリア内戦、アラブの春との関係を調べた研究者たちは（de Châtel 2014; Selby et al. 2017）、そのつながりが間接的であるか、または説得力がないとしている。1つの難点は、こうした環境ストレスが従来の安全保障分析でほとんど見過ごされていたことである（Holland 2015で引用された Femia）。Werrell et al.（2015）は、「国家の脆弱性およびその可能性を調べるために分析者たちがそれぞれ用いた指標および予測ツールは、こうした自然資源のダイナミクスに十分な注意を払っていなかった」と論じた。Adams et al.（2018）が既存文献の大規模で体系的なレビューを通じて実証したように、サンプリングバイアスがあったり、独立変数のサンプリングが行われなかったりすると、気候変動と紛争の関係が誇張されやすい。Adams et al. の論文に対して同学術誌で予想通りの強い反対意見が表明されたことは（Gleick et al. 2018）、気候変動と紛争の因果関係に対する肯定者と否定者がはっきり分かれていることをよく表している。ともあれ、国家安全保障の分析者や政策立案者は、こうした相互関連の可能性や、気候変動と紛争の複雑なつながりについて、どのようにマッピングおよびモデリングを行っているのだろうか。

既存文献の多くは、国家によるリスク評価の実践に対して批判的である（Blagden 2018; Hagmann and Cavelty 2012）。しかし、そのような実践はますます一般的になっている。OECD（2018）は、国家横断的な視点で20の加盟国の国家リスク評価（NRA）プロセスを分析した比較レポートを発表している。本章で紹介する経験的な証拠は、気候変動と紛争のように相互に関連する複雑なリスクに焦点を当てて、リスク評価と未来構想のメカニズムがどのように進化してきたかという議論に資するものである。

3　英国とシンガポールにおける気候変動ショックの予測

英国とシンガポールはいずれも戦略的サプライズ（既存の前提、原理、政策に疑問を投げかけるような、きわめて重大な意味を持つ予期せぬ出来事）を経験しており、それがリスク評価により多くのリソースを投入する判断の理由になっている。英国の場合、それは2000年後半の非合法な燃料ストライキ、口蹄疫の発生、そして米国における9/11同時多発テロだった（Tesh 2012）。シンガポールでは、9/11同時多発テロの後、2003年にSARSが発生し、戦略的サプライズの予測能力を向上させる必要性が高まった（Ho 2008）。

英国政府は2008年以来、内閣府の民間緊急事態事務局をまとめ役として機密扱いの国家リスク評価（NRA）を実施している。自然災害に重きを置く傾向があったNRAは、国家リスク一覧（National Risk Register：NRR）の基礎となっており、非機密扱いの要約が一般に公開されている。一方、政府科学局（Government Office for Science：GO-Science）も、政府全体で未来関連業務を調整して普及させるために、「未来、予見、ホライズン・スキャニング・プログラム（Futures, Foresight and Horizon Scanning programme）」を運営している（2021年のインタビュー）。例えば、国防省の開発・概念・ドクトリンセンターにある未来担当チームは、「2018年グローバル戦略トレンド」レポートを発表しており、その内容を用いてNRAが策定された（UK MOD 2018, p.7）。これとは別に、環境・食料・農村地域省（Department for the Environment and Rural Affairs：Defra）が主導している英国気候変動リスク評価（Climate Change Risk Assessment：CCRA）がある。Defraもまた、独自の未来分析チームを擁している。

これとは別に、機密扱いの国家安全保障リスク評価（National Security Risk Assessment：NSRA）は、英国とその海外権益が直面している悪意のあるまたは悪意のない最も深刻な脅威や危険に注目した。NRAとNSRAは2019年に統合され、2年の対象期間が再設定された。懸念事項の1つは、「NSRAには連鎖的・複合的な相互に関連したリスクへの目配りが欠けている」ことである（Hilton and Baylon 2020）。気候変動と紛争のネクサスは、こうしたタイプのリスクを代表しているかもしれない。

シナリオ・プランニングは、将来どのような状況になるかを予測してモデル化し、最適な対応策を見出す手法である。シンガポール政府内では長い歴史があり、国防省に担当部署が置かれた1980年代までさかのぼる（Ho 2008）。シナリオ・プランニングは既存の直線的なトレンドを外挿する傾向があり、9/11同時多発テロのような急激で破壊的な事象を特定することには向いていない（Ho 2008）。9/11テロ、シンガポールで見逃されていたテロ組織の発見、および2003年のSARS 発生をきっかけに、首相府の国家安全保障調整事務局内にリスク・アセスメント・ホライズン・スキャニング（Risk Assessment and Horizon Scanning: RAHS）プログラムが設けられた。政策立案者にリスクに基づく意思決定や非線形思考の活用を意識させるためのもう１つの重要な目標は、能力開発である（National Security Coordination Centre, Singapore 2008）。その関連で、2009年に首相府に戦略的未来センター（Centre for Strategic Futures：CSF）が設立され、死角になっていた分野に焦点が当てられるとともに、無期限・長期的な未来調査の追求と新しい予測方法の実験が行われた。本章執筆時点で、RAHS プログラムは休止しているように見える。

英国と同様に、シンガポールの国防省、通商産業省、環境水資源省、教育省などの各省内およびシンガポール食品庁などの政府機関内に、「未来」担当部署が設けられた。2013年には約150人の公務員が未来業務に携わっていた（Masramli 2013）。省庁間の調整力を高め、海外の関連機関と交渉するために、国家気候変動事務局（National Climate Change Secretariat：NCCS）が設置された。NCCSは、各種の連絡窓口としては有用で、気候関連のリスク評価のために情報を提供しているが、実質的な分析リソースは持っていないようである（2020年のインタビュー）。他の省庁にも、気候関連リスクを手がける未来担当チームがある。シンガポール政府は現在のところ、英国の国家リスク一覧（NRR）と同様の安全保障リスク評価に関する非機密扱いの情報は公開していない。機密情報が存在したとしても、筆者はそれを見ていない。シンガポールのリー・シェンロン首相は、気候変動を「存続」または「生死」に関わる問題だと述べている。

4 分析結果：法律による後押しと対象期間の設定

英国では、国家リスク評価の公表が法律で義務づけられている。Tesh（2012）が述べるように、「国家リスク一覧（NRR）は法律（2004年民間緊急事態法）に基づく常識的なリスク評価であり、『緊急事態』を、人間の福祉に多大な害悪を及ぼす恐れがある事象と定義している」。英国は当初、NRR を具体化する民間緊急事態の対象期間を法律で5年に設定した。しかし、2019年の国家リスク評価（NRA）と国家安全保障リスク評価（NSRA）の統合以降、「英国の NSRA は2年の対象期間でしかリスクを考えておらず、多くの新たなリスクが排除されており」、また、各大臣の在任期間と結び付いた政治的な短期主義によって事が運ばれる可能性もある（Hilton and Baylon 2020）。以前の5年サイクルの NSRA は、英国安全保障戦略や戦略防衛安全保障レビューなど安全保障に重点を置いた文書の作成プロセスに組み込まれた。一方、より短期的な NRA および NRR の文書は、非常時に備えた民間緊急事態計画を想定していた（2019年のロンドンでのインタビュー）。気候変動は、継続的な政策対応を要する「常習的な」問題であり、「長期的な」変化を引き起こすと考えられるため、NRR に明確には盛り込まれていない。気候変動は異常気象などの事象に拍車をかけるかもしれないが、NRR はあくまでも「今」に重点を置き、地方政府の計画立案ツールとして重大な緊急事態にどう対応するかを考えている（2019年のロンドンでのインタビュー）。

NRR が「今」に焦点を当てた短期的なものであるのに対し、気候変動と紛争の関係性は、もっと長期レベルの国防省「グローバル戦略トレンド」レポートで評価されている（UK MOD 2018、2019年のロンドンでのインタビュー）。国防省「グローバル戦略トレンド」レポート2018年版で、それ自体のリスクというよりも、特定の結果につながる「トレンド」と表現された「増大する環境ストレス」は、行動の変革につながる可能性があり、「論争やときには紛争」につながる可能性もある（UK MOD 2018）。30年という長期間を対象とする同レポートは、気候変動や環境変化の影響にかなりの注意を向けている。同レポートに記述されている気候変動は、どちらかといえば、水、食料資源、サプライチェーンへの影響や、移民や緊張の増大といった相互に関連するリスクの原因や促進要因のように見受けられる。欠乏する資源をめぐる競争の激化と相まって、結果的に「社会不安や暴力、経済的不利益、国家間・国家内の競争や紛争の増加」をもたらしかねない。熱帯域の漁獲量が減り、沿岸地域社会に損害が及び、それによって海賊行為が増加するかもしれない（UK MOD 2018）。同レポートは、「資源確保のための軍事行動を含む、資源をめぐる緊張関係の可能性を排除できない」と警告している（UK MOD 2018, p.37）。

英国政府は2008年気候変動法により、気候変動リスク評価（CCRA）を5年ごとに公表することが義務付けられている。つまり、上述のNRAやNSRAのプロセスとは別に、5年ごとのCCRAが議会から求められている。CCRAは緩和と適応に主眼を置いている。政府機関のコンソーシアムが担当するこの文書は、環境・食料・農村地域省（Defra）と各自治政府が主導し、2008年気候変動法によって設立された法定機関である独立の気候変動委員会（Climate Change Committee: CCC）の助言を受ける。このレポートにおいて、Defraは気候変動リスク評価プロセスに責任を負う主導機関のようにも見える。しかしこの文書は、緊急時対応や民間緊急事態に重きを置くNRA（Stock and Wentworth 2019）とは統合されていない。直近の2017年CCRAレポートは主に、降雨パターンや温暖化傾向などの各種気候リスクの相互依存性を検討している。ただし、「分野横断的問題」を論じる中で、「リスクの相互作用に関して、様々な気候変動リスクが合わさって、自然資本、水安全保障、食料安全保障、健康福祉、経済的繁栄、そして最終的に世界の安全保障に影響を及ぼす」ことを強調している。また、「リスク評価モデルなどのツールに関して、リスク評価を支えるモデルやツールなどのリソースには一定の進歩があったが、さらに注意を払うべき不十分な点がまだある」との記述もある（UK 2016）。Defraには、世界的な巨大リスクや英国の食料供給への潜在的影響についても検討する「未来担当チーム」がある。

CCCによる調査研究の支援を受けて、気候変動・紛争リスクも取り扱う可能性があるプロジェクトがいくつか動いている。例えば、「Cambridge Econometrics主導の社会経済的側面」などである（Climate Change Committee UK 2021）。CCCは2017年に、水不足、農地の氾濫など、英国の食料安全保障に対するリスク評価も発表した。2010年のあるDefraレポートでは、「ありそうもない極端な孤絶状態に陥っても、大幅な畜産の減少を仮定した場合の英国農業の総カロリー供給量は、（食料輸入の喪失を補う上で）十二分と考えられる」とされた。2017年のレポートが、2010年におけるそうした自信の見直しを促したかどうかは定かではない（Scanlan 2018）。

これに対してシンガポールは、英国のように気候リスク評価に関する法的義務や対象期間を設けている様子はない。戦略的未来センター（CSF）の未来担当チームは10〜20年の時間軸で活動しており、リスク・アセスメント・ホライズン・スキャニング（RAHS）プログラムの2〜5年よりも長いようである。しかし、シンガポールの「気候変動に関する省庁間委員会」は2012年に「気候変動戦略」

を発表し、その中で、海面上昇や異常気象から、交易や食料供給の混乱まで、低海抜の島国が抱えるリスクを提示した。具体的な対象期間は設定しておらず、気候変動はすでに始まっているとしている。この戦略文書は、今後50～100年の「長期的・統合的な計画立案」(National Climate Change Secretariat 2012) を要求し、排出量削減などの緩和策と防波堤建設などの適応策を重視しながら、新たな機会を模索するよう提言している。紛争の可能性は同書では特に強調していない。2016年の「気候行動計画：持続可能な未来のために今すぐ行動を」など、より最近の文書も同様の重点の置き方をしている。しかし、シンガポール首相府の国家安全保障研究センターは、紛争に関わる二次的な懸念の可能性があるとしている。これには、「i世代、すなわちソーシャルメディアやモバイルデバイスに囲まれて育った、つながりが強くテクノロジーに精通したティーンエージャーの出現が含まれる。国家安全保障上の問題において、i世代の世界観や価値体系はきわめて重要である。特に、今後10～15年で彼らがシンガポールの人口の大きな割合を占めるようになるからである。「もし暴動が起きて、我が国の治安部隊のメンバーが暴徒たちに共感したり、積極的に彼らを支援したりすればどうなるだろうか」(Masramli 2013)。こうした懸念は、気候行動主義の高まりや、Extinction Rebellion や Greta Thurnberg に触発された抵抗運動にも関係するかもしれない。そのような二次的リスクや社会的緊張は、気候の未来を気にかけ、徴兵制など国から課される義務を拒んだり、気候政策に抵抗したりする若い世代から湧き起こる可能性がある。ただし、自分の将来を犠牲にしてそうした行動主義に走る者は、今のところ比較的少ない (2020年のシンガポールでのインタビュー)。これは転じて、従来型の国防能力を担う人的資源に波及効果を及ぼすかもしれない。国家気候変動事務局のウェブサイトを見ると、同局は、海面上昇、防波堤建設、温室効果ガス排出量の削減、エネルギー効率の向上といった「ハード」面の課題に重点を置いているようである。様々な省庁に存在する小規模な「未来」分析専門チームが、食料不足のようなリスクや、気候難民などの二次的影響について検討してきた (2020年のシンガポールでのインタビュー)。各未来担当チームは現在、「安全保障」のより広い任務と理解のもとで活動しており、気候変動リスクにも焦点を当てている。検討対象には、気候難民が発生した場合の地域連携や、海面上昇による世界の軍事演習場への影響が含まれた。シンガポールは食料供給混乱のリスクを最小限に抑えることにかなり注力してきたが、これと関連した気候変動のリスクとして、可能性が低いとはいえ、政府の能力の妥当性や信頼性を損なうような食料暴動が考えられる（2020年のシンガポールでのインタビュー）。

4.1 気候変動対策計画と法律の対象範囲

シンガポールの国家気候変動事務局（NCCS）や関連する気候計画は、適応策や「ハード」面の工学的解決策に重点を置いている。シンガポールの2016年気候行動計画をはじめとする文書は、適応策に焦点を当てており、必ずしも気候リスク評価そのものではないし、紛争の可能性に関する具体的な懸念に対応しているわけでもない。シンガポールは、英国のように気候リスク評価の公表を法律で義務づけている様子はない。代わりに、NCCS を通じて調整される省庁間委員会があるものの、同委員会は政策実行の手段は有していない。シンガポールが重視してきたのは、レジリエンス、適応、緩和、調整である（2020年のインタビュー）。炭素価格法、省エネルギー法など、環境や気候関連の様々な法律がある。シンガポールの最新の「グリーンプラン2030」は、排出量削減と適応策の目標を前面に出しているが、なかでも目立つのは「レジリエンス」と食料安全保障の重視である。一方、2002年民間緊急事態法などの英国法は、緊急事態計画や影響管理、NRR における地方自治体のレジリエンス構築の重視につながった。しかし、英国の2008年気候変動法は適応策を重視している。ただし、気候変動が紛争に及ぼす影響については、こうした公式文書の要求事項を超えて、英国およびシンガポールの各省庁の未来担当部署が評価を行っている。

4.2 能力強化と「未来リテラシー」

両国の事例からは、「未来リテラシー」の構築が一貫して重視されていることがわかる。未来リテラシーとは、まだ存在していない未来を現在に取り入れるために、想像力をなぜ、どのように働かせるかという決定に必要なスキルである（Miller 2018, p.15）。

英政府科学局（GO-Science）は、ホライズン・スキャニング、7つの質問（および論点書）、デルファイ法からなる「未来ツールキット」を作成した。GO-Science の「未来チーム」は、政策立案をサポートするために、これらの未来関係ツールの官公庁全体への導入をサポートしている。GO-Science は、ワークショップや学習セッションを通じた「能力開発」に大きな重点を置くだけでなく、

「ネットワーク」機能を果たし、未来業務の調整、学びの共有、政府内での「未来文化」確立のために、政府横断的ネットワークを構築し、イベントを推進している（UK GO-Science 2021）。各政府機関のチームが自らの未来業務を迅速かつ厳格に立ち上げるためのリソースが提供される。GO-Science は、ホライズン・スキャニング・プログラム・チーム（Horizon Scanning Programme Team: HSPT）を通じて内閣府と協力し、HSPT は、政府内の未来業務を調整し、これを政策にまとめ上げる（UK GO-Science 2021）。省長ホライズン・スキャニング会議というものもあり、事務次官が集まって主要な未来テーマの長期的影響について話し合う。未来担当チームは、Defra、GO-Science、歳入関税庁、国防科学技術研究所などに置かれている。こうして政府内に未来思考やそのためのツールを広く定着させようという素晴らしい取り組みにもかかわらず、「長期的思考、システム思考、未来思考、技術的知見を各役所に行き渡らせる取り組みが不十分」で、それが今なお弱点であるとの批判がある（Hilton and Baylon 2020）。日常的な課題に忙殺されることが、より系統的な未来業務を妨げる要因の1つとして挙げられることが多い。政府外から助言を得るための仕組みとして、英国内閣府のナレッジ・エクスチェンジ・フェローシップにより、学者が内閣府に出向しながら気候変動に関する意見を述べることができる。Defra の気候変動リスク評価（CCRA）レポートにも、法律によって設置された独立の気候変動委員会が参加し、政府に助言を提供している[3)]。

シンガポールも、こうした能力や教育の問題に取り組んでいる。英 GO-Science の「未来ツールキット」と同様に、CSF は、「フューチャークラフト」と呼ばれるワークショップを運営している。これは重要なスキルの導入が目的で、政府の予測業務に関連したシナリオ・プランニング・プラス（SP ＋）というツールキットを開発済みである。これらのツールには、気候変動リスクにおける「ドライビングフォース分析」および「優先順位づけ」に基づくバックキャスティングおよびセンスメイキングが含まれる。英国事務次官級のホライズン・スキャニング・ネットワークと同様、シンガポールでも副長官級の「戦略的未来ネットワーク」会議が四半期ごとに開催されている。一般スタッフのレベルでは隔月の「サンドボックス」会議が開かれ、各省庁の未来担当官がアイデアやプロジェ

3）https://www.gov.uk/government/organisations/cabinet-office

クトを共有している（CSF ウェブサイト 2021）。現在、様々な省庁に「未来」グループが設けられ、それらを CSF が一元的に調整・支援している。RAHS もまた、省庁全体で未来計画の立案を推進する取り組みを開始した。実際、筆者が様々な政府機関に対して実施したインタビューによると、「センスメイキング」など、分析者が用いる専門語や語彙には共通するものがある。未来関連の思考を広く展開することの影響が生じている可能性がある。

シンガポールの国家気候変動調整事務局（NCCS）は、戦略的未来センター（CSF）と密接に連携するとともに、シナリオ演習実施後の政府全体の取り組みの中で、省庁間の重要な調整役を果たす。研究は主に、各省庁内の「未来」グループや首相府の CSF の管理下にあると思われる。NCCS 自体はあまり評価能力を有していないようであり、その業務・責務（排出量削減、国際的目標の交渉、経済の持続可能性の実現など）は、安全保障機関というよりも経済機関に近いと思われる。CSF は、その重要なミッションの1つを「育成（Grow）」と表現しており、それは、幅広い公共サービスのあらゆるレベルで、戦略的先見性のための能力を構築することである（Kwek and Parkash 2020）。CSF はまた、ブラックスワン、「厄介な問題」など、「未来」に関する重要な用語の解説や、政策立案者向けのツールの提供もしている（Centre for Strategic Futures 2021）。各省庁の他の未来計画チームとの接点やつながりを提供できるという点で、CSF はマザーシップ（母船）と称されている（2020年のシンガポールでのインタビュー）。個々の未来チームは小さく（スタッフがわずか1人かせいぜい1.5人という場合もある）、より多くのリソースが必要と思われる。シンガポール食品庁（Singapore Food Agency: SFA）は、ラジャラトナム国際関係研究所などの学術機関とも協力し、食料安全保障リスクを研究している。産業界や団体など他のステークホルダーと関わることも、食料やサプライチェーンの混乱がもたらす安全保障上の影響を、これらのパートナーに納得させる上で重要である。産業界のパートナーが考えることは、安全保障そのものよりも利益率などの金銭面であり、アウトリーチ・フォーラムは規制に対する産業界の不満を述べる場になりやすい（2020年のシンガポールでのインタビュー）。2012年には、「食料安全保障に関する省庁間委員会」が、食品廃棄物の削減、研究開発、産業界の課題などに関する提言を発表した。社会的不安定や食料暴動などの波及効果による潜在的な課題については、議論されなかった。あるインタビュー対象者は、食料安全保障へのこの取り組みでは社会的な側面をもっと十分に考慮すべきだと嘆いた（2020年のシンガポールでのインタビュー）。

4.3 省庁間の重要な政策構造およびステークホルダーの構成

シンガポールのNCCSは、2007年に設置されたハイレベルの「気候変動に関する省庁間委員会」（Inter-Ministerial Committee on Climate Change：IMCCC）を支援している。この委員会には、外務省、国家開発省、交通省、通商産業省、環境水資源省が参加している。気候関連の紛争リスクを取り扱う必要がありそうな、内務省、国防省などの安全保障に関わる省庁は参加していない。その理由を問うと、委員長を務める上級相兼国家安全保障調整相のTeo Chee Heanが安全保障と国防の職務を担っていたため、そうした観点での情報を提供できたからではないか、と示唆された（2020年のシンガポールでのインタビュー）。一方、2012年設立の「食料安全保障に関する省庁間委員会」は、国家開発省、通商産業省、外務省といった主要省庁が中心になっている。同委員会の委員長は、国家開発省の副長官（計画担当）が務めた。国防省など安全保障関連の省庁が担う役割は比較的小さいようである。地元農家を巻き込むという点において、シンガポールの「食料安全保障に関する省庁間委員会」や大学の研究センターは、地方の非営利団体から十分相談に乗ってくれないと批判された（Kranji Countryside Association 2017）[4)]

英国の省庁間委員会の構成についても同様の問題が提起されている。英国の新しい「気候変動に関する内閣委員会」が2019年10月に設置された。国防省がそこで目立っている様子はない。一方、NRAを担当する民間緊急事態事務局と気候変動委員会（CCRAに助言を提供）は、国家リスク一覧および英国気候変動リスク評価レポートという2つの文書について話し合うために定常的な会合を開いていない（Stock and Wentworth 2019）。そうした省庁間の調整という内部の問題に加えて、NSRAプロセスに外部の専門家を利用することに関しても問題が提起されている（Hilton and Baylon 2020）。より幅広い学術界のリスク専門家から、より多くの意見を求めることができる。外部の研究者は、機密情報取扱許可を受

4）https://en.wikipedia.org/wiki/Senior_Ministerhttps://en.wikipedia.org/wiki/Coordinating_Minister_for_National_Security

けて、安全保障に関する機密データにアクセスすることができるであろう。NRA と NRR の初期のプロセスは「トップダウン」方式で、地方当局や現場対応者の関与は限られていたようである（UK House of Commons Science and Technology Committee 2011）。

5 おわりに

英国とシンガポールはリスク評価と未来計画によって、戦略的サプライズを回避しようとする姿勢が共通している。それに伴い、政府機関は気候変動に一層注力するようになっている。しかし、リスク評価体系を整備したからといって、必ずしも望ましい結果が得られるとは限らない。新型コロナウイルス感染症をめぐる英国の手痛い経験が示すように、世界的に優れたリスク評価システムを備えた国であっても、変化の速い緊急事態に対応するのは困難である。例えば、インフルエンザの大流行をもとにした計画は、コロナウイルス感染症の発生に対してカスタマイズされていない。

未来業務はまず、主要なトレンドや新たな戦略的問題について多くの資料を読むことから始まることが多い（Masramli 2013、2020年のシンガポールでのインタビュー）。英国 GO-Science やシンガポール CSF が用意した未来研究のツールキットや方法に加えて、シンガポール RAHS プログラムのようなビッグデータツールで補助することで、早期警戒のシグナルをふるいにかけることができる（Public Service Division 2015で引用された Peter Ho）。また、学術誌のオンラインスキャンを毎日実施する契約をベンダーと結ぶこともできる（2020年のシンガポールでのインタビュー）。ただし、人間の分析者が常にループ内にいる必要があり、ビッグデータは分析者による評価や判断に情報を提供するためのものにすぎない。すべての政府機関は、リスクコミュニケーションや教育に引き続き力を入れている。国家安全保障リスク評価に関する英国の経験によれば、ボトムアップ（非政府組織、地方政府、現場対応者）による関与の機会が限られていた（Bladgen 2018）ことに加え、民間緊急事態対応のための短い期間や法的義務に重点が置かれたため、気候変動などの長期的トレンドは除外されていた（Stock and Wentworth 2019、2020年のロンドンでのインタビュー）。政府内においてさえ、CCC と内閣府の民間緊急事態事務局が、CCRA や NRR について議論するために会合を持つことはない（Stock and Wentworth 2019）。官僚の結束が強く、脆弱性を強く意識する小国では、こうした懸念の一部が軽減されるかもしれない。シンガポールでは、CSF を通じて様々な省庁との間でスタッフが常時行き来している。それでも、草の根運動家たちからは、協議が不十分だとの不満も聞かれる（Kranji Countryside Association 2017）。英国のリスク評価プロセスはトップダウンであり、ボトムアップの参加が十分でないとの批判もある（UK House of Commons Science and Technology Committee 2011）。Extinction Rebellion のような将来の気候に関する民間の不服従運動を回避することは、必然的な関心事である。したがって、気候変動に対する全国家的アプローチにできるだけ多くの社会的アクターを関与させることが道理にかなう。「はじめに」で述べたように、厳密な軍事問題にとどまらず、紛争をより広く多面的に理解することにより、気候変動が脆弱でありながら相互依存関係にあるわれわれの世界に与える根深い影響について、研究者の理解が深まるであろう。例えば、炭素からの無秩序な移行に対して、社会の様々なステークホルダーが敵対的に対応することで紛争が発生することもありうる。

英国とシンガポールによい意味で共通するのは、政府の各省庁・機関が「未来リテラシー」の能力構築を重視していることであった。これは特に、省庁内の未来担当チームを中心に構築された組織体制や、中央の内閣府／首相府との調整に顕著に現れていた。気候変動・紛争リスクの評価を中心に、共通の専門語、語彙、方法論が展開されているのが注目に値する。

あるリスク（気候変動）の軽減策は、他のリスクやその波及効果にも影響する可能性がある。例えば、気候変動による混乱時のシンガポールにおける主要食品の貯蔵、卵の現地生産、サプライチェーンの多様化は、シンガポールに多くの食料を供給していたマレーシアとの国境が新型コロナウイルス感染症のために閉鎖された時に、その有効性が明らかになった。英国では、EU 離脱による貿易や食料供給の混乱に備えたことも、気候変動リスクの影響をどう管理・軽減するかという予測に組み入れられた。

■参考文献

Adams, Courtland, Tobias Ide, Jon Barnett and Adrien Detges（2018）“Sampling Bias in Climate-Conflict Research,” *Nature Climate Change*, 8, pp.200–203.

Bladgen, David（2018）“The Flawed Promise of National Security Risk Assessment: Nine Lessons from the British Approach,” *Intelligence and National Security*, 33（5）, pp.209–234.

Center for Naval Analyses（CNA）Military Advisory Board（2007）*National Security and the Threat of Climate Change*, Center for Naval Analysis Corporation, Alexandria:VA. https://www.cna.org/cna_files/pdf/national%20security%20and%20the%20threat%20of%20climate%20change.pdf（最終アクセス2021/12/22）

Centre for Strategic Futures（2021）“Our Approach,” Climate Change Committee. https://www.csf.gov.sg/our-work/our-approach/（最終アクセス2021/1/12）

Christensen, Tom and Per Lægreid（2007）“The Whole-of-Government Approach to Public Sector Reform,” *Public Administration Review*, 67（6）, pp. 1059–1066. https://doi.org/10.1111/j.1540-6210.2007.00797.x

Climate Change Committee United Kingdom（UK）（2021）*Independent Assessment of UK Climate Risk: Advice to Government for the UK's Third Climate Change Risk Assessment.* https://www.theccc.org.uk/wp-content/uploads/2021/07/Independent-Assessment-of-UK-Climate-Risk-Advice-to-Govt-for-CCRA3-CCC.pdf（最終アクセス2021/12/28）

de Châtel, Francesca（2014）“The Role of Drought and Climate Change in the Syrian Uprising: Untangling the Triggers of the Revolution,” *Middle Eastern Studies*, 50（4）, pp. 521–535.

Financial Stability Board（2020）“The Implications of Climate Change for Financial Stability,” 23 November 2020. https://www.fsb.org/2020/11/the-implications-of-climate-change-for-financial-stability/

Gilman, Nils（2020）“The Coming Avocado Politics,” The Breakthrough Institute. https://thebreakthrough.org/journal/no-12-winter-2020/avocado-politics（最終アクセス2020/2/13）

Gleick, Peter H., Stephan Lewandowsky and Colin Kelley（2018）“Critique of Conflict and Climate Analysis is Oversimplified,” *Nature*, 555（587）. https://www.nature.com/articles/d41586-018-03794-1.（最終アクセス2021/12/28）

Hagmann, Jonas and Myriam Cavelty（2012）“National Risk Registers: Security Scientism and the Propagation of Permanent Insecurity,” *Security Dialogue*, 43（1）, pp. 79–96.

Hilton, Samuel and Caroline Baylon（2021）“Risk Management in the UK: What can We Learn from COVID-19 and are We Prepared for the Next Disaster?,” University of Cambridge Centre for the Study of Existential Risk. https://www.cser.ac.uk/resources/risk-management-uk/（最終アクセス2021/12/28）

Ho, Peter（2008）“The RAHS Story” in Edna Tan Hong Ngoh and Hoo Tiong Boon eds., Thinking about the Future—Strategic Anticipation and RAHS. https://www.redanalysis.org/wp-content/uploads/2016/04/RAHS_book.pdf.

Holland, Joshua（2015）“Syria May Be the First Climate-Change Conflict, but It Won't Be the Last,” *The Nation*.

https://www.thenation.com/article/syria-may-be-the-first-climate-change-conflict-but-it-won t-be-the-last/（最終アクセス2021/12/28）

Hsu, Angel（2019）“Commentary: Forget Bamboo Straws. Let’s Name the Elephants in the Room of Singapore’s Climate Debate,” *Channel NewsAsia,* 23 Dec 2019.
https://www.channelnewsasia.com/commentary/singapore-climate-change-action-un-madrid-oil-refinery-petrochem-1338566

Kranji Countryside Association（2015）“Futurefood Vision, Feedback for Budget 2017.”
http://kranjicountryside.com/futurefood-vision/brief-and-discussion-document（最終アクセス2021/12/28）

Kwek, Jeanette and Seema Gail Parkash（August 2020）“Strategic Foresight: How Policymakers Can make Sense of a Turbulent World,” *Apolitical.*
https://apolitical.co/en/solution_article/strategic-foresight-making-sense-of-a-turbulent-world/（最終アクセス2021/12/28）

Lloyd’s Register Foundation（2020）*The Lloyd’s Register Foundation World Risk Poll: full report and analysis of the 2019 poll.*
https://wrp.lrfoundation.org.uk,（最終アクセス2020/5/9）

Low, Youjin and Navene Elangovan（2019）“Youths as Young as 11 Lead the Way for Singapore’s Inaugural Climate Rally,” *Today,* 22 Sep 2019.
https://www.todayonline.com/singapore/youths-young-11-lead-way-singapores-inaugural-climate-rally

Masramli, Siti Maziah（January 2013）“Unfolding the Future,” Public Service Division Singapore.
https://www.psd.gov.sg/challenge/ideas/deep-dive/futurists-reveal-our-possible-future（最終アクセス2021/12/28）

Miller, Riel（2018）“Sensing and Making-sense of Futures Literacy: Towards a Futures Literacy Framework（FLF),” in Riel Miller ed., *Transforming the Future,* Ch.1,pp.15-50, Routledge.

National Climate Change Secretariat（2012）National Climate Change Strategy 2012.
https://www.nccs.gov.sg/media/publications/national-climate-change-strategy

National Security Coordination Centre, Singapore（2008）“Explaining the RAHS Programme,” in Edna Tan Hong Ngoh and Hoo Tiong Boon eds., *Thinking about the Future—Strategic Anticipation and RAHS,* Sec.1, pp.3-8. National Security Coordination Secretariat.
https://www.redanalysis.org/wp-content/uploads/2016/04/RAHS_book.pdf（最終アクセス2021/12/28）

OECD（2018）“National Risk Assessments: A Cross Country Perspective,” 5 March 2018.
https://www.oecd.org/gov/national-risk-assessments-9789264287532-en.htm

Public Service Division Singapore（2015）“Building a Public Service Ready for the Future.”
https://www.psd.gov.sg/heartofpublicservice/our-institutions/building-a-public-service-ready-for-the-future/（最終アクセス2021/12/28）

Renn, Ortwin and Andreas Klinke（2004）“Systemic Risks: A New Challenge for Risk Management,” *EMBO reports* 5 Spec No.（Suppl 1), S41-S46.

https://doi.org/10.1038/sj.embor.7400227
Rosenbaum, Erik (2020) "An Underperforming Exxon Mobil Faces a New Climate Threat: Activist Hedge Fund Investors," Consumer News and Business Channel (CNBC).
https: //www. cnbc. com/2020/12/07/big-oil-laggard-exxon-faces-new-climate-threat-activist-investors.html（最終アクセス2021/12/28）
Sagar, Aarsi (2020) "Building Global Governance for 'Climate Refugees'," *G20 Insights.*
https: //www. g20-insights. org/policy_briefs/building-global-governance-climate-refugees/（最終アクセス2021/12/28）
Scanlan, Oliver (2018) "ORG Explains: UK Food Security and Climate Change," Oxford Research Group (20 Dec. 2018).
https://climate-diplomacy.org/sites/default/files/2020-10/ORG_Explains_8_-__UK_Food_Security.pdf（最終アクセス2021/12/28）
Selby, Jan (2019) "The Trump Presidency, Climate Change, and the Prospect of a Disorderly Energy Transition," *Review of International Studies,* 45 (3), pp.471–490.
https://doi.org/10.1017/S0260210518000165.
Selby, Jan, Omar S. Dahi, Christiane Fröhlich and Mike Hulme (2017) "Climate Change and the Syrian Civil War Revisited," *Political Geography,* 60, pp.232–244.
https://doi.org/10.1016/j.polgeo.2017.05.007.
Stock, Michael and Jonathan Wentworth (2019) "Evaluating UK Natural Hazards: the National Risk Assessment," *The Parliamentary Office of Science and Technology, Research Briefings.*
https://post.parliament.uk/research-briefings/post-pb-0031/（最終アクセス2021/12/28）
Tesh, John (2012) "The making of a National Risk Register" The University of Cambridge.
https: //www. cam. ac. uk/research/discussion/the-making-of-a-national-risk-register（最終アクセス2021/12/28）
Tucker, Todd (2019) "The Green New Deal" *Roosevelt Institute Working Paper.*
https: //rooseveltinstitute. org/wp-content/uploads/2020/07/RI_GND_Working-Paper-201907.pdf（最終アクセス2021/12/28）
United Kingdom (UK) (2016) *UK Climate Change Risk Assessment 2017 Synthesis Report: Priorities for the Next Five Years.*
https: //www. theccc. org. uk/wp-content/uploads/2016/07/UK-CCRA-2017-Synthesis-Report-Committee-on-Climate-Change.pdf（最終アクセス2021/12/28）
United Kingdom (UK) Government Office of Science (UK GO-Science) (2021) "Futures, Foresight and Horizon Scanning."
https://www.gov.uk/government/groups/futures-and-foresight（最終アクセス2021/12/28）
United Kingdom (UK) House of Commons Science and Technology Committee (2011) "Science and Technology Committee - Third Report Scientific Advice and Evidence in Emergencies."
https://publications.parliament.uk/pa/cm201011/cmselect/cmsctech/498/49802.htm（最終アクセス2021/12/28）

United Kingdom（UK）Ministry of Defence（2018）*Global Strategic Trends: The Future Starts Today.*
https: //assets. publishing. service. gov. uk/government/uploads/system/uploads/attachment_data/file/771309/Global_Strategic_Trends_-_The_Future_Starts_Today. pdf（最終アクセス2021/12/28）
United Nations Development Programme（2021）*The Peoples' Climate Vote, 26 January.*
https://www.undp.org/publications/peoples-climate-vote（最終アクアセス2022/5/29）
Werrell, Caitlin E., Francesco Femia and Troy Sternberg（2015）"Did We See It Coming?: State Fragility, Climate Vulnerability, and the Uprisings in Syria and Egypt," *SAIS Review of International Affairs,* 35（1）, pp. 29–46.
https://doi.org/10.1353/sais.2015.0002.
Wright, Quincy（1951）"The Nature of Conflict," *The Western Political Quarterly,* 4（2）, pp. 193–209.
https://doi.org/10.1177%2F106591295100400201.
World Bank（2018）"Groundswell: Preparing for Internal Climate Migration."
https: //www. worldbank. org/en/news/infographic/2018/03/19/groundswell---preparing-for-internal-climate-migration（最終アクセス2021/12/28）
World Economic Forum（2022）*Global Risk Report 2022.*
https://www3.weforum.org/docs/WEF_The_Global_Risks_Report_2022.pdf

第5章

気候変動および太陽放射改変の紛争リスク

杉山 昌広

1991年6月12日、フィリピン・ピナトゥボ山の噴火柱

写真：Dave Harlow、USGS NOAA CSL: 2021 News & Events: Simulated geoengineering evaluation: cooler planet, but with side effects

1991年のフィリピンのピナツボ火山の大噴火の後、エアロゾルにより気候は約0.5℃冷却した。同じ原理で地球を冷却化するのが太陽放射改変である。

太陽放射改変（Solar radiation modification：SRM）または太陽ジオエンジニアリングとは、地球の放射収支に直接介入し、地表の温度を下げることにより、気候変動のリスクを軽減するために提案されている一連の技術を指す。しかし、SRMは、新たな環境的・社会的リスクをもたらす可能性がある。最近の科学の進歩により、SRMを適度に利用すれば、気候リスクがある程度軽減され、気候が産業革命以前の状態に近づくことが示唆されている。そうなれば、気候に起因する紛争のリスクが軽減される可能性がある。SRM利用の背後に見え隠れする意図によっては、紛争の見通しがかえって複雑化する可能性はあるが、SRMが紛争削減に貢献できる可能性について、さらに検討していく必要がある。

1 はじめに

気候変動の影響は、世界各地でますます明白に表れてきている。例えば、異常熱波から、カリフォルニアやオーストラリアで繰り返す森林火災、グレート・バリア・リーフのサンゴの白化に至るまで、枚挙にいとまがない（World Meteorological Organization 2020）。過去数年間、気候関連の問題は、毎年発行されている『グローバルリスク報告書（Global Risks Report）』（World Economic Forum 2021）のグローバルリスク・リストの最上位を占めている。迫り来る気候危機への対応として、政策立案者や企業、その他の関係者は、地球温暖化に寄与している温室効果ガス（Greenhouse gas：GHG）の排出量削減に向けた行動を加速している。例えば、本章の執筆時点において、世界約450都市、23地域、約570大学が何らかの形でのカーボンニュートラル達成を約束しており（UNFCCC 2021）、その数は増加し続けている。

しかしながら、そうした野心的目標にもかかわらず、世界が望む排出量と現実の排出量の間には大きな開きがあることが、科学的分析（United Nations Environment Programme 2020）によって明らかになっている。例えば、地球の平均表面温度（Global mean surface temperature：GMST）の上昇を2℃未満に抑えるためには、経済効率的な排出経路を考えると、様々なシナリオの中央値で評価すると2030年までに世界の年間排出量を二酸化炭素（CO_2）換算で410億トンに減らす必要があるとされる。それに対し、2015年パリ協定参加国による「国が決定する貢献」（Nationally Determined Contributions：NDCs）が完全に実現されたとしても、2030年の年間排出量は530億トンに増加すると予想されている。この差は、より野心的な1.5℃目標などに照らせばさらに広がる。

このような状況を背景に、ジオエンジニアリング、気候工学、または気候介入などと呼ばれる新たな介入手法が注目を集めている。これらの介入策は、地球温暖化を抑制できるほどの大きな規模で、気候システムに直接介入を行うことを目的としたものである（Shepherd et al. 2009; National Research Council 2015a, 2015b; IPCC 2018; National Academies of Sciences, Engineering, and Medicine 2021）。特に太陽放射改変（SRM）、太陽放射管理、あるいは太陽ジオエンジニアリングと呼ばれる方法は、迅速に作用して地球の表面温度を比較的低い費用で下げることができる可能性があるが、短所がないわけではない（Keith et al.

2010)。SRM の使用は、排出量削減のための人々の努力を鈍らせてしまうという懸念から、SRM は長年にわたり科学者の間でタブーとされてきた。しかしながら、この様なタブーは、影響力の大きい学術論文や信頼性の高い報告書の公表に伴って、消えつつある（Crutzen 2006; Shepherd et al. 2009)。

人工知能や合成生物学など多くの先端技術と同様に、SRM についても賛否両論がある。SRM は、リスクとリスクのトレードオフをもたらす。すなわち、SRM によって気候リスクが低下したとしても、新規の環境・社会的リスクが持ち上がる可能性があるからである（Grieger et al. 2019)。SRM によって地球の平均表面温度は下がると考えられるが、人間や自然にとって重要なのは地域的な気候の変化である。SRM に関する最初のモデリング研究の１つ（Robock et al. 2008）では、二酸化硫黄（SO_2）の注入によって地球の平均表面温度は下がるが、それと同時に、アジアやアフリカのモンスーンが乱れ、何十億人もの人々のための食料生産に影響が生じる可能性があることが指摘された。他方、近年急増している気候と紛争に関する研究によると、気候の変化が、わずかながら複雑な経路を経て国内の武力紛争（内戦）を悪化させることが指摘されている（Koubi 2019; Mach et al. 2019)。これが真実ならば、SRM は、紛争地域における武力紛争のリスクを高めてしまうことになる。

農業に影響を及ぼす可能性があることは、SRM に固有の性質ではない（Keith and MacMartin 2015)。しかし、SRM を適度な規模で実施すれば、（ほぼ）誰にも悪影響を及ぼすことなく、地域的な気候を改善できる可能性がある（Irvine et al. 2019）ことが、最近のいくつかの研究により示唆されている。それが本当ならば、SRM によって、気候関連の紛争は改善されるのだろうか。本章では、SRM によって紛争を減らすことができる可能性について、SRM の文献および気候変動と紛争に関する文献のレビューに基づき論じる。本章の貢献はわずかなものではあるが、これまで文献で明示的に扱われてこなかった。

2　SRM についての考察

2.1 気候変動に対する新たな対応の要請

気候変動緩和の取り組みは本格化しつつあるものの、現在のところはまだ、必要な速度や規模に達してはいない。これが、ジオエンジニアリングや気候工学などの新たな介入策の評価を行う動機である。

現在進行中の新型コロナウイルス（COVID-19）のパンデミックから得られた教訓の１つは、温室効果ガス排出量の削減がいかに難しいかということである。COVID-19は、世界経済に大打撃を与えたにもかかわらず、排出量の削減はわずかであった。国際エネルギー機関（International Energy Agency: IEA）によると、世界のエネルギー起源の CO_2 排出量は、新型コロナウイルスの蔓延に伴う都市封鎖や経済の縮小によって、前年よりも約5.8%減少した（IEA 2021）。数%というささやかな削減率は、各国政府が表明した野心的目標とは大きく乖離している。こうした進捗の遅さも、科学者や政策立案者が気候工学に一層注目し始めた理由の１つである。

ジオエンジニアリング（Shepherd et al. 2009）、気候工学（Keith 2013）、あるいは、気候介入（National Research Council 2015a, 2015b）とは、太陽放射改変（SRM）や二酸化炭素除去（Carbon dioxide removal: CDR）（IPCC 2018）を包含した総称である。かつての研究ではこれら２つのカテゴリーがひと括りにされることが多かった（Shepherd et al. 2009）が、この両者には、科学的メカニズムや社会的課題、環境リスクの面で大きな違いがある。そのため、気候変動に関する政府間パネル（IPCC）は、ジオエンジニアリングという大まかな分類を避け、SRM と CDR を個別に扱うよう推奨している（IPCC 2018）。

SRM と CDR は、緩和策（太陽光発電・風力発電などの導入や電気自動車の利用による温室効果ガスの排出削減など）や適応策（堤防建設による海水面の上昇への対応など）といった従来型の気候変動対応策とは対照的と考えられる（図5-1）。同様の分類体系は、既往研究（Keith 2000; Caldeira et al. 2013）からも提案されている。しかし、SRM と CDR の区別は、あいまいな場合もある。植林や森林再生は、従来型の緩和手法とみなされ、気候変動とは関係の無い文脈においても、長年にわたって推進されてきた。IPCC の定義では、CDR は、緩和策に含まれる。また、SRM は、GHG による放射バランスの変化に対する直接の対策ではないため、適応策とみなされることもある。図5-1では、地域的な気候介入策は、適応策とみなすこともできる。実際に、グレート・バリア・リーフへのダメージ軽減を目的とするオーストラリアの研究プログラムは「サンゴ礁修復適応プログラム（Reef Restoration and Adaptation Program)」(Brent et al. 2020）と呼ばれている。

図5-1　気候変動への人類の対応策の分類

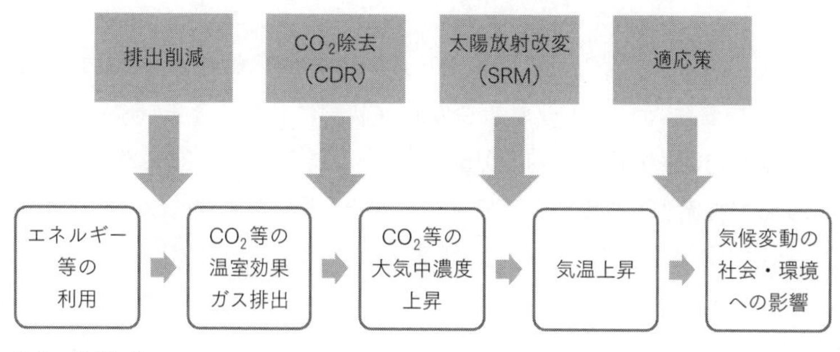

出典：筆者作成

SRM、CDR、気候変動への対応に関する諸研究が伝える確かなメッセージとして、これら対応策の選択肢は単独で考えるべきではなく、常に複数の選択肢のポートフォリオとして考えるべきだ（MacMartin et al. 2018）という点が挙げられる。言い換えれば、SRM や CDR は、緩和策や適応策といった従来型手法を置き換えられるものではないし、置き換えるべきでもない（また、そのポートフォリオに SRM が含まれない可能性もある）。

例として「世界が地球温暖化阻止のための措置を講じなければ、2100年には気温上昇幅が約3.5℃に達し、それ以降も上昇し続ける」というシナリオを考えよう。ポートフォリオの意義を理解できる。すでに各国は一定程度の気候政策を導入しているため、気温上昇を約2.5℃に抑制できる可能性がある。加えて、大量の CO_2が大気中から回収できるようになれば、気温上昇を約2.0℃未満に抑制できるかもしれない。とはいえ、そうなるにしても、気温上昇は一時的に1.5℃を上回るであろう。そこで太陽放射改変という案が浮上するのである。SRM を利用すれば、パリ協定で合意した1.5℃目標の達成が可能になると考えられる。

ただし、これは理想的なシナリオである。各国は緩和に成功するかもしれないし、失敗するかもしれない。もし、ある選択肢が上手くいかなかった場合は、その分を別の選択肢で埋め合わせる必要が出てくるだろう。気候緩和の進捗速度が遅いことを考えると、CDR や SRM の果たすべき役割は高まってきている。

2.2 SRMと成層圏エアロゾル注入（SAI）

SRMの狙いは、太陽光の数%を宇宙に反射することによって気候を寒冷化するというものである（Caldeira et al. 2013）。SRMは、太陽光をどこで反射するのか、その位置によって4つのサブカテゴリーに分類できる（Shepherd et al. 2009; National Research Council 2015b; de Coninck et al. 2018）（表5-1）。科学者たちによって提案された手法としては、宇宙で実施する方法、成層圏エアロゾル注入（SAI）、海洋上の雲の白色化、地表のアルベド（反射率）増加（以上、地表からの距離の遠い順）がある。また、関連の方法として、巻雲を光学的に薄くする手法が提案されているが、これは太陽放射ではなく赤外線放射を削減するものなので、厳密に言えばSRMではない。これらの方法はすべて、気候システムに入射する太陽光を阻止するという点で類似性があるが、基礎となる科学原理、工学的要件、有効性、副作用に大きな違いがある。

最も議論されることが多いSRM手法は、成層圏エアロゾル注入（または、成層圏エアロゾル・ジオエンジニアリング）である。その科学原理は、火山の大規模噴火が気候に及ぼす影響に似ている。大規模な火山噴火が起こると、成層圏にエアロゾル層が形成され、気候システム全体を寒冷化させることは、よく知られている。例えば、1991年にルソン島（フィリピン）のピナツボ火山で発生した噴火では、約2000万トンの二酸化硫黄（SO_2）が成層圏に注入された（Robock 2000）。SO_2は酸化されて硫酸となり、その硫酸の雲が気温を約0.5℃押し下げた（Soden et al. 2002）。成層圏エアロゾル注入（SAI）では、航空機等の技術を利用して、高度約20kmにエアロゾルを注入する。注入物質はエアロゾルそのものではなく成層圏内でエアロゾル粒子になるエアロゾルの前駆体でもよい。

SRMに関する研究は、かつては少なかったが、過去10年の間に、自然科学分野だけでなく、社会科学・人文学分野においても、大幅に進展した。なかでも大きな進歩が見られたのが、気候システム・地球システムのモデリングである。「ジオエンジニアリング・モデル相互比較プロジェクト（Geoengineering Model Intercomparison Project; GeoMIP）」（Kravitz et al. 2015）は、現在、IPCCによる気候科学の検討に大きく貢献している「結合モデル相互比較計画、フェーズ6（Coupled Model Intercomparison Project（CMIP）Phase 6）」の一部として進められている。ハーバード大学のDavid W. Keutsch、Frank N. Keith両教授は、Bill Gatesなどの慈善家からの資金供与を受け、「成層圏制御摂動実験（Stratospheric

表5-1　SRMの種類

太陽光の反射位置	方法
宇宙	宇宙に太陽光反射シールドを設置（ラグランジュポイントまたは地球低軌道）
成層圏	成層圏エアロゾル注入
対流圏	海洋上の雲の白色化（雲凝結核となる海塩を散布）
地表	屋根表面、草地、耕作地、砂漠のアルベド（反射率）を増加

出典：筆者作成

Controlled Perturbation Experiment；SCoPEx)」(Dykema et al. 2014; Shyur et al. 2019）と呼ばれる小規模な野外実験を計画しており、2021年夏には、試験工学飛行を行う予定としていた（Greenfield 2021)[1]。ただ、2021年３月にスウェーデンのステークホルダーからの反対を受けて中止になった（Swedish Space Corporation 2021)。このように、SAI は、過去10年間に急速に進歩したが、利用にはまだほど遠い段階にある。

次の節では、主として、SAI に焦点を当てる。SAI は最も広く議論されている手法であると同時に、他の手法には問題があるからである。海洋上の雲の白色化は、雲に介入する手法であるが、雲は気候システムにおける最大の不確実性の要因である。また、地表のアルベド増加は、その効果が限定的であると同時に、コストが法外に高いと考えられている（Shepherd et al. 2009)。新世代の宇宙企業が宇宙旅行のコスト削減を着実に進めているものの、宇宙で行う SRM 手法は、当面は技術的に難しいと考えられる（Keith et al. 2020)。

2.3 SAIがもたらすリスク

モデル研究によって、SAI には、地球表面の平均気温を下げ、地球温暖化に伴う多くの気候リスクを軽減する可能性があることが実証されてきたが、一方でSAI は、幅広い環境的・社会的リスクを新たにもたらす懸念もある。数人の研究者が、SAI のリスクと便益を整理している（例えば、Robock et al. 2009; Robock 2016)。以下は10項目の重大な懸念事項を示したリストである（Grieger et al.

1）2022年８月時点で、筆者は SCoPEx プロジェクトの諮問委員会の委員の一人になっている。

2019)。Olson が指摘したもの（Olson 2011）をベースとしている。

1. 地球の複雑な地球物理システム・生態系に対する意図しない悪影響（オゾン層の減少、地域的な干ばつ、降水パターンの変化、異常気象反応など）
2. 実施規模の有効性に関する情報の欠如のために、実際にはあまり効果がない可能性
3. 研究および政治的取り組みの方向転換を引き起こしてしまい、結果的に緩和の取り組みを損なうリスク
4. SAI を実施している間も GHG 濃度が上昇を続け、SAI を中止した場合に突然の壊滅的な温暖化が訪れるリスク
5. SAI の便益享受の不平等の結果、紛争が起こる可能性
6. 国際合意に至ることが、緩和策の場合よりも遥かに難しいこと
7. 過去には気候改変手法が軍事目的で利用されたことがあることから、SAI が武器化されてしまう可能性
8. 太陽放射の入射量の減少に伴う太陽エネルギー効率の低下
9. 企業利益が公共の利益よりも優先される危険性
10. 他の技術でも経験がある通り、研究によって不適切な実施が推進される危険性

上記リストは多岐にわたり、SRM を批判する研究者が指摘している要素もいくつか含まれている（Hamilton 2013; Hulme 2014）が、10年前に作成されたものである。その後の研究の進展によって、各リスクの大きさやその前提条件が明らかになってきている。そうした新たな理解に照らすと、もはやさほど重大な懸念事項とは思われないものもある。

まず、いくつかの環境リスクについて述べるが、SAI に固有の特性はほとんどない。気候リスクも便益も、どのような方法で、いつ、どこで、どのような種類の SAI を実施するかに左右されるからである。また、どの程度の温度低下を目指すのか、注入する物質の種類、注入する緯度や高度まで、技術とその使い方の選択肢も幅広い。これまでの研究では、SAI の展開によって地球温暖化を100％相殺するという、理想的なシナリオを想定してきた。そうした単純化されたシナリオのモデルでは、地球温暖化を SAI によって完全に相殺した場合、平均降水量が減少することが示された。また、熱帯地方では、過剰に温度が下がりすぎてしまう可能性が高いこともわかった（Kravitz et al. 2013）。さらに、SRM を突然

中止すると、それまでSRMの効果によって打ち消されていた温暖化効果が突然顕在化して、地球の平均表面温度が急激に上昇する。こうした影響は、終端ショック（termination shock)、または、終端効果（termination effect）と呼ばれている（Matthews and Caldeira 2007)。それ以外の副作用としては、例えば、成層圏オゾン層の消失、直達日射の減少、散乱日射の増加が挙げられる。

しかし、最近の研究によると、地球温暖化を完全に打ち消すほどSRMを導入する必要はなく、より控えめな実施戦略を採用することにより気候リスクを軽減しつつ、副作用を抑制できることが明らかになってきた（Keith & MacMartin 2015)。例えば、終端効果は、SRMによる温度低下の大きさに比例するが、適度に実施すれば、SRMを「フェイルセーフ」にできるかもしれない（Kosugi 2013)。硫酸エアロゾル粒子を選ぶと成層圏オゾン層が破壊されるが、炭酸カルシウム粒子を散布すれば、成層圏オゾン層は減少するどころか、むしろ増加する（Keith et al. 2016)。特に、地球温暖化を半減する程度にSAIを利用する戦略は、これまでに特定されているリスクの多くを軽減するように思われる（Irvine et al. 2019)。

第二に、社会的リスクに関しても、一部は誇張されてきた節がある。上記リストには、考えうるリスクとしてSAIの武器化が挙げられているが、最近の論文（Smith and Henly 2021）では、そうした懸念は否定されている。SAIを利用して気候に影響をもたらすほどの作戦を実行しようとすれば、何千機とはいかないにしても何百機もの航空機が必要で、著しく目立つために、簡単に相手に検知されてしまう（Moriyama et al. 2017; Smith 2020)。つまり、秘密作戦は不可能であることが、工学的研究によって明らかにされている。目立ちやすさに加えて、SAIは正確なターゲット設定ができない。モデリング研究（Dai et al. 2018）によると、特定の緯度においてSAIを実施すると、注入した緯度から極地方向の地域に影響が及ぶことが明らかになっている。また、成層圏では東西風が卓越するため、その影響を経度方向に限定することができない。このように技術的に不正確であるため、SAIの武器としての利用は難しい。

だからといって、SAIに関するすべての懸念が払拭されるわけではないので注意が必要である。上述の研究（Smith and Henly 2021）は、モラルハザードが生じる、すなわち（SAIによって軽減策を行うモチベーションが下がり）緩和策が停滞する、SAI複合体に化石燃料関連の権益が侵入する、政治的な行為として一国だけで小規模に実施する、各国の選好がバラバラである、紛争が起こるといった懸念を裏付ける知見を提供している。

2.4 SRMに関するガバナンスの現状

SRMのリスクは高いにもかかわらず、それに特化した法的枠組みは存在しない（Biniaz and Bodansky 2020; Reynolds 2019)。国連気候変動枠組条約、オゾン層の保護に関するウィーン条約、オゾン層を破壊する物質に関するモントリオール議定書、環境改変技術敵対的使用禁止条約（ENMOD)、宇宙条約、国連安全保障理事会など、SRMに関連する条約や議論の場は多数存在する。しかしながら、これらはいずれも、SRMを直接規制するものではない。

その代わりに「オックスフォード原則（Oxford Principles)」(Rayner et al. 2013）や「責任あるジオエンジニアリング関連科学研究のための行動規範（Code of Conduct for Responsible Scientific Research involving Geoengineering)(Hubert and Reichwein 2015)」など、数々のボトムアップの動きが見られる。加えて、多くの社会科学者が議論に参加するようになり、責任あるイノベーション（Stilgoe et al. 2013）の精神に則った学際的研究（Kreuter et al. 2020）や超学際的研究（Sugiyama et al. 2017）が見られるようになった。

各国政府は、徐々に気候工学について真剣に考慮するようになってきた。ケニア・ナイロビで2019年3月に開かれた第4回国連環境総会でも、議題として取り上げられた。同会合では、スイスを中心とする12か国によって決議案が提案され、国連環境総会事務局に対して、科学とガバナンスの現状についてレビューを行うよう要請した。しかしながら、決議案は、米国やサウジアラビア等の国々の反対により、残念ながら合意には至らなかった（Jinnah and Nicholson 2019)。とはいえ、この提案は、この先国際社会がもっと真剣に気候工学に注目するようになる前兆と見ることができる。

3 SRMの紛争への影響

3.1 気候変動と紛争

これまでの考察により、SRMが、気候への影響をいくぶん軽減できる可能性があることを示した。それが事実ならば、SRMは、気候関連の紛争の削減にも役立つのだろうか。

気候変動と紛争の関係を取り上げた論文は増え続けており（Ide 2017; Koubi 2019）、気候と紛争の関係は、学界以外でも認知されるようになってきた。バラク・オバマ元米国大統領や潘基文元国連事務総長などの高官も、気候変動と紛争とを関連付けている。しかし、文献は多様で相反する見解を示しており、強い関係があると主張する研究者もいれば、そうした関係に全面的に疑念を抱く研究者もいる。

しかしながら、紛争の大もとの原因は不明確であったとしても、気候が紛争の脅威を何倍にも増す機能を果たす可能性があり、その程度は小さいにしろ、実際に紛争に影響を与えているという理解は深まっている。最近発表された専門家による構造的な聞き取り調査（Mach et al. 2019）では、11人の幅広い研究分野のトップクラスの研究者が、国内武力紛争に果たす気候の役割を論じている（この著者には、Marshall Burke や Halvard Buhaug など、反対の見解を持つ研究者が含まれていたことが注目される）。同論文集から、気候は国内武力紛争に、不確実ながら何がしかの役割を果たすという点で、また、温暖化がさらに進めば、気候関連の紛争のリスクが高まる可能性が高いという点で、専門家の意見が一致していることが明らかになった。つまり、現在の理解によれば、気候変動は紛争に影響を及ぼしているが、社会経済的発達の遅れや国力の低さといった、他の要因の方がより重要ということになる。

他にも、*Annual Review of Political Science* に発表されたある論文（Koubi 2019）は、先行研究の結果を整理し、取りまとめているが、Mach et al.の研究成果と概ね一致している。先行研究には、紛争が始まる際に気候がどう関係しているのかは明らかにされてはいないが、天水農業に依存している地域など、紛争が起こりやすい地域においては、一定の条件のもとで、気候が紛争に寄与していると指摘している。

Ide（2017）および Koubi（2019）によると、これらの研究の多くは、多数のサンプルを扱う large-*N* の統計分析を用いている。これらの研究では、紛争を、基本的に気温や降水量の所定の気候条件からの偏差の関数と捉えている。例えば、準乾燥地においては、気候が変化すると、地域の気温が高くなるとともに、降水量が減少する可能性が高い。それによって農業生産量が減少し、結果として、紛争発生の可能性が高まる。

3.2 気候変動を軽減すれば紛争も軽減されるのか

気候変動と経済的被害に関する文献と、気候変動と紛争に関する文献の類似性を調べると有益である。

気候と紛争の関連性に関する文献と同様に、計量経済学モデルを開発し、気候が経済に及ぼす影響の分析が行われている。2018年ノーベル経済学賞受賞者、William Nordhaus による先駆的な研究（Nordhaus 1991）以来、研究者は、気候変動がもたらす被害を、異常気温やその他の気候変数（降水量など）の関数と定義してきた。最近の研究では、これまでになく大きなデータセットを利用して、気温上昇と様々なセクターに対する経済的被害との間に強い関係があることが明らかにされている（米国の状況に関しては Hsiang et al.（2017）を参照)。言い換えれば、気候を産業革命以前のレベルに近づければ、気候変動がもたらす被害を減らすことができる。ただし、産業革命以前の気候が最適だったわけではない地域もあり、そうした地域では、適度な地球温暖化が一般市民のウェルビーイング（幸福など）を高める可能性があることにも留意したい。例えば、適度な地球温暖化は、ロシアの人々の効用を高める可能性がある。

気候変動がもたらす被害が、もともとの気候条件からの偏差（もともとの気候からの増加や減少の量）の増加関数で表せるとすれば、SRM は、気候と経済にどのような影響を及ぼすのか。この問題を研究するため、Harding et al.（2020）は、最先端のマクロ経済モデルを用い、地球温暖化を SRM によって相殺するというシナリオに適用した。4℃という著しい温暖化を SRM によって阻止した場合、温暖化のみのシナリオに比べると、（国ごとの）経済見通しの偏りが大幅に是正され平等になる[2)]。つまり、SRM の使用は、どちらかというと先進国よりも発展途上国における一般市民のウェルビーイングを向上させることにつながる。

ただし、上記分析結果（Harding et al. 2020）は、SRM を大規模展開して、地球温暖化を完全に打ち消して、一切の温暖化を阻止するというシナリオに基づくものであるため、注意が必要である。論文を著した研究者は、様々な統計モデルの定式化に照らして検討してみても、結果は確かなものであったとしているが、

2）専門的に言えば、同研究では、代表的濃度経路（Representative Concentration Pathway: RCP）8.5を用いている。このシナリオは、2100年の放射強制力が8.5 W/m^{2}になることを意味しており、2100年の温度上昇で言えば約4℃に相当する。

気温や降水量以外の要因が顕著になった場合には、分析結果とは異なる可能性がある。

同研究（Harding et al. 2020）では、SRM の大規模展開を前提としているが、SRM の実施には沢山の方法がある。また、前述の通り、SRM を大規模実施した場合、終端問題のリスクがある（これに対する対策も沢山あるが）。Keith と Irvine（Keith and Irvine 2016）は、地球温暖化の半分に対処すれば、気候リスクは大幅に軽減できるという仮説を立てている。Irvine et al.は、高解像度気候モデルと一連の GeoMIP 参加モデル（Irvine et al. 2019）を用いて、大気中 CO_2濃度の倍加がもたらす温暖化の半分を SRM で相殺した場合の気候への影響を検討した。それらのモデルでは、CO_2による放射強制力の増加を相殺するため、太陽光を人工的にわずかに減らしている。

また、Irvine et al.（2019）は、SRM による温暖化阻止によって、気候変数（気温、年最高気温、降水量－蒸発量、年最高5日降水量）にどのような影響が出るかを調べている。気候が産業革命以前のレベルに近づくことを「改善」と定義すれば、SRM によって、気候条件は大幅に改善される。より重要なのは、気候条件が悪化する地域が少ないことである。高解像度モデルにおいては、水利用可能性および極値降水量が悪化したのは、世界の地表面積（グリーンランドと南極大陸を除く）の0.4%のみであった。解像度がより低い GeoMIP モデルでは一部の地域で悪化することが明らかになったが、モデル間の中央値からは、水文学的変化による悪化が見られる地表の割合が1.9%と0.8%であることが示された。加えて、同研究は、高解像度気候モデルを用いて、半分の SRM 量で、熱帯低気圧強度（power dissipation index（PDI）で測定）の増大の大部分を相殺できることを明らかにした。

同研究では SRM を理想型（太陽の調光など）で表しているが、別のフォローアップ研究（Irvine and Keith 2020）では、成層圏エアロゾル注入を明示的にモデル化した「ジオエンジニアリング・ラージ・アンサンブル（geoengineering large ensemble：GLENS)」プロジェクト（Tilmes et al. 2018）の結果を利用し、SRM シナリオと地球温暖化シナリオ（気温上昇が4℃近く）とを線形的に組み合わせることによって、SRM によって温暖化を半分だけ相殺した場合の気候影響を推定している。結論は、それまでの分析と概ね一致していて、半分だけ SRM を実施した場合の気候変動の軽減可能性を特定している。

これらの研究では、温暖化を50%相殺すると仮定しているが、50%という数字に特別な意味はない。加えて、SRMを調整するにあたって沢山のパラメーターを選択できる。

上記2つの研究の結果（Harding et al. 2020; Irvine et al. 2019）を組み合わせれば、SRMの適度な実施によって、物理的な気候影響や気候変動に起因する経済的被害を軽減できると推定できる。ひいては、適度な実施によって、国内の紛争の悪化の可能性を低減できるといえる。

SRMは、人為的な地球温暖化と同じ影響があるわけではない。成層圏オゾン層の破壊による紫外線照射の増加や、直達日射と散乱日射の比など、他にも重要な変数がある。大気中CO_2濃度は高いままで、海洋の酸性化も軽減されない。それでもなお、SRMの規模を抑制することによって、これらの影響も小さく抑えられる限りにおいては、これらの経路を通じた影響は、懸念するには当たらないかもしれない。

4 おわりに

本章では、SRMは国内の紛争のリスクを軽減しうると論じた。気候と紛争の間には弱いが複雑な関連がある（紛争の引き金としてではなく、深刻度や期間を増す等）とする文献は増えつつあり、その大部分はlarge-*N*の統計分析に基づいている。また、それらの研究では、紛争リスクは、所定の気候条件からの気候関連変数の偏差の関数としてモデル化されている。このような気候の偏差がSRMによって改善できるのであれば、紛争リスクも軽減されることになる。

この主張には様々な限界がある。第一は、この主張が、定量的に実証されていないことである。この点に関しては、今後の研究が待たれる。第二は、より重大な問題であるが、SRMは一部の国々が行う政治的行為であり、自然現象ではないという点が考慮されていないことである。ある地域の気候条件が改善されるか、されないかに関わらず、SRMによる気候変化の影響を受ける人々は、SRMに着手したのが誰であるのかを簡単に特定できるわけだが、そうした認識が紛争の可能性に影響を及ぼしうる。この点については、気候と紛争の関連性について研究した文献（Ide 2017）においてすでに指摘されている。その問題の改善策としては、パラメトリック保険（parametric insurance）（Horton and Keith 2019）などが考えられるが、こうした手法については今後さらに研究する必要がある。

また、本章は、SRM に関連する大国間の紛争の可能性については触れていない。この点については、文献（Schelling 1996; Bodansky 2013; Flegal et al. 2019）で幅広く取り上げられている。これらの文献では、問題は一国の行為に関連する問題として特徴付けられていることが多い。というのも、SRM の実施に当たり各国が同盟を形成する可能性もある（Ricke et al. 2013）ものの、SRM が比較的低コストであることから、フリーライダーならぬフリードライバーとして一国が勝手に実施して（経済学でいう）外部性を発生させる可能性があるからである（Weitzman 2015）。このテーマについては、より掘り下げた検討が必要であることは明らかである。これら既存の文献で取り上げられていないことの1つに、様々な問題の間の相互連結性が挙げられる。研究モデルにおける標準的な設定では、利得関数（ここでは個々の国がどれだけ気候変動によって便益を受けるか損失を被るかを表す関数を指す）は、気候の関数として表されている。しかし、現実には、各国は複数の問題に同時に直面している。現在、米中の緊張関係は、新たなレベルに達しているが、新バイデン政権においては、気候変動は協力分野とみなされている。これらの国々の決定が、他分野の考慮事項によって影響を受けるのは、間違いないだろう。

■付記

本章は杉山昌広（2020）「気候変動と水資源をめぐる国際政治のネクサス」『2020年度ワーキングペーパー・シリーズ No.8』をもとに修正したものである。

■参考文献

Biniaz, Susan and Daniel Bodansky（2020）*Solar Climate Intervention: Options for International Assessment and Decision-Making*. Center for Climate and Energy Solutions（C2ES）& SilverLining.
chrome-extension://oemmndcbldboiebfnladdacbdfmadadm/https://www.c2es.org/wp-content/uploads/2020/07/solar-climate-intervention-options-for-international-assessment-and-decision-making.pdf（最終アクセス2022/5/21）

Bodansky, Daniel（2013）"The Who, What, and Wherefore of Geoengineering Governance," *Climatic Change*, 121（3）, pp.539-551.
https://doi.org/10.1007/s10584-013-0759-7

Brent, Kerryn, Jeffrey McGee, Jan McDonald and Manon Simon. *Putting the Great Barrier Reef*

Marine Cloud Brightening Experiment into Context. Carnegie Climate Governance Initiative (13 May 2020).
https://www.c2g2.net/putting-the-great-barrier-reef-marine-cloud-brightening-experiment-into-context/（最終アクセス2022/5/21）

Caldeira, Ken, Govindasamy Bala and Long Cao (2013) "The Science of Geoengineering," *Annual Review of Earth and Planetary Sciences,* 41 (1), pp.231-256.
https://doi.org/10.1146/annurev-earth-042711-105548

Crutzen, Paul J. (2006) "Albedo Enhancement by Stratospheric Sulfur Injections: A Contribution to Resolve a Policy Dilemma?," *Climatic Change,* 77 (3-4), pp.211-220.
https://doi.org/10.1007/s10584-006-9101-y

Dai, Zhen, Debra Weisenstein and David Keith (2018) "Tailoring Meridional and Seasonal Radiative Forcing by Sulfate Aerosol Solar Geoengineering," *Geophysical Research Letters,* 45 (2), pp.1030-1039.
https://doi.org/10.1002/2017GL076472

de Coninck, Heleen, Aromar Revi, Mustapha Babiker, Paolo Bertoldi, Marcos Buckeridge and Anton Cartwright et al. (2018) "Strengthening and Implementing the Global Response," In Masson-Delmotte Valérie, Panmao Zhai, Hans-Otto Pörtner, Debra Roberts, Jim Skea and Priyadarshi R. Shukla et al. eds., *Global warming of 1.5°C. An IPCC Special Report on the Impacts of Global Warming pf 1.5°C above Pre-Industrial Levels and Related Global Greenhouse Gas Emission Pathways, in the Context of Strengthening the Global Response to the Threat of Climate Change, Sustainable Development, and Efforts to Eradicate Poverty.* Intergovernmental Panel on Climate Change.

Dykema, John A., David W. Keith, James G. Anderson and Debra Weisenstein (2014) "Stratospheric Controlled Perturbation Experiment: A Small-Scale Experiment to Improve Understanding of The Risks of Solar Geoengineering," *Philosophical Transactions of the Royal Society A: Mathematical, Physical and Engineering Sciences,* 372 (2031), 20140059.
https://doi.org/10.1098/rsta.2014.0059

Flegal, Jane A., Anna-Maria Hubert, David R. Morrow and Juan B. Moreno-Cruz (2019) "Solar Geoengineering: Social Science, Legal, Ethical, and Economic Frameworks," *Annual Review of Environment and Resources,* 44 (1), pp.399-423.
https://doi.org/10.1146/annurev-environ-102017-030032

Greenfield, Patrick "Balloon Test Flight Plan Under Fire Over Solar Geoengineering Fears," *The Guardian* (8 Feb. 2021).
https://www.theguardian.com/environment/2021/feb/08/solar-geoengineering-test-flight-plan-under-fire-over-environmental-concerns-aoe（最終アクセス2022/5/21）

Grieger, Khara D., Felgenhauer Tyler, Renn Ortwin, Wiener Jonathan and Borsuk Mark (2019) "Emerging Risk Governance for Stratospheric Aerosol Injection as a Climate Management Technology," *Environment Systems and Decisions,* 39 (4), pp.371-382.
https://doi.org/10.1007/s10669-019-09730-6

Hamilton, Clive (2013) *Earthmasters: Playing God with the Climate.* Allen & Unwin.

Harding, Anthony R., Katharine Ricke, Daniel Heyen, Douglas G. MacMartin and Juan Moreno-Cruz （2020） "Climate Econometric Models Indicate Solar Geoengineering Would Reduce Intercountry Income Inequality," *Nature Communications,* 11 （1）, 227.
https://doi.org/10.1038/s41467-019-13957-x

Hsiang, Solomon, Robert Kopp, Amir Jina, James Rising, Michael Delgado, Shashank Mohan, D. J. Rasmussen, Robert Muir-Wood, Paul Wilson, Michael Oppenheimer, Kate Larsen and Trevor Houser （2017） "Estimating Economic Damage from Climate Change in the United States," *Science,* 356 （6345）, pp.1362–1369.
https://doi.org/10.1126/science.aal4369

Horton, Joshua B and David W. Keith （2019） "Multilateral Parametric Climate Risk Insurance: A Tool to Facilitate Agreement about Deployment of Solar Geoengineering?," *Climate Policy,* 19 （7）, pp.820–826.
https://doi.org/10.1080/14693062.2019.1607716

Hubert, Anna-Maria and David Reichwein （2015） "*An Exploration of a Code of Conduct for Responsible Scientific Research Involving Geoengineering,*" Institute for Advanced Sustainability Studies （IASS） Working Paper. Institute for Advanced Sustainability, IASS.
https: //www. insis. ox. ac. uk/sites/default/files/insis/documents/media/an_exploration_of_a_code_of_conduct.pdf （最終アクセス2022/5/21）

Hulme, Mike （2014） "*Can Science Fix Climate Change?"A Case Against Climate Engineering,* Polity Press.

Ide, Tobias （2017） "Research Methods for Exploring the Links Between Climate Change and Conflict: Research Methods for Exploring the Links Between Climate Change and Conflict," *Wiley Interdisciplinary Reviews: Climate Change,* 8 （3）, e456.
https://doi.org/10.1002/wcc.456

Intergovernmental Panel on Climate Change （IPCC） （2018） "Summary for Policymakers," [Masson-Delmotte Valérie, Panmao Zhai, Hans-Otto Pörtner, Debra Roberts and Jim Skea et al. eds.] *Global Warming of 1.5°C. An IPCC Special Report on the Impacts of Global Warming of 1.5°C Above Pre-Industrial Levels and Related Global Greenhouse Gas Emission Pathways, in the Context of Strengthening the Global Response to the Threat of Climate Change, Sustainable Development, and Efforts to Eradicate Poverty,* World Meteorological Organization.

International Energy Agency （IEA） （2021） *Global Energy Review: CO2 Emissions in 2020,* International Energy Agency.
https: //www. iea. org/articles/global-energy-review-co2-emissions-in-2020 （最終アクセス2022/5/21）

Irvine, Peter, Kerry Emanuel, Jie He, Larry W. Horowitz, Gabriel Vecchi and David Keith （2019） "Halving Warming with Idealized Solar Geoengineering Moderates Key Climate Hazards," *Nature Climate Change,* 9 （4）, pp.295–299.
https://doi.org/10.1038/s41558-019-0398-8

Irvine, Peter J and David W. Keith （2020） "Halving Warming with Stratospheric Aerosol

Geoengineering Moderates Policy-Relevant Climate Hazards," *Environmental Research Letters*, 15（4）, 044011.
https://doi.org/10.1088/1748-9326/ab76de

Jinnah, Sikina and Simon Nicholson（2019）"The Hidden Politics of Climate Engineering," *Nature Geoscience*, 12（11）, pp.876–879.
https://doi.org/10.1038/s41561-019-0483-7

Keith, David W.（2000）"Geoengineering the Climate: History and Prospect," *Annual Review of Energy and the Environment*, 25（1）, 245–284.
https://doi.org/10.1146/annurev.energy.25.1.245

Keith, David W.（2013）*A Case for Climate Engineering*. The MIT Press.

Keith, David W. and Peter J. Irvine（2016）"Solar Geoengineering Could Substantially Reduce Climate Risks-A Research Hypothesis for the Next Decade: Solar Geoengineering Could Reduce Risk," *Earth's Future*, 4（11）, pp.549–559.
https://doi.org/10.1002/2016EF000465

Keith, David W. and Douglas G. MacMartin（2015）"A Temporary, Moderate and Responsive Scenario for Solar Geoengineering," *Nature Climate Change*, 5（3）, pp.201–206.
https://doi.org/10.1038/nclimate2493

Keith, D. W., Oliver Morton, Yomay Shyur, Pete Worden and Robin Wordsworth（17 March 2020）"Reflections on a Meeting about Space-based Solar Geoengineering," *Harvard's Solar Geoengineering Research Program*.
https://geoengineering.environment.harvard.edu/blog/reflections-meeting-about-space-based-solar-geoengineering（最終アクセス2022/5/21）

Keith, David W., Edward Parson and M. Granger Morgan（2010）"Research on Global Sun Block Needed Now," *Nature*, 463（7280）, pp.426-427.
https://doi.org/10.1038/463426a

Keith, David W., Debra K. Weisenstein, John A. Dykema and Frank N. Keutsch（2016）"Stratospheric Solar Geoengineering without Ozone Loss," *Proceedings of the National Academy of Sciences*, 113（52）, pp.14910–14914.
https://doi.org/10.1073/pnas.1615572113

Kosugi, Takanobu（2013）"Fail-safe Solar Radiation Management Geoengineering," *Mitigation and Adaptation Strategies for Global Change*, 18（8）, pp.1141–1166.
https://doi.org/10.1007/s11027-012-9414-2

Koubi, Vally（2019）"Climate Change and Conflict," *Annual Review of Political Science*, 22（1）, pp.343–360.
https://doi.org/10.1146/annurev-polisci-050317-070830

Kravitz, Ben, Ken Caldeira, Olivier Boucher, Alan Robock, Philip J. Rasch and Kari Alterskjær et al.（2013）"Climate Model Response from the Geoengineering Model Intercomparison Project（GeoMIP）," *Journal of Geophysical Research: Atmospheres*, 118（15）, pp.8320–8332.
https://doi.org/10.1002/jgrd.50646

Kravitz, Ben, Alan Robock, Simone Tilmes, Olivier Boucher, Jason M. English and Peter Irvine

et al.（2015）"The Geoengineering Model Intercomparison Project Phase 6（GeoMIP6）: Simulation Design and Preliminary Results," *Geoscientific Model Development*, 8（10）, pp. 3379–3392.
https://doi.org/10.5194/gmd-8-3379-2015

Kreuter, Judith, Nils Matzner, Christian Baatz, David P. Keller, Till Markus and Felix Wittstock et al.（2020）"Unveiling Assumptions through Interdisciplinary scrutiny: Observations from the German Priority Program on Climate Engineering（SPP 1689）," *Climatic Change*, 162（1）, pp.57–66.
https://doi.org/10.1007/s10584-020-02777-4

Mach, Katharine J., Caroline M. Kraan, W. Neil Adger, Halvard Buhaug, Marshall Burke and James D et al.（2019）"Climate as a Risk Factor for Armed Conflict," *Nature*, 571（7764）, pp.193–197.
https://doi.org/10.1038/s41586-019-1300-6

MacMartin Douglas G., Katharine L. Ricke and David W. Keith（2018）"Solar Geoengineering as Part of an Overall Strategy for Meeting The 1. 5℃ Paris Target," *Philosophical Transactions of the Royal Society A: Mathematical, Physical and Engineering Sciences*, 376（2119）, 20160454.
https://doi.org/10.1098/rsta.2016.0454

Matthews, H. Damon and Ken Caldeira（2007）"Transient Climate Carbon Simulations of Planetary Geoengineering," *Proceedings of the National Academy of Sciences*, 104（24）, pp. 9949–9954.
https://doi.org/10.1073/pnas.0700419104

Moriyama, Ryo, Masahiro Sugiyama, Atsushi Kurosawa, Kooiti Masuda, Kazuhiro Tsuzuki and Yuki Ishimoto（2017）"The Cost of Stratospheric Climate Engineering Revisited," *Mitigation and Adaptation Strategies for Global Change*, 22（8）, pp.1207–1228.
https://doi.org/10.1007/s11027-016-9723-y

National Academies of Sciences, Engineering, and Medicine（2021）"*Reflecting Sunlight: Recommendations for Solar Geoengineering Research and Research Governance*," National Academies Press.
https://doi.org/10.17226/25762

National Research Council（2015a）"*Climate Intervention: Carbon Dioxide Removal and Reliable Sequestration*," National Academies Press.
https://doi.org/10.17226/18805

National Research Council（2015b）"*Climate Intervention: Reflecting Sunlight to Cool Earth*," National Academies Press.
https://doi.org/10.17226/18988

Nordhaus, William D.（1991）"To Slow or Not to Slow: The Economics of The Greenhouse Effect," *The Economic Journal*, 101（407）, 920.
https://doi.org/10.2307/2233864

Olson, Robert L.（2011）"*Geoengineering for Decision Makers*," Science and Technology

Innovation Program, Woodrow Wilson International Center for Scholars.

Rayner, Steve, Clare Heyward, Tim Kruger, Nick Pidgeon, Catherine Redgwell and Julian Savulescu (2013) "The Oxford Principles," *Climatic Change*, 121 (3), pp.499–512. https://doi.org/10.1007/s10584-012-0675-2

Reynolds, Jesse L. (2019) *The Governance of Solar Geoengineering: Managing Climate Change in the Anthropocene.* Cambridge University Press.

Ricke, Katharine L., Juan B. Moreno-Cruz and Ken Caldeira (2013) "Strategic Incentives for Climate Geoengineering Coalitions to Exclude Broad Participation," *Environmental Research Letters*, 8 (1), 014021.
https://doi.org/10.1088/1748-9326/8/1/014021

Robock, Alan (2000) "Volcanic Eruptions and Climate," *Reviews of Geophysics*, 38 (2), pp. 191–219.
https://doi.org/10.1029/1998RG000054

Robock, Alan (2016) "Albedo Enhancement by Stratospheric Sulfur Injections: More Research Needed," *Earth's Future*, 4 (12), pp.644–648.
https://doi.org/10.1002/2016EF000407

Robock, Alan, Allison Marquardt, Ben Kravitz and Georgiy Stenchikov (2009) "Benefits, Risks, and Costs of Stratospheric Geoengineering," *Geophysical Research Letters*, 36 (19), L19703. https://doi.org/10.1029/2009GL039209

Robock, Alan, Luke Oman and Georgiy L. Stenchikov (2008) "Regional Climate Responses to Geoengineering with Tropical and Arctic SO_2 Injections," *Journal of Geophysical Research*, 113 (D16), D16101.
https://doi.org/10.1029/2008JD010050

Schelling, Thomas C. (1996) "The Economic Diplomacy of Geoengineering," *Climatic Change*, 33 (3), pp.303–307.
https://doi.org/10.1007/BF00142578

Shepherd, John, Ken Caldeira, Peter Cox, Joanna Haigh, David Keith and Brian Launder, et al. (2009) *Geoengineering the Climate: Science, Governance and Uncertainty.* The Royal Society.

Shyur, Yomay, John A. Dykema, David Keith and Frank N. Keutsch (2019) "An Overview of the Stratospheric Controlled Perturbation Experiment (SCoPEx) Concept of Operations," *AGU Fall Meeting Abstracts*, 33.
https://adsabs.harvard.edu/abs/2019AGUFMGC33G1408S (最終アクセス2022/5/21)

Smith, Wake (2020) "The Cost of Stratospheric Aerosol Injection through 2100," *Environmental Research Letters*, 15 (11), 114004.
https://doi.org/10.1088/1748-9326/aba7e7

Smith, Wake and Claire Henly (2021) "Updated and Outdated Reservations about Research into Stratospheric Aerosol Injection," *Climatic Change*, 164 (3–4), 39.
https://doi.org/10.1007/s10584-021-03017-z

Soden, Brian J., Richard T. Wetherland, Georgiy L. Stenchikov and Alan Robock (2002) "Global Cooling After the Eruption of Mount Pinatubo: A Test of Climate Feedback by Water

Vapor," *Science*, 296（5568）, pp.727–730.
https://doi.org/10.1126/science.296.5568.727

Stilgoe, Jack, Richard Owen and Phil Macnaghten（2013）"Developing a Framework for Responsible Innovation," *Research Policy*, 42（9）, pp.1568–1580.
https://doi.org/10.1016/j.respol.2013.05.008

Sugiyama, Masahiro, Shinichiro Asayama, Takanobu Kosugi, Atsushi Ishii, Seita Emori and Jiro Adachi et al.（2017）"Transdisciplinary Co-Design of Scientific Research Agendas: 40 Research Questions for Socially Relevant Climate Engineering Research," *Sustainability Science*, 12（1）, pp.31–44.
https://doi.org/10.1007/s11625-016-0376-2

Swedish Space Corporation, *No Technical Test Flight for Scopex from Esrange,*（13 Mar. 2021）.
https://sscspace.com/news-activities/no-technical-test-flight-for-scopex-from-esrange/（最終アクセス2022/5/21）

Tilmes, Simone, Jadwiga H. Richter, Ben Kravitz, Douglas G. MacMartin, Michael J. Mills and Isla R et al.（2018）"CESM1（the Whole Atmosphere Community Climate Model（WACCM）Stratospheric Aerosol Geoengineering Large Ensemble Project," *Bulletin of the American Meteorological Society*, 99（11）, pp.2361–2371.
https://doi.org/10.1175/BAMS-D-17-0267.1

United Nations Environment Programme（2020）*The Emissions Gap Report 2020.*
https://www.unep.org/emissions-gap-report-2020（最終アクセス2022/5/21）

United Nations Framework Convention on Climate Change（UNFCCC）（2021）*Race To Zero Campaign.* United Nations Framework Convention on Climate Change.
https://unfccc.int/climate-action/race-to-zero-campaign（最終アクセス2022/5/21）

Weitzman, Martin L.（2015）"A Voting Architecture for the Governance of Free-Driver Externalities, with Application to Geoengineering," *The Scandinadian Journal of Economics,* 117（4）, pp.1049–1068.
https://doi.org/10.1111/sjoe.12120

World Economic Forum（2021）*Global Risks Report 2021, 16th Edition.*

World Meteorological Organization（2020）*State of the Global Climate 2020: Provisional Report.*

第 2 部

グローバル・サウスにおける気候変動政治の実態

第6章

水をめぐる争いは どこで起きているのか

各種データベースの比較検討を通じて

和田　毅

水をめぐる敵対行動が生じる比率の高い地域（濃色）と協調行動の比率の高い地域（薄色）の世界分布

出典：GDELT 2.0を基に Tableau Public を用いて筆者作成

2020年1月1日から2021年2月21日のイベント分析結果。Goldstein Scale は、政治行動を協調的なもの（最大値＋10）から敵対的なもの（最小値－10）まで数値化した指標である（Goldstein 1992）。

水をめぐる争いが頻発する「ホット・スポット」を見出すことは可能なのだろうか。共同研究プロジェクト「気候変動と水資源をめぐる国際政治のネクサス」では、水資源をめぐって世界各地で繰り広げられる具体的な政治行動の事例研究を行っているが、これらを俯瞰的な視点から位置づけることが本章の目的である。そのために、4つのデータベースを取り上げ、それぞれの特徴を比較検討し、水資源をめぐる争いの世界的な分布状況を可視化する。

1　はじめに：水資源をめぐる争いの世界的な分布を把握する必要性

世界各地で水をめぐる争いが頻発している。東京大学未来ビジョン研究センターの SDGs 協創研究ユニットが担う共同研究プロジェクト「気候変動と水資源をめぐる国際政治のネクサス」では、「グローバル・サウス」と呼ばれる途上国地域で繰り広げられる水資源をめぐる争いを主な調査対象にしている。特に本書第2部では、対立や争いの行方をローカルなレベルで詳細に分析することによって、どのような要因があれば「気候変動レジリエンス[1]」を高めることが可能になり、結果として持続可能な開発目標を達成する方向に社会を導くことができるのかを解明するのが主な狙いである。

ローカルなレベルの事例分析は、気候変動がもたらす自然環境的要因、経済社会的な構造的要因、水資源をめぐる歴史文化的背景、諸組織・集団が繰り広げる闘争の流動的な政治過程など、複雑に絡み合う要素を解きほぐし、課題解決の方策を見出すためにも重要であり、共同研究プロジェクトの目玉でもある。その一方で、俯瞰的な視点から水資源と政治の問題をとらえ、ローカルな事例を世界的な文脈に位置付けておく作業も同時に必要であろう。本章の狙いはそこにある。水資源をめぐる争いは、そもそもどのように分布しているのだろうか。どの地域で数多く生じ、どの地域では滅多に見られないのだろうか。いわゆる「ホット・スポット（紛争多発地域）」を見出すことは可能だろうか。我々の共同研究プロジェクトが扱う事例は、世界全域でみればどのような文脈に位置付けられるものなのか。また、水資源をめぐる争いの世界的もしくは地理的分布を把握するために必要な情報はそもそも存在するのだろうか。これらの課題について一考するのが本章の主要な目的である。

具体的には、現時点で筆者が有用であると判断した4つのデータベースを紹介し、そこから得られる知見を論じていく。このため、本章はより記述的な内容になることをあらかじめ断っておきたい。後述するように、本章で取り上げるデータベースを作成した研究者の多くが、その動機として、水をめぐる争いに関する事例研究は豊富に存在するのに対し、俯瞰的な視点からの分析を可能にする量的

1）気候変動におけるレジリエンスの考え方については、Adger et al.（2011）を参照。

データはほとんど存在しないという切実な問題を挙げている（Yoffe and Larson 2001, pp.7-8; Bernauer et al. 2012, p.529）。世界各地の事例研究を柱に据えている本共同研究プロジェクトとしても、この点は心に留めておく必要があるだろう。本書の中でこの章がもつ価値もそこにあると考える。

本章は、まず次節で水資源をめぐる争いに関するデータベースとはどういうものなのか、その利点や課題について概観する。これを理解しておくことによって、後に紹介するデータベースを比較検討し、そこから得られる結果をより適切に解釈するために必要な視点を得ることができるからである。その後の4節では、4つのデータベースを順に紹介し、そこから得られる知見を論じていく。4つのデータベースとは、①国家間水関連イベントデータベース（International Water Event Database: IWED）、②水関連国内紛争協力データベース（Water-Related Intrastate Conflict and Cooperation Database: WARICC）、③パシフィック・インスティテュート世界水紛争年表（Pacific Institute World Water Conflict Chronology: PI）、そして④事件・言語・論調のグローバルデータベース（Global Database of Events, Language and Tone: GDELT）である。終節では、次のステップとして何をすべきか、研究の方向性について論じる。

2 水資源をめぐる争いに関するデータベースを構築する際の課題

水問題は、気候変動と政治とをつなぐ重要な結節点の1つといえるだろう。温暖化現象は、水循環に影響を与え世界各地で恒常的な水不足を引き起こし、その結果、希少な水資源をめぐる争いを生む可能性を高めると考えられるからである（Denton 2015）。気候変動・水問題と対立や抗争が生じるリスクとの関係を量的分析手法を用いて探求する場合[2)]、既存の理論的・経験的モデルに、水不足の程度や降雨量などの水関連の要因を加える方法がよく用いられる（Koubi 2019; Kuzma et al. 2020）。その際、政治学や社会学の分野で一般的な武装紛争データ

2）Hsiang et al.（2013）は、60に及ぶ既存の数量的研究を統合して再分析を行い、気候温暖化や豪雨によって社会集団間の紛争が発生する頻度が高まるという統計分析結果を示した。最近の傾向をまとめた論文として Koubi（2019）も有用である。

を使う場合が多い。

Bernauer et al.（2012, pp.530-31）は、この方法で明らかにできることには限界があると主張する。たとえ水不足が武装紛争のリスクを高めるという統計的な結果が出たとしても、それは紛争データの中におそらく水と何らかの関連があるものが一定数含まれているという間接的な証拠に止まり、どの紛争が実際に水に起因したものであるかを示すことはできないため、水をめぐる争いに関するさらに踏み込んだ分析を行うことは困難である。また、紛争データでは、人々が水問題を解決するために行う協調行動を分析することはできないという限界もあるという。そこで、気候変動並びに水資源政治の研究をさらに進展させるためには、実際に水問題に起因する闘争や協調のデータを新たに構築することが急務だと考えられ、本章ではそのような水問題に特化したデータベースを研究対象としている[3)]。どのようにして、水問題に起因する争いの情報を収集しデータベース化を試みているのかという点に着目しながら分析を進めていく。

水資源をめぐる争いに関するデータを新たに構築する場合、情報源をどうするか（既存の一般的な紛争や抗議行動などのデータベースを基にその中から水関連のものを探すのか、メディア情報などから一から作成するのかなど)、「水問題に関する争い」をどのように定義するか（何を基準に誰が判断するのかなど）など、様々な課題を解決する必要がある。ここで扱うデータベースを先取りすると、① IWED と③ PI は既存の政治学のデータベースから情報収集を開始しているのに対し、② WARICC と④ GDELT はメディアの記事を収集・コード化する手法を採択している。手法ごとにユーザーが配慮すべき長所と短所があるので、各データベースについて論じる際に言及したい。

最大の課題はコストである。データベースの開発・維持には多大な費用がかか

3）例えば、テキサス大学オースチン校のロバートシュトラウス国際安全法センターがまとめた社会紛争分析データベース（Social Conflict Analysis Database: SCAD）は、そのような方向性で作られたデータである（Salehyan and Hendrix 2017)。SCAD は、1990年から2017年までのアフリカ、メキシコ、中米カリブ諸国における抗議、暴動、ストライキ、地域間紛争、民間人に対する政府の暴力、およびその他の形態の社会的紛争の情報を収集した大変興味深いデータである。イベントごとにその争点も記録してあるが、残念なことに「食糧、水、生存」というコードにまとめられていて、水問題だけを抽出することができない。このため本章では取り上げない。

る。その理由は、情報源となる新聞記事などを読んでデータベースにコード化し入力するという地道な作業を担う人材が必要だからである。このような人材は「コーダー（coder）」「アノテーター（annotator）」と呼ばれ、研究者自身が担当する場合もあれば、学生などのリサーチアシスタントを雇用する場合もある。より広い地域をカバーしようとすればするほど、抗議行動や協調的行動など武装紛争以外の多様な行動パターンもデータに含めようとすればするほど、より多様な言語のより多くのメディアを情報源として活用しようとすればするほど、そして、新規の情報を組み込んでデータをより頻繁に更新しようとすればするほど、データ構築コストは上がっていく。

多くの研究プロジェクトは、全世界をカバーするだけの研究資金を持っていない。また、研究開始当初の目的を達成した後も継続して人材を雇用できる場合は稀だろう。つまり、データを更新する作業は困難だと言わざるを得ない。本章が紹介するデータベースについても、理想と現実の狭間で妥協をしてデータ構築をしていることがわかる。その妥協の方法によって、データベースから得られる結果の解釈も影響されることになるため、各データベースの特徴を検討する際には、このコストの問題を理解した上で考察することが大切である。それでは、最初に紹介する IWED の特徴とそこから得られる知見をみてみよう。

3　国家間水関連イベントデータベース（IWED）

オレゴン州立大学の水紛争管理変容プログラムが提供する IWED は、軍事行動、経済的敵対行為、敵意を示す言語的表現の使用など、国境をまたいだ水をめぐる事件（イベント）に関する情報を収集したものである（Program in Water Conflict Management and Transformation 2021）。データ収集の期間は1948年から2008年に及び、7, 128件のイベントを記録している。IWED を構築した理由として、国際河川流域における水をめぐる争いを分析した事例研究は数多くあるのに対し、世界規模で収集した量的なエビデンスはほとんど存在しないことを挙げている（Yoffe and Larson 2001, pp.7–8）。データベースを構築することにより、水をめぐる国家間の争いの歴史的指標をつくり、それをもとに将来紛争の生じるリスクの高い流域を特定することを目指したプロジェクトである。

情報源として、既存の政治学のデータセットと検索可能な記事データベースを併用している。既存のデータセットは水問題に特化したものではないため、水にかかわるイベントを抽出できるものでなければ利用できない。その結果、国際危機行動プロジェクト（International Crisis Behavior Project：ICB)、紛争と平和データバンク（Conflict and Peace Data Bank：COPDAB)、グローバル・イベント・データシステム（Global Event Data System：GEDS）の3つが用いられた。記事データベースとしては、外国放送情報局（Foreign Broadcast Information Service：FBIS)、ワールド・ニュース・コネクション（World News Connection：WNC)、レクサス・ネクサス（Lexis-Nexis）をキーワードや主題を使って検索し、その記事を読んでコード化する作業を行っている。上記に加えて、国際淡水条約の締結という類のイベントについては、同じオレゴン州立大学水紛争管理変容プログラムが作成した越境淡水抗争データベース（Transboundary Freshwater Dispute Database：TFDD）を使っている。

具体的にどのようなイベントがこのデータベースに収納されているのだろうか。「水をめぐるイベント（water event)」の定義として、「国際河川流域内で発生する紛争や協力の事例であり、淡水は希少または消費可能な資源（水質、水量の課題など）もしくは量的管理すべきもの（洪水制御、航行目的での水位管理の問題など）という観点から河岸諸国が関与するもの」と記載されている（Yoffe and Larson 2001, pp.8–9)。基準としてはやや抽象的なきらいがあるが、変数「争点類型カテゴリ（ISSUE_TYPE CATEGORIES)」の頻度分布をみると、具体的にどのようなイベントを収集しているのかを知ることができる。最も頻度の高い争点は「水量」であった（全イベントの32.5%)。インフラ整備および開発(21.2%)、共同運営（9.5%)、水力および水力発電（8.7%)、技術協力・技術支援（8.2%）と続いている。

各イベントごとに、イベント発生日、関係国、争点、イベントの要約などが記録されている。IWEDの主な利点は2つあると考えられるが、その1つは、「河川流域（BCode)」を記録している点である。これを用いることによって、上記TFDDと結合させることが可能になり、紛争を流域別に可視化させたり、TFDDのもつ流域ごとの諸変数（人口密度、流域ダム数、流域雨量、水関連政治リスクなど）との関係を分析したりすることができるようになる（College of Earth, Ocean, and Atmospheric Sciences, Oregon State University 2018)。

2つめの利点は、国家間の敵対関係だけでなく、支持表明、経済的合意、軍事戦略的支援、国際淡水条約締結といった協調的な関係も同時に記録している点である。各イベントにおける国家間の相互関係を「宣戦布告」などの最も対立的な関係（－7点）から「同一国家への自発的統合」といった最も協調的な関係（＋7点）の両極間で点数をつけ、「水イベント強度（Water Event Intensity Scale）」として保存している[4)]。

では、このデータベースを用いて、国家間の水関連イベントの流域ごとの分布を見てみよう。図6-1-A は、今世紀（2000年から2008年分）の敵対行動のイベントを抽出し、国際河川流域別に頻度を濃淡で示した地図である。流域ごとにイベントの所在を分類できる点がこのデータベースの特徴であることは記述の通りであり、水資源管理や持続可能な紛争解決を目指す実務家や専門家にとって有用な情報となり得るものである。

また、国家間の協調行動を地図上に表示したのが図6-1-B である。濃い色ほど協調的な活動が頻繁に行われている流域であることを示している。興味深いことに、図6-1-A と色の濃い流域がほぼ一致していることがわかる。つまり、より敵対的な流域と協調的な流域とに分かれるのではなく、敵対行動の多い流域では協調行動も多くなされているということである。紛争の種がある場合、それを平和的に解決しようという努力も並行して続けられていることを示している。我々が用いる政治行動のデータベースの中には、暴力、内戦、抗議行動など敵対行動だけをデータ化したものも多い。そのようなデータだけを分析していると、並行して行われている協力して解決しようとする努力を見落としてしまうリスクがある。これは IWED が示唆する重要なポイントであり、留意したいと思うと同時に、敵対行動が多く生じているからといって、必ずしも悲観的になる必要はなく、希望を見出すことも可能だということも示している。本書では、第11章で中国とインドにまたがるヒマラヤ山脈河川の水資源をめぐる争いの事例研究を紹介している。IWED によれば、この国際河川流域がまさにホット・スポットとなっており、貴重な事例を本書で扱っていることがわかる。

4）水イベント強度の各スコアが具体的にどの類のイベントを想定しているかを示した一覧表は、スペースの都合で省略する。このスコアは、IWED の前身となる「危険にさらされている流域研究プロジェクト（Basins at Risk Project）」を担当した Shira Yoffe と Kelli Larson が作成したものである（Yoffe and Larson 2001, pp.25-27）。

図6-1 水をめぐる敵対と協調イベントの国際河川流域別分布（2000年～2008年）

A）敵対

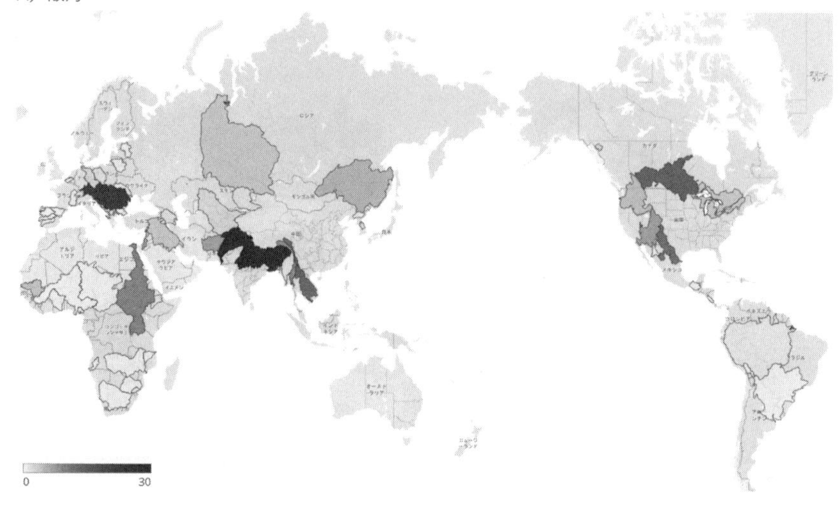

B）協調

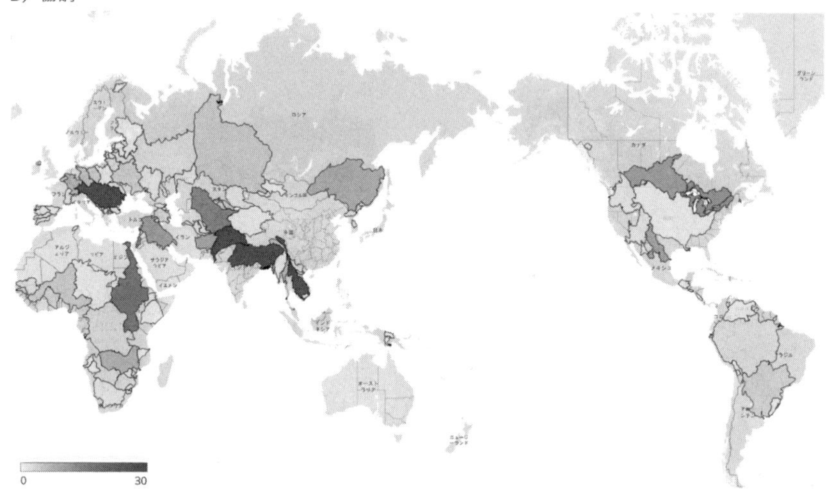

出典：IWED データベースを基に Tableau Public を用いて筆者作成。

*注）色の濃淡はイベントの頻度を示す。流域別に敵対的なイベントの頻度を濃淡で示した地図が（A）、協調的なイベント頻度を示した地図が（B）である。

最後に、IWEDの限界として、データを2008年までしか入手できないことと、国内の水をめぐる争いについては把握できないことが挙げられる。国家だけでなく、様々な社会勢力が繰り広げる水資源をめぐる争いの世界的な分布を知るためにはどのようなデータベースがあり、その利点や限界はどこにあるのだろうか。幸運なことに、IWEDの国内版といえるデータベースが存在する。それが、次節で取り上げるWARICCである。

4 水関連国内紛争協力データベース（WARICC）

WARICCはIWEDの国内版といえるデータであるが（Bernauer et al. 2013）、WARICCを構築した研究者たちも、国内レベルの水をめぐる争いに関するデータが貧弱だったことがデータベース作成に取り組む動機になったと述べている（Bernauer et al. 2012, p.529）。WARICCがカバーしているのは、地中海地域、中東地域、並びにアフリカのサヘル地域の35か国であり、期間は1997年から2009年までである。国内の水問題に関する10,352件のイベントを収納している。

情報源は、BBCモニタリングである。BBCモニタリングは、世界各地の報道機関、国際的報道機関、ラジオやテレビ局が配信する記事を英語に翻訳した上で一般に提供している。このBBCモニタリングのデータベースを以下のキーワードで検索し、その結果得られた約78,000記事をもとに、水紛争データのコード化作業を行っている（Bernauer et al. 2012, p.533）。

water OR lake OR river OR canal OR dam OR stream OR tributary OR dike OR dyke OR purification OR sewage OR effluence OR drought OR irrigation OR rain OR fish OR flood OR precipitation

上記のキーワードは、IWEDでも使われたものを参考にし、効率（無関係な記事が大量にヒットしてしまうのを避ける）と精度（関連するイベントを含む記事をヒットさせる）を高めるように試行錯誤しながら生み出した結果である。

入手した記事をコード化する過程で特徴的な点は、IWEDに倣い、WARICCも敵対行動だけでなく協調行動もデータとして組み込んでいることである。鍵となるのが「水イベントスケール（Water Event Scale）」であり、各イベントにおける行動の敵対協調関係の度合いを最も対立的な状態（－5点）から最も協調的

図6-2　WARICC のデータにみる水資源をめぐる国内の敵対行動の分布（1997-2009年）

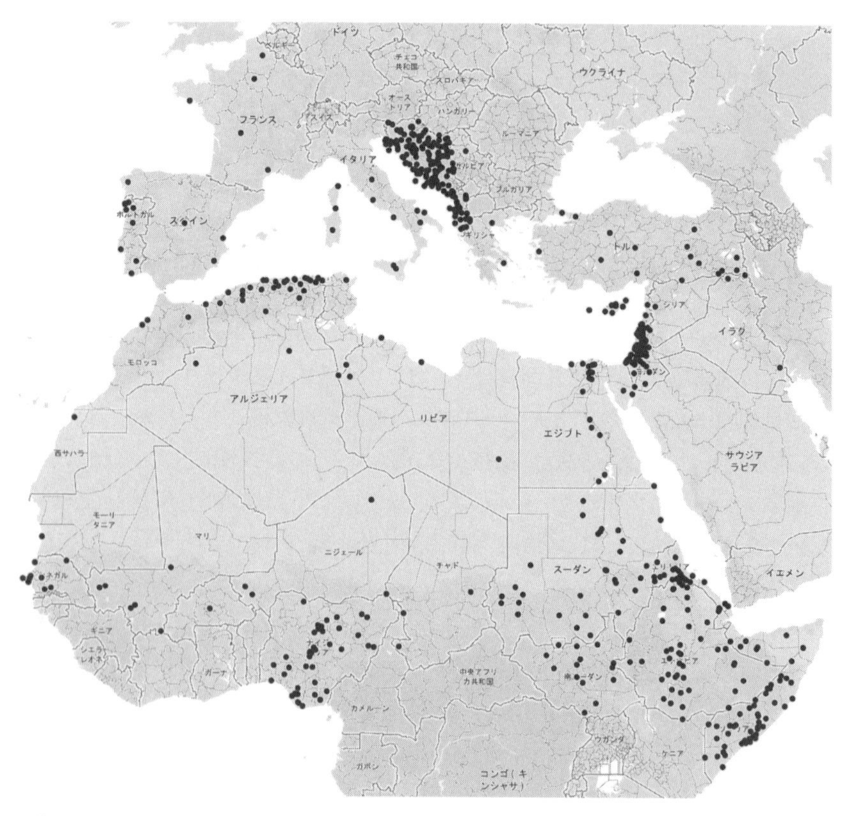

出典：WARICC のデータを基に Tableau Public を用いて筆者作成。

な状態（＋５点）の間で点数化している（Bernauer et al. 2012, p.537)。

このデータベースから敵対行動を示すイベント（点数がマイナスのもの）を取り出し、その位置情報を地図上に示したのが図6-2である。敵対する政治イベントが集中している地域が明らかである。まず、スロベニア、クロアチア、ボスニアヘルツェゴビナ、モンテネグロ、アルバニアを中心に旧ユーゴスラビア近隣地域に数多くの争いが集中している。また、北アフリカのアルジェリア海岸地域にも数多く分布している。残念ながら、本書はこれらの地域を研究対象にしていない。

次に、イスラエルやヨルダン周辺の中東地域でも非常に多くの紛争が起きていることがわかる。また、アフリカのサヘル地域にもベルト状に水資源をめぐる争いが分布している様子が明らかである。水資源対立のホット・スポットである両地域に関しては、本書第7章と第8章でそれぞれローカルなレベルの事例分析を紹介している。

WARICCの利点は、前出の国家間のデータであるIWEDと一貫性があり比較可能なことである。かなりの精度で主要な争いの情報を収集できているものと考えられる。しかし、WARICCには制約もある。その1つは、このデータベースは2009年の敵対行動と協調行動までしか記録していないため、2010年代以降の新しい状況については知ることができない点である。また、データ収集地域が限られているため、他地域の敵対行動や協調行動について分析することができない。

WARICCとIWEDともに水をめぐるイベントの最新情報を提供できないという問題は、政治イベントデータを扱うプロジェクトが抱える構造的な課題といえる。既述したように、このようなデータベースを開発・更新するにはコストがかかりすぎるのである。しかし、以下に紹介する2つのデータベースは、この難題を乗り越えて、全世界を対象に水資源をめぐる比較的最近のイベント情報を提供する貴重なものである。まずは、パシフィック・インスティテュートのデータから世界の水をめぐる近年の争いに関して何がわかるかをみてみよう。

5　パシフィック・インスティテュート世界水紛争年表（PI）

PIは、地域的、国内的、そして国際的な取り組みにかかわることを通じて持続可能な水政策を推進することを目的とするアメリカのシンクタンクである。PIは、紀元前3000年から2019年8月の間に生じた926件の水資源や水システムに関する紛争を収集した世界水紛争年表（World Water Conflict Chronology）を公開している（Pacific Institute 2019）[5)]。このデータを用いる利点の1つは、適宜データを更新していることである。

データの更新には多大なコストがかかるが、この問題を克服するために、PIでは、新聞などのメディアを情報源として一からデータを蓄積していく手法では

5）本章のデータ分析時点の2021年3月の数字である。

図6-3 PIの世界水紛争年表データにみる武装紛争の分布（2000～2019年、N＝689）

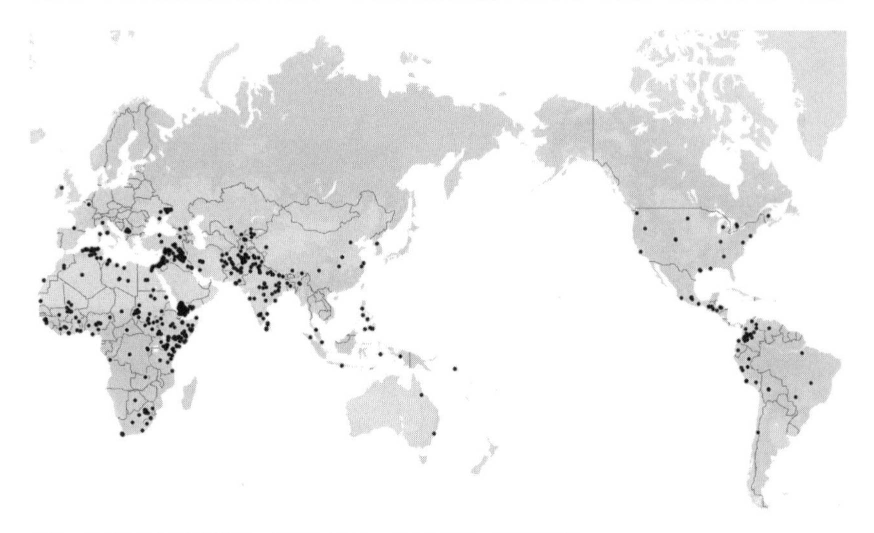

出典：PIの世界水紛争年表データを基にTableau Publicを用いて筆者作成。

なく、公的に利用可能な既存のデータベースに収集された紛争の情報から水にかかわるものをリストアップする手法を用いている。PIが参照した既存のデータベースとして挙げられているのは、グローバル・テロリズム・データベース（Global Terrorism Database: GTD）、武装紛争地域イベントデータセット（Armed Conflict Location and Events Dataset: ACLED）、ウプサラ紛争データプログラム・平和研究センターオスロ武装紛争データセット（Uppsala Conflict Data Program/Peace Research Institute Oslo Armed Conflict Datasets: UCDP/PRIO）、社会紛争分析データベース（SCAD）、戦争に相関する争点データセット（Issue Correlates of War Dataset: ICOW）、RANDテロリズム事件の全世界データベース（RAND Database of Worldwide Terrorism Incidents）である。紛争情報の収集にすでに多大なコストをかけているデータベースを活用するというのは合理的な方法だと考えられるが、まず、このデータから水資源をめぐる争いの分布について何がわかるのかをみてみよう。

図6-3は、今世紀のイベントのみ689件を抽出し、地図上に描いたものである。まず、水資源をめぐる武装紛争の分布には大きな偏りがあることが一目瞭然である。アラビア半島南端部のイエメン、中東のイスラエルやイラクを中心とする地

域、アフリカのサヘル地域と地中海岸のアルジェリア北部、南アジアのインドやパキスタン、そして南米コロンビアには特に集中している。PIデータベースによれば、今世紀の水関連の紛争のホット・スポットはこれらの地域であり、本共同研究プロジェクトが担当する地域と重なっている。

PIの最大の利点は、水紛争の内容によって、「被害（Casualty）」「武器（Weapon）」「引金（Trigger）」という3つの類型に分類していることである。これらの類型は相互に排他的なわけではなく、複数の類型に分類されるイベントも数多い。図6-4は、それぞれの類型ごとに地域別かつ国別に頻度を示したものである。

まず、上図の「被害（Casualty）」からみてみよう。この類型は、紛争によって水資源や水システムが被害を受けたイベントを示している。意図的に生じた被害も偶発的なものも含んでいる。地域別にみると、中東地域がほぼ半数のイベントを締めていることがわかる。続けて南アジア地域、サハラ以南のアフリカと続く。イエメンの頻度が非常に高く、これは図6-3のすべての水紛争をまとめた地図でも確認できる。イエメン、イラク、シリア、パキスタン、アフガニスタン、ウクライナ、コロンビアなどが突出していることから、内戦を抱えた国々では、軍事行動などにより水資源やインフラが巻き添えで被害を受けているものと考えられる。これらは必ずしも水不足などの水に起因する問題から生じた被害とは限らない。

続けて、中央図の「武器（Weapon）」類型を確認してみよう。これは、武装紛争が繰り広げられる中、水を武器として使ったものを分類している。この場合、水は必ずしも動員の目的や敵対関係の原因ではない。他の目的を実現するために戦略的に水資源が利用されたというものである。中東、南アジア、サハラ以南アフリカの順に多いのは被害類型同様であるが、武器類型の場合は他の世界地域との間でより均等な分布が見られる。つまり、水を戦略的な武器として用いることは他地域でも同様に観察され、総数が70件と他の類型に比べて少ないこともあり、アメリカ合衆国やイタリアなどの比重も大きいことがわかる。

最後に、下図の「引金（Trigger）」類型であるが、これは水自体が紛争の根本原因であるイベントを分類している。希少な水資源や水システムの管理をめぐる争いや、経済的もしくは物理的な水へのアクセスをめぐる争いが武装紛争に発展した場合にこの類型に記録される。水が争いの主要な原因であることから、本書

図6-4 PIデータにみる水資源をめぐる武装紛争の類型別分布（2000〜2019年）

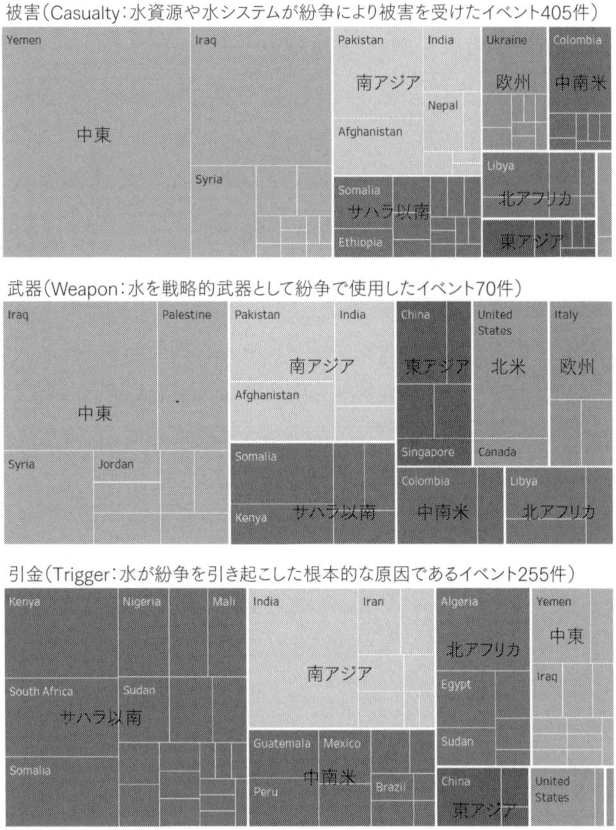

被害（Casualty：水資源や水システムが紛争により被害を受けたイベント405件）

Yemen
Iraq
中東
Syria
Pakistan
India
南アジア
Nepal
Afghanistan
Ukraine
欧州
Colombia
中南米
Somalia
サハラ以南
Ethiopia
Libya
北アフリカ
東アジア

武器（Weapon：水を戦略的武器として紛争で使用したイベント70件）

Iraq
Palestine
中東
Syria
Jordan
Pakistan
India
南アジア
Afghanistan
China
東アジア
Singapore
United States
北米
Canada
Italy
欧州
Somalia
Kenya
サハラ以南
Colombia
中南米
Libya
北アフリカ

引金（Trigger：水が紛争を引き起こした根本的な原因であるイベント255件）

Kenya
Nigeria
Mali
South Africa
Sudan
サハラ以南
Somalia
India
Iran
南アジア
Guatemala
Mexico
中南米
Peru
Brazil
Algeria
北アフリカ
Egypt
Sudan
China
東アジア
Yemen
中東
Iraq
United States

出典：PIの世界水紛争年表データを基にTableau Publicを用いて筆者作成。

が最も関心を寄せる類型だといえる。中東地域の比重が大きかった被害類型や武器類型に比べ、引金類型ではサハラ以南のアフリカや南アジアの占める割合が突出し、中南米、北部アフリカ、中東と続く[6)]。逆に、東アジア、北米、ヨーロッ

6）引金類型の図をみると、スーダン（Sudan）がサハラ以南と北アフリカ両地域に表示されていることがわかる。これは、元データの分類に由来する。ここでは統一させずに、そのまま図式化することにした。

パではこの類型の紛争はあまり生じていない。我々の共同研究プロジェクトの観点から重要なのは、サヘル（華井和代）、南アジア（永野和茂、ヴィンドゥ・マイ・チョタニ、竹中千春、中溝和弥、清水展）、中南米（和田毅）、中東（錦田愛子）と多くの研究者が対象としている地域が引金型紛争のホット・スポットとなっている事実を確認できたことである。

比較的近年まで情報を更新しているPIデータベースは貴重である。また、PIが提示した水紛争の3類型は、何をもって水紛争だと捉えるべきかを我々に示唆してくれる貴重な視角である。一方、PIの限界として武装紛争に特化した情報である点が挙げられる。抗議行動のような必ずしも暴力的手段を取らない抗争や、協調的な活動などはデータからは把握できないのである。ホット・スポットを見出すには有用であるが、本研究プロジェクトの研究目標である、水資源をめぐる争いを持続可能な開発に導く形で解決するにはどうしたらよいかという問いの答えを考える上では、「協調行動を担うアクターは誰なのか」といった情報も必要であり、PIではそれを知ることはできないという限界がある。

6　事件・言語・論調のグローバルデータベース（GDELT）

最後に取り上げるのはGDELTである。イベントデータを構築・更新するコストは非常に高い。それは多くのマンパワーを必要とするためである。上述のデータベースの中には、多くの人を雇って一からデータを構築する代わりに、既存のデータベースを情報収集作業の出発点としたものがあることはすでに述べた。GDELTはそれとは異なるアプローチを採択してコストダウンを図った。コード化作業を担当する人員を雇用する代わりに、自然言語処理技術とビッグデータ分析のアプローチを採用することで、人が実際に記事を読まずにデータ構築を行う手法を導入したのである。

Philip A. Schrodt（2006）を中心とする政治学者たちが開発したカンザス・イベントデータシステム（Kansas Event Data System: KEDS）を発展させたGDELTは、100の言語を超える世界中のメディアが配信する莫大な量の記事情報をリアルタイムでイベントデータに自動変換している。イベント情報は1979年1月1日まで遡ることができるが、水に関するイベントを抽出するために必要な「主題（theme）」情報を活用できるのは、2013年4月1日以降となる。このため、水資源をめぐる争いをテーマとしてGDELTを使う場合は、2013年4月以降を対象とすることになる[7)]。

具体的には、日時、場所、行為、アクター、情報源などのイベントの根幹的な情報を記録したGDELT 1.0イベントデータベース（または、その更新版のGDELT 2.0）に、主題情報などを記録したGDELT 1.0 Global Knowledge Graph（GKG）（または、更新版のGDELT 2.0 GKG）を組み合わせて利用することになる。GDELT 1.0とGDELT 2.0の主な違いは、2.0には65の言語で書かれた記事を瞬時に自動翻訳してデータベースに組み込む機能が新たに導入されている点である。

GDELTがイベントとして認識し記録するのは、抗議行動や軍事攻撃から平和の訴えや外交交流まで、300以上に分類された行為である[8)]。イベント数は常時増加しているが、2021年3月4日時点で総数を計算したところ、GDELT 1.0には、1979年以降6億6450万6044件のイベントが記録されていた[9)]。

それでは、GDELTを用いて、水資源をめぐる争いの世界的な分布を調べてみよう。データのサイズが大きすぎるため、通常のパソコンでは処理できない場合もあることを考慮して、GDELT 2.0ではGoogle BigQueryを使ってデータ検索をおこなう機能を用意している。利用者は、必要なイベントを抽出するためのデータ処理を要求するコマンド（「クエリ」と呼ぶ）を入力すれば、瞬時にそれらのイベントを含むテキストファイルをダウンロードすることができる。この機能を用いて、2021年2月21日時点におけるイベントデータを入手した。

まず、GDELT 2.0 GKGを使って水関連のイベントだけを検索した。GDELT 2.0 GKGには“V2Themes”という主題を記録したフィールドがある。ここを、「水関連（WB_137_WATER)」、かつ、「紛争と暴力（WB_2433_CONFLICT_

7）執筆時での状況であり、今後過去の記事についても主題を用いた分析ができるようになる可能性はある。

8）CAMEOイベント・コードと呼ばれるイベント分類方式を用いている（Schrodt 2012）。

9）イベント総数の計算方法として用いたのは、GDELTプロジェクトのホームページ（https://www.gdeltproject.org/data.html）のデータに関するページの下部にGDELT 1.0 Event Database Normalization Filesというセクションがあり、そこから“Yearly”ファイルをダウンロードして計算した。このファイルは、1979年から最新年までの年ごとのイベント数をまとめたものである。

AND_VIOLENCE)」または「政治的暴力と戦争（WB_2462_POLITICAL_VIOLENCE_AND_WAR)」または「政治的暴力と内戦（WB_739_POLITICAL_VIOLENCE_AND_CIVIL_WAR)」という条件に合致した項目だけを取り出した。主題コードの先頭に“WB”という記号が付いているが、これは、「世界銀行グループのトピック分類（World Bank Group Topical Taxonomy)」に基づいた主題分類法を導入したものだからである。世界銀行グループによる主題分類システムは、気候変動や持続可能な開発目標にあわせた分類になっているため、本共同研究プロジェクトの課題に沿ったコードが数多く用いられているという利点がある[10)]。

次に、上記の条件に合致したイベントについて場所やアクターなどの主要情報も併せて抽出するため、GDELT 2.0 GKG データと GDELT 2.0データを連結させるクエリを作成し、Google BigQuery 上で走らせた。ファイルサイズが非常に大きくなるため、本章では2020年1月1日から2021年2月21日までのデータに限定することにした。ダウンロードしたデータには、同じ ID（GlobalEventID）をもつデータが数多くみられたため、R を使ってこれらの重複データを除いた。

さらに、ダウンロードしたイベントすべてが争いに関するものとは限らないので、イベントの内容が、抗議行動と暴力的行動であるものを選んだ[11)]。抗議行動のイベント数は45,967件、暴力的行動は208,292件であった。これまでみてきたデータベースのイベント件数と比較してはるかに大きな数を記録していることがわかる。

図6-5は抗議行動と暴力的行動の地理的分布をそれぞれ示したものである。これまでホット・スポットとして把握してきた中東のイスラエル周辺、アフリカのサヘル地域、インド周辺にも数多くの抗議行動や暴力的行動が観察されているが、それ以上にアメリカ合衆国やベラルーシをはじめとするヨーロッパ諸国のイベント件数が多い点が特徴的である。これは、欧米諸国の方が他地域に比べて水資源をめぐる敵対行動が頻発していることを示しているのだろうか。

この結果は、GDELT が読み込んでいるメディアが欧米地域をより厚くカバー

10）世界銀行グループのトピック分類についての詳細は、ホームページを参照のこと（http://vocabulary.worldbank.org/taxonomy/1737.html, 最終アクセス2022年2月25日)。

11）抗議行動は EventRootCode フィールドの値が14（protest）のイベントを、暴力的行動は18（assault)、19（fight)、20（use unconventional mass violence）のいずれかであるものとした。

図6-5　GDELT 2.0による水資源関連イベントの分布（2020年1月1日～2021年2月21日）

A）抗議行動（N＝45, 967）

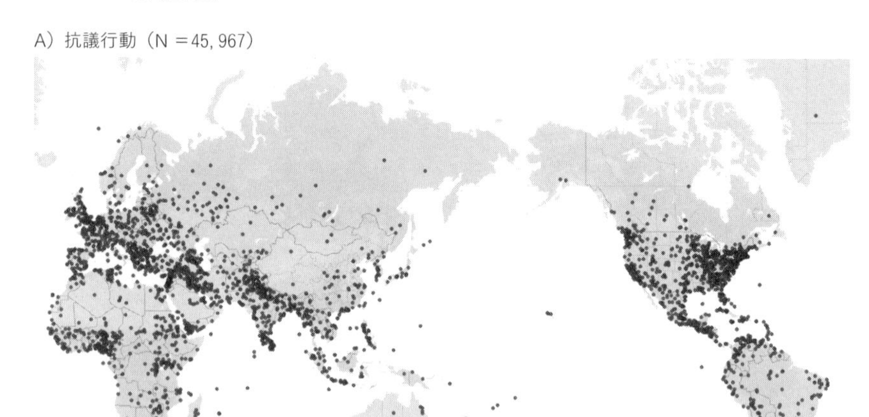

B）暴力的行動（N＝208, 292）

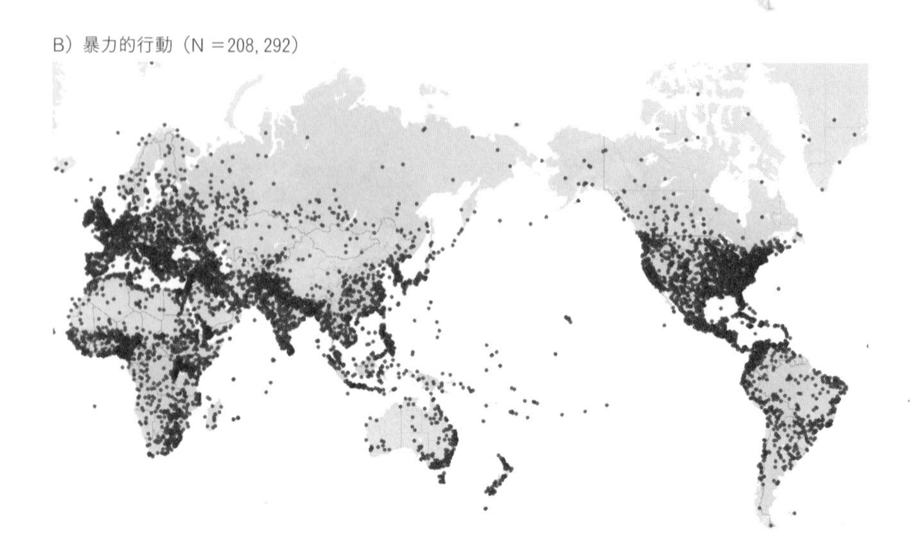

出典：GDELT 2.0のデータを基に Tableau Public を用いて筆者作成。

していることから生じたものとみるべきだと思われる。欧米地域のメディアは、他地域と比べて数も多く、ネット配信しているものの割合も多いと想定される。このため欧米地域のイベント数が多く反映されるわけである。また、複数のメディアや複数の記事が同じイベントについて報道している場合も数多く存在することが考えられる。GDELTもこの点は認識していて、重複したイベントを可能な限り自動的に排除する「mentions」という機能を導入している。しかし、どうしても排除しきれない部分は相当量残っていると思われる。要するに、図6-5の抗議行動と暴力的行動の分布は、イベント数と記事数の両方を反映したものである可能性が高いと考えられる。GDELTシステムが読み込むメディア数や記事数は年を経るにつれて指数関数的に増加していることから、時系列分析の際には、時間軸単位（年、月、週、日など）の総記事数で割って「正規化」することをGDELTは推奨している[12)]。図を見る限り、社会空間的比較分析の場合も同様に空間単位（国や州など）の総記事数で正規化することが望ましいようである。

本章では、正規化ではなく、GDELTイベントデータの中の「GoldsteinScale」フィールドを用いて、この問題を解決しようと試みた。Goldstein Scaleとは、政治行動をその種類によって協調的なもの（最大値+10）から敵対的なもの（最小値−10）まで数値化した指標であり、政治学におけるイベント分析で伝統的に用いられてきたものである（Goldstein 1992）[13)]。IWEDやWARICCでも同様の考え方で指標が作られたことは上述の通りである。

IWEDのデータを分析した際のように、敵対的なイベントが多く報道されている国や地域は（それが記事数が多いことに起因する場合も含めて）、協調的なイベントも同様に数多く報道されることが予想される。全体の平均を計算すれば、より敵対的な行動の比率の高いホット・スポットと、より協調的な行動の比率の高い地域とを区別することが可能なのではないだろうか。

12）GDELTプロジェクトのホームページ（https://www.gdeltproject.org/data.html）の“GDELT 1.0 Event Database Normalization Files”の部分を参照（2021年3月4日アクセス）。

13）Goldstein Scaleは国際関係の分析のために導入された経緯から、「占領（−9.2）」、「国外退去命令（−5）」「軍事援助の拡充（+8.3）」のように、国家の行動を念頭に置いた項目が多いが、これを国内社会勢力の政治行動にも当てはめて使用できるように改善したものが使われている。

そこで、国ごとにGoldstein Scaleの平均を計算して地図上に濃淡をつけて投影したものが本章冒頭の図である。濃いほどより敵対的な行動を含むイベントが多く、薄いほど協調的な行動の比率が高いことを意味している。参考までに、アメリカ合衆国の平均値は0.1であり、敵対と協調の程度がほぼ半々となっている。ミャンマー、イラン、イラク、そしてヨルダン川西岸地区の濃い色が目出つが、それ以外にもアフリカのサヘル地域、イスラエルやシリアなどの中東地域、ベラルーシとウクライナの東欧地域、ベトナム、タイ、フィリピンなどの東南アジア地域、南米チリや中米のエルサルバドルとニカラグアなどが浮き彫りになっている。これらの多くは、他のデータベースの分析からもホット・スポットとして指摘された地域であり、ある程度の一貫性がみられるといえよう。

GDELTはリアルタイムで世界中の敵対的なイベントと協調的なイベントを観察できる魅力的なデータベースである。将来起きるかもしれないイベントを予測することを目的とする研究などには有用性の高いものになると考えられる。英語だけでなく、数多くの言語もGoogle Translateを使ってコード化する仕組みもある点で、さらなる可能性を秘めたものだといえる。しかし、少なくとも慣れるまではデータの入手から分析に至る過程の手法が難しく、その分析結果についてもイベント数だと考えるか、記事数だと考えるか、解釈が難しい。また、自然言語処理技術によるコード化精度の評価も今後必要だろう。

7 おわりに：次のステップとして

水をめぐる争いが世界のどこで起きているのかを把握するために有用なデータベースを4つ取り上げて検討してきた。それぞれ長短所があり、分析結果を解釈する際には注意を要することも論じた。本章では、水資源をめぐる争いの世界的な分布を記述し、地図やグラフを用いて可視化する作業を行った。次のステップとして考えられるのは、その分布を説明することであろう。争いの地理的な分布がどういった要因によって生じているのか。なぜ世界の中の特定の地域に水をめぐる対立が頻繁に起きているのか。これらの問いを明らかにすることによって、紛争を回避するための政策も立案できるようになるわけであり、水資源をめぐる敵対と協調のイベント分布をきちんと把握することはそのための重要な第一歩だといえる。

本章では、我々の事例研究が水資源政治のホット・スポットの多くをカバーしていることを確認することができた。本書の全体的な視点からは、各章の事例研究がどのような世界的な文脈に位置づけられるのかを理解しておくことは有用であったと思われる。しかし、我々の主な関心は、これらの争いがミクロなレベルにおいてどのように決着するのか、その結末を気候変動レジリエンスを高める方向に向かわせるにはどうしたらよいのかを探ることである。今後は、本章が明らかにした俯瞰的な視点を失うことなく、個別事例の成果を参照しながら、それらを比較検討することによって、共同研究プロジェクトの核心的な問いの答えに近づいていきたいと思う。

■付記

本章のデータ分析に協力してくださったNéstor Álvaro氏に感謝したい。また、本研究は、JSPS科研費JP20K04995、JP19H00577、JP18H00921の助成を受けている。

■参考文献

Adger, W. Neil, Katrina Brown and James Waters（2011）“Resilience,” in John S. Dryzek, Richard B. Norgaard and David Schlosberg eds., *The Oxford Handbook of Climate Change and Society,* Oxford: Oxford University Press.

Bernauer, Thomas, Tobias Böhmelt, Halvard Buhaug, Nils Petter Gleditsch, Theresa Tribaldos, Eivind Berg Weibust and Gerdis Wischnath（2012）“Water-Related Intrastate Conflict and Cooperation（WARICC）: A New Event Dataset,” *International Interactions,* 38（4）, pp. 529-545.

Bernauer, Thomas, Tobias Böhmelt, Halvard Buhaug, Nils Petter Gleditsch, Theresa Tribaldos, Elvind Berg Weibust and Gerdis Wischnath（2013）“Water-Related Intrastate Conflict and Cooperation（WARICC）: A New Event Dataset,” Harvard Dataverse, V1. https://dataverse.harvard.edu/dataset.xhtml?persistentId=doi:10.7910/DVN/YT42X1（最終アクセス2021/2/15）

College of Earth, Ocean, and Atmospheric Sciences, Oregon State University（2018）“Draft Codebook for 2018 TFDD Spatial Update: Transboundary Freshwater Dispute Database.” https://transboundarywaters.science.oregonstate.edu（最終アクセス2021/2/15）

Denton, Fatima（2015）“Climate Change and Conflict,” *UN Chronicle,* 52（4）, pp.7-9.

Goldstein, Joshua S.（1992）“A Conflict-Cooperation Scale for WEIS Events Data,” *Journal of Conflict Resolution,* 36（2）, pp.369-385.

Hsiang, Solomon M., Marshall Burke and Edward Miguel（2013）“Quantifying the Influence of Climate on Human Conflict,” *Science,* 341（6151）, 1235367.

Koubi, Vally（2019）“Climate Change and Conflict,” *Annual Review of Political Science,* 22

(1), pp.343-60.

Kuzma, Samantha, Peter Kerins, Elizabeth Saccoccia, Cayla Whiteside, Hannes Roos and Charles Iceland (2020) "Leveraging Water Data in a Machine Learning-Based Model for Forecasting Violent Conflict," World Resources Institute.
https://www.wri.org/ (最終アクセス2021/2/16)

Pacific Institute (2019) "Water Conflict Chronology."
https://www.worldwater.org/water-conflict/ (最終アクセス2021/3/4)

Program in Water Conflict Management and Transformation (2021) "International Water Event Database."
https://transboundarywaters.science.oregonstate.edu/content/international-water-event-database (最終アクセス2021/2/3)

Salehyan, Idean and Cullen Hendrix (2017) "Social Conflict Analysis Database (SCAD) Version 3. 3: Codebook and Coding Procedures," Harvard Dataverse, V1.
https://doi.org/10.7910/DVN/WF9QC6 (最終アクセス2022/1/9)

Schrodt, Philip A. (2006) "Twenty Years of the Kansas Event Data System Project," *Political Methodologist*, 14 (1), pp.2-6.

Schrodt, Philip A. (2012) "CAMEO Conflict and Mediation Event Observations: Event and Actor Codebook," Event Data Project, Department of Political Science, Pennsylvania State University.
http://data.gdeltproject.org/documentation/CAMEO.Manual.1.1b3.pdf (最終アクセス2021/3/4)

Yoffe, Shira and Kelli Larson (2001) "Basins at Risk: Water Event Database Methodology," Unpublished Paper. Program in Water Conflict Management and Transformation, Oregon State University.
https://transboundarywaters.science.oregonstate.edu/sites/transboundarywaters.science.oregonstate.edu/files/Database/Data/Events/Yoffe%20%26%20Larson-Event%20Coding.pdf (最終アクセス2021/2/17)

第 7 章

技術発展と気候変動がもたらす影響

イスラエル・パレスチナの水紛争

錦田 愛子

パレスチナ自治区ヘブロンにて（1999年）

撮影：錦田愛子

パレスチナ自治区では水資源の供給が著しく限られており、足りない生活用水は購入して給水車で各家庭の井戸やタンクまで運ぶ方式がとられている。

乾燥地の多い中東では、水は希少な資源として紛争を招く潜在要素である。ヨルダン川流域の水の管理は、流域諸国の間に緊張を生む原因であり続けてきた。イスラエルとパレスチナの間で1993年に交わされたオスロ合意後には、水資源の分配のための新たな管理枠組みが構築されたが、公正な水の共有は達成されなかった。本章はオスロ合意後から2000年代にかけての水資源をめぐる紛争の展開に焦点を当て、政治交渉、気候変動、新しい技術がもたらす影響を検証する。また地理的条件や政治的勢力不均衡などが、水と紛争、SDGsの実現にどのような影響を与え得るのか考察する。

1 はじめに：中東における水と紛争

ヨルダン川の南部流域諸国では、水資源の管理は重要な課題であり続けている。それはイスラエルとパレスチナの紛争においても深刻な一面を成し、国際河川であるヨルダン川や地下水の分配が、継続的な交渉の中で協議されてきた。1993年に締結されたオスロ合意（正式名称は原則宣言）[1]に始まる和平プロセスは国際的な注目を集め、水問題についても新たな協力の枠組みが設定された。だが2000年代の政治的な展開は、期待されていた協力を困難なものとした。また同時に、脱塩技術などの発展と、「持続可能な開発目標（SDGs）」の導入は、水資源の消費パターンに大きな影響を与えることになった。本章ではこれらの点に着目し、オスロ合意後の水をめぐる紛争の展開を検証し、水資源と紛争、SDGs をめぐるグローバルな動向がどのように連関しているのか分析する。

紛争と希少な天然資源との関係性は、これまで多くの研究対象とされてきた論点であり、水資源はその中でも重要な一部とみなされてきた。グローバルな水の状況については、隔年で『世界の水（The World's Water）』が刊行されており[2]、オンライン版の「水紛争暦（Water Conflict Chronology）」では紀元前3千年から2019年までの紛争データが挙げられている（Water Conflict Chronology 2021）。編者の Peter Gleick は、基本的な水需要は人権の基準として満たされるべきであると主張し、その需要が満たされない場合には「社会的軍事的紛争が起きるリスクがある」と警告している（Gleick 1999, p.11）。冷戦末期には、天然資源の管理がグローバルな紛争における次の中心的な争点となると予測され、「水戦争」の潜在的な懸念が国際社会への主たる脅威として概念化されていた（Starr 1991）。

中東についていえば、「水戦争」という観念は「イデオロギー並みに支配的となり得る」と Julie Trottier は指摘している（Trottier 2003, p.6）。水の利用に厳しい条件が伴う半乾燥地帯に位置し、中東は水資源に関して最も対立の多い地域の

1）オスロ合意はイスラエルとパレスチナの間で1990年代に調印された一連の合意によって構成される。その始まりは、1993年9月にホワイトハウスで調印された原則宣言（Declaration of Principles on Interim Self-Government Arrangements: DOP、「暫定自治協定に関する原則宣言」）であった。

2）最新刊の第9号は以下を参照。https://www.worldwater.org/book-details/（2021年1月22日最終閲覧）。

1つと考えられてきた。この分野における主導的な研究者の一人であるTony Allanは、「バーチャル・ウォーター」という概念の創案者である。さらに彼は、水をめぐる紛争についての多面的な分析を含む著書の編者であり、そこにはイスラエルの水管理政策や、技術改革の影響、水の消費教育、水利用におけるイスラーム的伝統など多くの論文が収められている（Allan 1996, 2001）。

より最近では、気候変動と暴力的紛争の間の連関が、干ばつの影響に焦点を当てて検証されている（Werrell and Femia 2013; Feitelson and Tubi 2017; Weinthal et al. 2015）。ユーフラテス川とヨルダン川下流域という、中東の2つの河川の流域の事例研究にもとづき、Eran FeitelsonとAmit Tubiはその連関の概念枠組みについて検討を加えた。それによると、「干ばつは中東において武力紛争の主たる元凶となるわけではない」が、「適応の許容範囲といった、より本質的な要素が損ねられた場合には、紛争に至る場合がある」という（Feitelson and Tubi 2017, p.46）。言い換えるなら、「地政学的・内在的な状況がその方向に傾く際には、気候変動は紛争を導く可能性がある」といえるのである。

FeitelsonとTubiの事例研究が示すように、ヨルダン川流域をめぐる紛争は、中東の主要課題の1つであり、地質学や水文学の観点から多くの研究が積み重ねられてきた（Allan 2002; Arlosoroff 2000; Elmusa 1997; Feitelson and Haddad 2000; Haddadin 2006; Nasser 1996; Selby 2003）。Lowi（1993）はイスラエル・パレスチナ紛争を、地政学的な視点から解明している。研究の中心は、1967年以降のヨルダン川流域をめぐる諸国間の紛争を分析したものだが、同時にこの研究は、現在に至る水利用の基本的な基準を定めたジョンストン・ミッションの計画を歴史的に丹念に精査した点にも重要性がある[3)]。Weinthal et al.（2015）の研究は、水と気候、人の移動をめぐる連関の枠組みを明示するために、ヨルダン、シリア、イスラエルの事例を扱っている。先に触れたFeitelsonとTubiの研究（2017）と似た問題設定をしながら、これら3つの事例はすべてヨルダン川流域を対象としたもので、条件によって異なる連関の形が生まれることを示している。

3）ジョンストン・ミッションの計画は、流域住民の間での公正で適切な共有の権利に基づき、1955年にヨルダン川からの水の分配を提案したものである。それによると西岸地区のパレスチナ人には年間250MCM（百万立方メートル）の水が供給されるはずだったが、イスラエルはこの計画に反対し批准しなかった（al-Shalalfeh et al. 2018, p.118）。

これらの研究は、この地域における水資源の利用をめぐる多くの側面を、紛争を含めた様々な他の側面との連関で捉えてはいるが、単発的な観察にもとづく分析にとどまっている。干ばつなどの個々の現象が異なる地域の中から選び出され、理論的枠組みの検証のために比較されている。もしくは特定の国の政策など一時的な側面に焦点を当てている。その結果、これら大半の研究は、それぞれの地域を静態的な現象として説明することとなり、新しい技術や政策目標の導入によって起こり得る変化を映し出すことができない。

本章ではこれらの問題を克服するため、この地域にもたらされる漸次的な変化を分析する。オスロ合意後の変化に焦点を当て、政治交渉や、新しい技術、目標がもたらす影響を検証する。水の管理はイスラエル、パレスチナ双方の政府にとってきわめて重要な課題であるため、両政府はそれぞれ可能な限り多くの資源を確保しようと試みる。しかし、地理的条件や政治的勢力関係は、それぞれが取り得る選択肢に甚大な影響を与える。現状に至る展開は、そうした選択による達成と限界を示すといえるだろう。

以下ではまず第2節で、水資源をめぐる地理的背景と、オスロ合意IIによる政治的合意の内容について述べる。第3節では、気候変動によって加速された技術開発の様子と、それがイスラエル、パレスチナでそれぞれどのように適用されたのかについて検証する。これらを通して、現状に基づき、科学技術のもたらす効果と、その政治的な限界を明らかにするのが本章の目的である。

2 水資源とオスロ合意IIによる政治的取り決め

2.1 パレスチナ／イスラエルの水資源

パレスチナ／イスラエルは地中海性気候地帯に位置し、大半の土地は他の中東諸国と同様に半乾燥地帯に属している。個々の地点は異なる気候帯に属し、ヨルダン渓谷とネゲブ、ガザ地区南部は乾燥した砂漠地帯であり、テルアビブ、エルサレム、ラーマッラーなどを含む沿岸部と丘陵地帯は半湿潤地帯である。一方、ガリラヤやジェニン、カルキリヤなどの北部の地域は、さらに豊富な水資源に恵まれている。年間降水量は年によって大きく異なり、ときおり降る激しい雨が、干ばつによって押し下げられた水位を回復している（Elmusa 1997, p.24; Harpaz et al. 2000, pp.44-45）。こうした自然環境の中で、水資源の分配は流域国家の間で計画され、調整されてきた。

この地域で利用可能な水資源には、地表水、再生可能な帯水層、再生不可能な帯水層の三種類がある。再生不可能な水脈には膨大な水量の地下化石水が含まれるが、それらは水の分配のために常用することはできない。他の水資源はイスラエル、パレスチナ、シリア、レバノン、ヨルダンの間で数々の合意に基づき共有されている。

利用可能な主な地表水は、ヨルダン川である。この川は国際河川水系として、流域国家であるシリア、レバノン、ヨルダン、イスラエルの間で共有されている。非国家主体であることから、パレスチナはここから除外されており、後述のオスロ合意 II の取り決めによってヨルダン川の地表水の一切の利用はパレスチナ人には禁じられている（Zeitoun 2009, p.46）。すなわち、各政体が政治的代表性を国際的にどの程度認められているかが、国際合意における資源へのアクセスを規定しているのだ。

ヨルダン川の上流域にはゴラン高原が含まれるが、そこはイスラエルによって1967年戦争（第三次中東戦争）以後占領されている。この戦争では、水資源が主たる係争の対象となった。加えてイスラエルは1964年に国営用水路を建設し、年間420MCM[4)]の水をヨルダン川上流から採取するようになった（Zeitoun 2009, p. 67)。他方でヨルダンとシリアは、アル＝ウィフダ・ダム（またはマカーリム・ダム）の建設プロジェクトを計画し、流域二国間合意に基づき初期段階の作業は1989年の末までに完了された。しかしこのプロジェクトは、水の分配の問題をめぐるイスラエルの反対を受けて中止されることになった（Elmusa 1997, p.233; Murakami 1995, p.91）。ここからも明らかなように、この地域における国際的な水紛争は熾烈であり、個々のアクターの政治的な力が水資源の利用に際して決定的な力をもつ。

死海に注ぐヨルダン川下流域は、主にイスラエルとヨルダンの間で共有されている。しかし上流域での支流やダムの建設は、ティベリアス湖に流れ込む水量を減少させ、下流域における塩分濃度を増している。死海に注ぐ年間の水量は劇的に減少しており、海岸線は毎年１ m の割合で後退し、死海は縮小していっている（図7-1参照）。

４）本章で MCM は百万立方メートルを意味する水量の単位である。

図7-1　縮小する死海

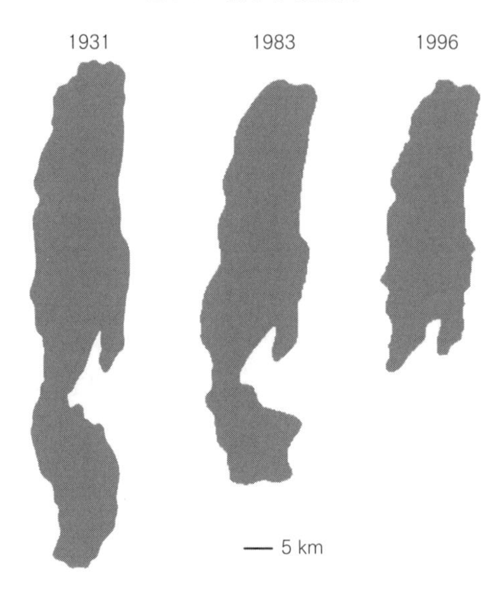

1931年～1996年にかけての死海の水位の変化

出典：Gavrieli and Bein（2007）; Ecopeace（2022）を基に筆者作成

このような地表水に関する動向をまとめるなら、ヨルダン川から採取可能な水資源の量は限られており、その分配をめぐってはすでに厳しい国際的対立が起きているといえる。死海の縮小は、気候変動というよりも、むしろヨルダンやイスラエルなど流域諸国によるダムや取水路の建設が、水の流入量の減少の原因となっている。こうした状況では、国際舞台における政治力もまた限られたパレスチナ人が、その分配に関与する余地はほとんど残されていない。

そのため、ヨルダン川下流域の国々にとって、今後より重要となってくる水資源は、地下水の流れに依存した再生可能な帯水層であるといえる。パレスチナ／イスラエルには８つの地下水盆があり、そのうちティベリアス、西ガリラヤ、カルメル、ネゲブの４つの水盆はイスラエルの領域内に位置している。残りの４つ、沿岸、西、東、北東帯水層はその全域、または大半がヨルダン川西岸地区とガザ地区に位置している（図7-2参照）。水資源の点で最も厳しい状況におかれているガザ地区は、そのうち沿岸帯水層のみに頼っており、上流域を使用するイスラエルと共有している。これらの帯水層は水管理のための国際的・地域的調整の対象

図7-2　イスラエル／パレスチナ地域における帯水層の配置と水の流れ

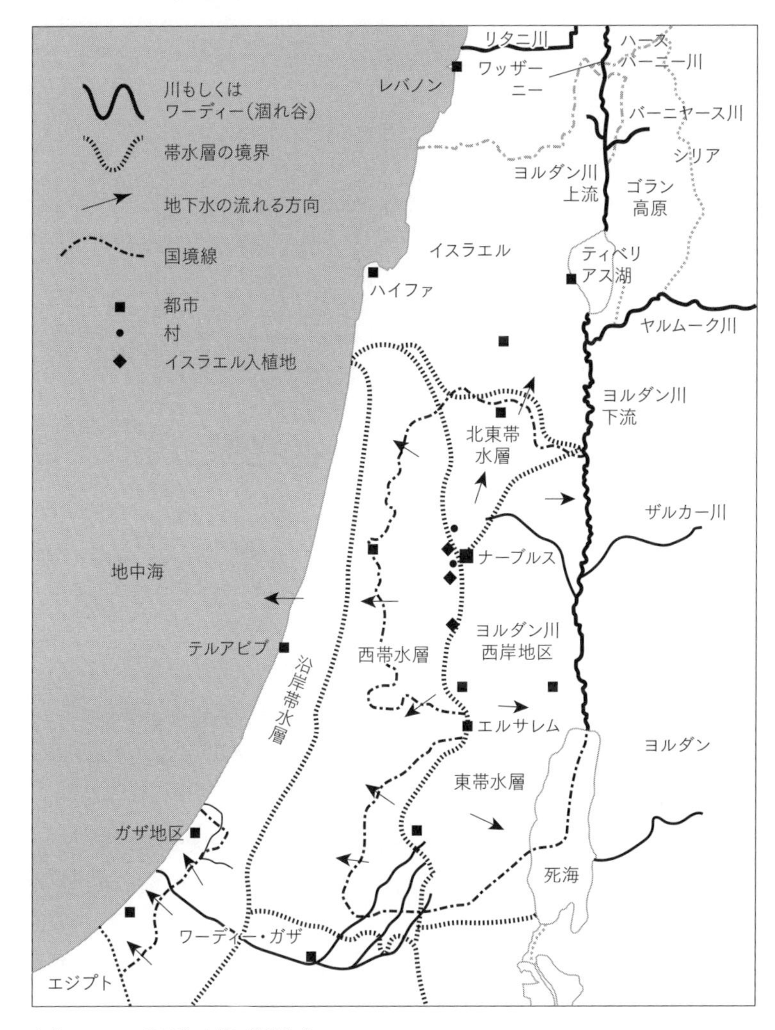

出典：Zeitoun（2009）を基に筆者作成

となってきた。

2.2 オスロ合意Ⅱによる政治的取り決め

歴史的な対話による紛争解決の枠組みとして1993年にオスロ合意が結ばれた後、

1995年には暫定自治拡大合意[5)]が結ばれた。重要なのは、イスラエルがオスロ合意IIで、「西岸地区におけるパレスチナの水利権」を（附則3の第1段落）第40条で明確に認めたという点である。

【オスロ合意II 附則III 民間部門に関する付属文書】
第40条 水および排水
1．イスラエルは西岸地区におけるパレスチナの水利権を認める。それは最終地位交渉で協議され、様々な水資源に関する最終地位合意の中で決定される。

この付属文書は和平プロセスにおける国際交渉の産物であり、その後のイスラエルとパレスチナの間の調整の枠組みを規定することになった。言い換えれば、国際レベルでの合意が、この付属文書により地域レベルで執行されることとなった。地域レベルでは水の管理行政のために、複数の組織が形成されることになった。

イスラエルとパレスチナの間の水部門での行政上の協力の枠組みとしては、オスロ合意II（第40条）に基づき「共同水利委員会（Joint Water Committee: JWC）」が組織された。パレスチナ側の主たる当事機関は「パレスチナ水協会（Palestinian Water Authority: PWA）」であり、1995年の大統領令第5号によって設立された。1996年の法令第2号によってPWAには法的権威が付与され、それによってPWAは自治政府大統領の下で独自の予算をもつ法的主体となった（Haddad 1998, p.182）。水利法第3号（The Water Law No. 3）により2002年、PWAの任務と責任が定められた（Husseini 2004; Zeitoun 2009, p.74）。PWAの設立は、パレスチナの地域レベルでの水管理のための組織構築の第一歩と捉えられた。

JWCはイスラエルとパレスチナの両政府によって任命された水の専門家によって構成されている。JWCの中には複数の委員会があり、排水処理や水の価格設定など様々な議題を扱っている。JWCは国際河川水政策における交渉と意思決定のための主要な舞台として設定された。1995年から2008年の間に61回の会議が開催された（Katz and Fischhendler 2011, p.18）。

5）正式名称は「西岸地区とガザ地区に関するイスラエル・パレスチナ暫定合意」である（以後、オスロ合意IIと表記）。

だが、限られた資源の管理をこれらの組織に託すことは、過度な期待ともいえた。むしろ「水も資金も不足し、専門的・官僚的な経験もない中で、それを達成するということは、問題を著しく増幅させることになった」(Nasser 1996, p.53)。JWC が限られた役割しか果たすことができなかったことについては批判が多く、こうした協力の取り決めは共同管理の場というよりも、むしろ非対称な現状を永続化させる取り決めだと評価する者さえいた。パレスチナの地元組織の間ではJWC のような共同組織を、技術的には望ましいものの、政治的には望ましくない存在とみなしていた。そのためローカルな利益集団の代表は、JWC の会議にはおおむね不参加であった (Katz and Fischhendler 2011, p.21)。

JWC は調整が最も必要とされる危機的な状況においても、水の管理について重要な役割を果たすことができなかった。2002年４月に第二次インティファーダ[6]の中で衝突が起き、イスラエルの軍事作戦によりジェニンの水関連施設が破壊されたときも、JWC はその被害を軽減するため動くことはできなかった。ちょうどその一年前に「水関連施設を暴力のサイクルから除外するための共同声明」が発出されていたにもかかわらず、PWA はイスラエル側からの水供給で、ジェニンに水を確保するよう JWC 事務所の存在を利用することすらできなかった (Zeitoun 2009, pp.87-93)。JWC はまた、政治的権力関係を反映して、イスラエル側の水管理ではなくパレスチナ側の水管理についてばかり決定を下すことから、その偏りが批判されていた (Brooks and Trottier 2010, p.110)。JWC は2010年まではなんとか機能していたが、その後パレスチナ自治政府とイスラエルの関係が悪化するにつれて、パレスチナ側からボイコットされるようになった。その後は技術的な協力だけが続き、会合は開かれていない (Feitelson and Tubi 2017, p.45)。

このような行政的な混乱に加えて、パレスチナ人が直面する困難には許可の問題もある。ヨルダン川の地表水の利用が合意で許されていないため、パレスチナ人にとっては井戸が主な水源であり、使用する全水量のうち70.4%を占める (PCBS 2018)[7]。だが一方で、オスロ合意 II の第40条は、新しい井戸を掘るため

6）2000年９月にリクード党首アリエル・シャロンによる挑発的なエルサレム旧市街「神殿の丘」訪問を受けて始まった、イスラエルとパレスチナの間での衝突。投石による民衆蜂起から、次第に武装集団や軍を主体とする武力衝突へと発展した。

7）PCBS (2018) を参考に筆者計算。2018年のパレスチナの井戸からの取水量が274.2MCM だったのに対して、パレスチナでの取水総量は389.5MCM だった。

の許可の問題を含めた、あらゆる種類の水資源の開発はJWCの承認を得ねばならないとしていた。しかしJWCにはC地区内での井戸掘りの許可を出す権力はなく、代わりにイスラエル国防軍（IDF）の管轄下にあるイスラエル民事政府（the Israeli Civil Administration: ICA）が必要なすべての許可への最終的な決定を下す。オスロ合意IIによると、C地区とは、そこに住むパレスチナ系市民に関する内容以外の、すべての行政と治安をイスラエル側が管理する地域を指す。C地区は西岸地区のおおよそ72%を占めるため、地理的にほとんどの地域ではICAによる許可が必要となる（Zeitoun 2009, p.101）。

井戸を掘るために必要な手続きは、占領地における水管理をめぐる政治的権力関係を映し出している。その過程では、水開発をめぐる決定権限はイスラエル側に握られ、そこで提示された内容に対して、調整役であるはずの行政主体（JWC）は許可を出す権限をもたない。言い換えるなら、政治的な能力の欠如が、行政レベルに反映されているといえる。行政レベルにおいてすら、オスロ合意で計画された手続きは機能せず、それより先に存在していたイスラエル側の機関が管理の重要な部分を握る状態にある。こうした状況は、現在も変わることなく継続している。

3 新しい技術の導入による変化

水資源のもともと乏しいこの地域で、ときおり起きる干ばつは積極的な水利関連の新技術の導入を促した。中東では全体的に気温が上昇し、寒い日々が減り、冬季の干ばつが頻繁に起きるようになってきている。これらは自然な気候の変化だけで説明がつくものではなく、むしろ気候変動と呼べるものである。ヨルダン、シリア、レバノン、パレスチナ、イスラエルでは、降水量も減少している（Weinthal et al. 2015, p.296）。1991年から2001年にかけての水の枯渇は、イスラエル政府に脱塩技術の開発を促した（Feitelson and Tubi 2017, p.45）。その後も、イスラエルは2003年から2011年にかけてさらに7年間続く干ばつに見舞われることになった。そこで、水利委員会のマスタープランが2002年から2010年にかけて採択され、脱塩や水の再利用などにより供給量を増大することによって、水利システムを安定させることが図られた（Weinthal et al. 2015, p.297）。

その結果、水のリサイクルと脱塩をめぐるイスラエルの技術は世界でも最高水

図7-3　イスラエルの水供給源の変化（1998-2017年）

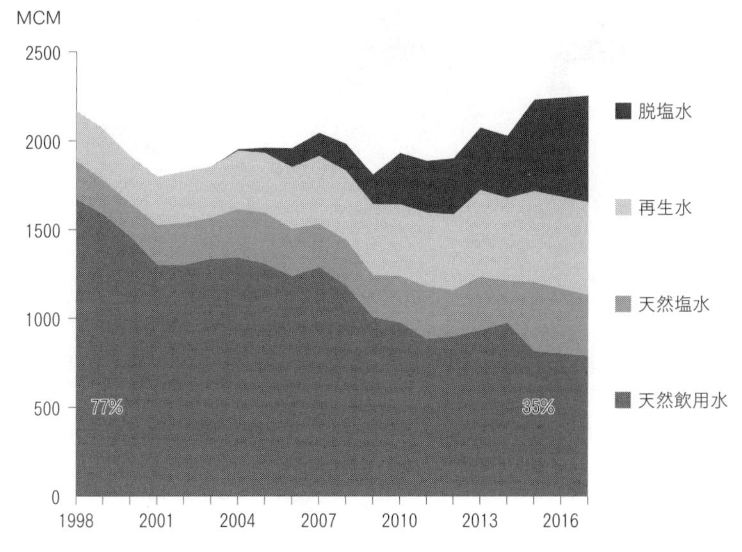

注：MCM（million cubic meter）＝100万 m^3
出典：Israel Water Authority（2020）を基に筆者作成

準に達することになった。2000年代初めから地中海岸沿いに建てられた５つの巨大な脱塩工場は、海水逆浸透法（seawater reverse osmosis: SWRO）に基づき合わせて年間585MCM の水を供給できる（Marin et al. 2017, p.21）。テルアビブの南15キロに位置する「ソレク（Sorek）脱塩」工場は、世界最大の海水脱塩工場であり、2013年の操業開始後、年間約150MCM を、1MCM あたりわずか54セントという低価格で供給している（Marin et al. 2017, p.22; Water Technology 2021）。イスラエルでは排水の再生利用もまた主要な水源の１つとなり、2015年には排水の87％以上が再利用されるようになった。この分野においても、実際に起きた水の危機は大きな影響を与え、1985年の危機が処理された排水の再利用を促進することとなった。処理水の大半は農業に使用され、灌漑用水の40％以上が処理水を再使用している（Marin et al. 2017, pp.18-19）。近代的技術の導入は、利用可能な水の総量を増加させることで、分配のベースラインを変化させることになった。図7-3はイスラエルの水供給源の時系列の変化を示したものである。

イスラエルの脱塩技術利用と排水再生利用の容量が拡大したことは、水供給の

図7-4　イスラエルとパレスチナの水利用量の違い

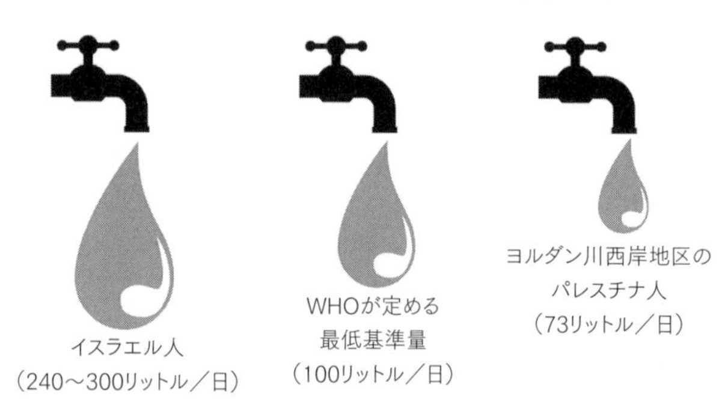

出典：Al-Jazeera（2016）を基に筆者作成

ための柔軟性を著しく増すことになった。この柔軟化を受けて、地域における緊張緩和のためにイスラエルからヨルダンへ一定量の水が供給されるようになったとの指摘もある（Amidror and Lerman 2015)。西岸地区で続くイスラエルによる占領への国際的な批判を緩和する、という戦略的目的のために、イスラエルは西岸地区のパレスチナ人に供給する水の量も増やした。こうした分配は、農業部門への依存がきわめて高いパレスチナ自治政府にとって、重要な意味をもったものと考えられる。一方のイスラエルは、工業経済、そしてその後のポスト工業経済に移行しつつある（Feitelson and Tubi 2017, pp.45-46)。ここで述べたような技術革新と供給共有から考えるなら、この地域での水をめぐる紛争は長期的には緩和されることが期待できそうである。

しかしパレスチナ側の別の資料は、異なる現実を映し出す。図7-4が示すように、イスラエルが一日一人当たり約240リットルの水を使用できるのに対して、西岸地区のパレスチナ人の一日の水使用量は73リットルでしかない[8)]。これは世界保健機関（WHO）が定める最低基準の一日100リットル以下である（Corradin 2016, p.11)。そのためパレスチナ人は、水道水では足りない量については個人での水の購入に頼らざるを得ない。彼らはイスラエルの水会社メコロットから、お

8）PWA が発行したデータによると、一日一人当たりの西岸地区での使用水量が73リットルというのは2010年または2011年の数字と確認される。同時期のガザ地区での使用水量についてはデータが存在しない。

もに生活用水として水を購入する。2018年には消費された水の総量389.5MCMのうち、22.0％に当たる85.7 MCM が個人で購入されたものだった（PWA website)。PWA が購入した水は、メコロットが管理する25の接続ポイントを通って、水道から西岸地区とガザ地区の井戸に分配される。それに加えて、20万人以上のパレスチナ人が水道による水の供給を受けておらず、パレスチナの民間水輸送会社から水を買っている。購入される水の中にはイスラエルの入植地で給水されるものもある（PASSIA 2009, p.363)。輸送会社から水を買うと、価格は水道水の５倍から10倍の高額になる（Corradin 2016, p.11)。パレスチナ水利協会（the Palestinian Hydrology Group：PHG）によると、パレスチナ人は世界平均の５％をはるかに上回る、月収の30〜40％を水の確保のため支払っているという (PASSIA 2009, p.362)。

新たな水利技術に関して、排水処理はパレスチナでも導入されてきたが、工場は発生する排水のうち25％を処理するにとどまり、農業に再利用されるのは１％のみである。脱塩技術もまた、ガザ地区で導入されており、2017年には大規模な海水脱塩工場が建設された（State of Palestine 2018, p.4, 45)。工場は2018年にはガザの人々に年間4.1MCM の水を供給するようになったが、それでも総供給量のうちわずか2.2％を占めるにすぎない（PWA 2021)。その背景には、ガザ地区の電力供給が非常に不安定であることがあり、脱塩・排水処理センターが本来供給可能な水量を提供するのを妨げている（State of Palestine 2018, p.45)。

地理的・政治的な原因による水の危機は、ガザ地区では特に厳しい状況にある。第２節で触れたように、ガザ地区での水源はイスラエルと共有する沿岸帯水層からの地下水に基本的に依存している。この層を今後も維持することが可能な年間産出水量として、イスラエルでは年間約450MCM が取水されているのに対して、ガザ地区での取水量は55MCM にとどまる（al-Shalalfeh et al. 2018, p.121)。加えて、帯水層の下流域に位置するため、その水は上流の流域国であるイスラエルによって激しく汚染されており、そのままで飲用に適するのはわずか５％のみである。それに加えて、繰り返されるガザ地区への軍事攻撃は水関連のインフラ設備を破壊してきた。2014年に起きた紛争だけで、水部門全体に対して9400万ドルの損失を生じさせたと推計されている（al-Shalalfeh et al. 2018, p.121; Corradin 2016, pp.11-12)。2006年以降のガザ地区に対する封鎖は、水関連施設の再建や開発を妨げている。施設を維持するために必要な物資の70％が、イスラエルによる検問で輸入規制の対象とされてしまっているためだ。そのため、ガザ地区の85％のパレスチナ人は民間の脱塩サービスに依存しているが、それは市が提供する水の5倍近い価格となっている（State of Palestine 2018, p.45）。

2015年にSDGsが始まると、パレスチナ自治政府はそれらの目標達成のために熱心に取り組んできた。首相府の率いるナショナル・チームが結成され、市民社会や民間部門を含むすべての関係組織がそこには含まれている。なかでもSDG目標6番、すなわち「すべての人々に水と衛生へのアクセスと持続可能な管理を確保する」ことは、国の優先課題と捉えられ、パレスチナ自治政府は安全な水へのアクセスの拡大に取り組んできた。オスロ合意の過程で設立された機関であるPWAは、SDG目標6番の達成への努力を率い、「水・排水部門における国家戦略2013-2032」を打ち出した。しかし、水への非公正で不平等なアクセスは、これらの目標の達成を妨げている。2000年代を通して続く政治的・軍事的混乱は、イスラエルとパレスチナの間での協力を困難なものにしてきた。

4　おわりに

ヨルダン川流域は、中東で最も水資源をめぐる紛争の多い地域の1つである。この地域の国々は、水の利用をめぐって実際の戦争も、戦闘にまでは至らない対立もともに経験してきた。この地域には三種類の水資源があり、オスロ合意による取り決めはその基本的な分配枠組みを設定した。オスロ合意II第40条は、西岸地区におけるパレスチナ人の水利権について明言している。しかし、パレスチナ人が利用可能な水資源は限られており、合意はその状況に大きな変化をもたらすものではなかった。ヨルダン川の地表水へのアクセスと使用はパレスチナ人には禁じられており、使用できるのは4つの再生可能な帯水層のみである。JWCはイスラエル政府とパレスチナ自治政府の間の調整の場として設立されたが、緊急の状況においてさえパレスチナ人の生活用水の確保のために重要な役割を果たすことはできなかった。勢力関係の不均衡を反映して偏った決定が下され、JWCは井戸の採掘に関する許可ですら発行する力をもたない。

気候変動を受けて、イスラエル政府は水の再利用と脱塩の技術開発を促進した。その結果、代替となる水資源が確保できるようになってきたことは、水供給の柔軟性を増すのにつながった。だが技術開発は、水の分配をめぐって大きな変化をもたらすことはなかった。一定量の水がイスラエルの周囲の係争地域に供給されることはあっても、パレスチナ側に供給される水の量はイスラエルとの間で不均衡であり続けた。自治区に住むパレスチナ人はイスラエルの会社から水を買わざるを得ず、水に5倍から10倍の金額を支払っている。排水処理や脱塩など、新しく開発された技術で利用可能になった水の使用は、パレスチナでは非常に限られた量にとどまっている。それは、ガザ地区が政治的に封鎖されているために必要となる設備が十分に揃わず、また電力供給が不安定だからである。

本章では、地理的・政治的要因によるイスラエルとパレスチナの間の水紛争と、そのオスロ合意後の変化を分析した。技術発展は水資源に対して柔軟性とより多くの選択肢を供給することになったが、水の分配をめぐる緊張は必ずしも緩和されていない。パレスチナ政府はSDGsの達成に意欲を見せるが、完全な主権をもたない国家として、それらの目標を実現するためには多くの面で困難を抱える。水資源の絶対的な不足は、政治権力の圧倒的な不均衡と結び付いており、同じ地表水・地下水の流域に位置する集団間での調整を容易ではないものとしている。平等で公正な水の利用は、近代的な水利技術の導入によって共有される資源の量を増やす努力とともに、対等なパートナー間での対話によってのみ実現可能なものといえるだろう。

■付記

本章は錦田愛子（2011）「ヨルダン川流域諸国における水資源と紛争―パレスチナ自治区を中心とした水資源の共有と開発について―」中東情勢分析調査「日本・アジア・中東連携強化に関する調査⑧」報告書『中東動向分析』10巻5号, 財団法人日本エネルギー経済研究所・中東研究センター、pp. 1-15、および錦田愛子（2021）「イスラエル・パレスチナの水紛争―技術発展および気候変動がもたらす影響―」東京大学未来ビジョン研究センター（IFI）SDGs協創研究ユニット・科研費基盤Aプロジェクト「気候変動と水資源をめぐる国際政治のネクサス」2020年度ワーキングペーパー・シリーズ No. 3を基に加筆修正したものである。

■参考文献

Allan, Tony ed.（1996）*Water, Peace and the Middle East: Negotiating Resources in the Jordan Basin,* I. B. Tauris Publishers.

Allan, Tony（2001）*The Middle East Water Question: Hydropolitics and the Global Economy,* I. B. Tauris Publishers.

Allan, Tony (2002) "Hydro-Peace in the Middle East: Why No Water Wars? A Case Study of the Jordan River Basin," *SAIS Review*. School of Advanced International Studies, summer/fall, pp.255-272.

Amidror, Yaakov and Eran Lerman (2015) "Jordanian Security and Prosperity: An Essential Aspect of Israeli Policy," *Begin-Sadat Center Perspective Papers*, 323.

Arlosoroff, Saul (2000) "Water Resource Management in Israel," in Eran Feitelson and Marwan Haddad eds., *Management of Shared Groundwater Resources: The Israeli-Palestinian Case with an International Perspective*, pp.57-74, International Development Research Centre and Kluwer Academic Publishers.

Brooks, David and Julie Trottier (2010) "Confronting Water in an Israeli-Palestinian Peace Agreement," *Journal of Hydrology*, 382, pp.103-114.

Corradin, Camilla (2016) "An Unsustainable Water Occupation and Sustainable Development Goals: A Failing Match," *Journal of Palestinian Refugee Studies*, 6 (1), pp.9-14.

Elmusa, Sharif S. (1997) *Water Conflict: Economics, Politics, Law and Palestinian-Israeli Water Resources*, Institute for Palestine Studies.

Feitelson, Eran and Marwan Haddad eds. (2000) *Management of Shared Groundwater Resources: The Israeli-Palestinian Case with an International Perspective*. International Development Research Centre and Kluwer Academic Publishers.

Feitelson, Eran and Amit Tubi (2017) "A Main Driver or an Intermediate Variable? Climate Change, Water and Security in the Middle East," *Global Environmental Change*, 44, pp.39-48.

Gavrieli, Ittai and Amos Bein (2007) "Formulating A Regional Policy for the Future of the Dead Sea-The 'Peace Conduit' Alternative," in Hillel Shuval and Hassan Dweik eds., *Water Resources in the Middle East: Israel-Palestinian Water Issues-From Conflict to Cooperation*, pp. 109-116, Springer.

Gleick, Peter (1998) "The Human Right to Water." *Water Policy*, 1 (5), pp.487-503.

Haddad, Marwan (1998) "Planning Water Supply under Complex and Changing Political Conditions: Palestine as a Case Study," *Water Policy*, 1, pp.177-192.

Haddad, Marwan (2003) "Future Water Institutions in Palestine," in Fadia Daibes ed., *Water in Palestine*, pp.125-152, Palestine Academic Society for the Study of International Affairs.

Haddadin, Munther ed. (2006) *Water Resources in Jordan: Evolving Policies for Development, the Environment, and Conflict Resolution*, Resources for the Future.

Harpaz, Yoav, Marwan Haddad and Saul Arlosoroff (2000) "Overview of the Mountain Aquifer: A Shared Israeli-Palestinian Resource," in Eran Feitelson and Marwan Haddad, eds. *Management of Shared Groundwater Resources: The Israeli-Palestinian Case with an International Perspective*, pp.43-56, International Development Research Centre and Kluwer Academic Publishers.

Husseini, Hiba (2004) "The Palestinian Water Authority: Developments and Challenges Involving the Legal Framework and Capacity of the PWA," Paper Read at the 2nd Israeli-Palestinian International Conference "Water for Life in the Middle East," 12-20 October, Antalya, Turkey, Israel/Palestine Center for Research and Information.

Katz, David and Itay Fischhendler (2011) "Spatial and Temporal Dynamics of Linkage Strategies in Arab-Israeli Water Negotiations," *Political Geography,* 30, pp.13-24.

Lowi, Miriam (1993) *Water and Power: The Politics of a Scarce Resource in the Jordan River Basin,* Cambridge University Press.

Marin, Philippe, Shimon Tal, Joshua Yeres and Klas B. Ringskog (2017) *Water Management in Israel: Key Innovations and Lessons Learned for Water-Scarce Countries,* World Bank.

Murakami, Masahiro (1995) *Managing Water for Peace in the Middle East: Alternative Strategies,* The United Nations University.

Nasser, Y. (1996) "Palestinian Management Options and Challenges within an Environment of Scarcity and Power Imbalance," in Tony Allan ed. *Water, Peace, and the Middle East: Negotiating Resources in the Jordan Basin,* I.B.Tauris Publishers.

Selby, Jan (2003) "Dressing up Domination as 'Cooperation': The Case of Israeli-Palestinian Water Relations," *Review of International Studies,* 29, pp.121-138.

al-Shalalfeh, Zayneb, Fiona Napier and Eurig Scandrett (2018) "Water Nakba in Palestine: Sustainable Development Goal 6 versus Israeli Hydro-Hegemony," *Local Environment,* 23, pp.117-124.

State of Palestine (2018) *Palestinian National Voluntary Review of the Implementation of the 2030 Agenda.*

Starr, Joyce R. (1991) "Water Wars," *Foreign Policy,* 82, pp.17-36.

Trottier, Julie (2003) "Water Wars: The Rise of a Hegemonic Concept." *UNESCO, PCCP Series,* 6, pp. 1-16.

Weinthal, Erika, Neda Zawahri and Jeannie Sowers (2015) "Securitizing Water, Climate, and Migration in Israel, Jordan, and Syria," *International Environmental Agreements: Politics, Law and Economics,* 15, pp.293-307.

Werrell, Caitlin E. and Francesco Femia (2013) "The Arab Spring and Climate Change," *A Climate and Security Correlations Series.* The Center for Climate and Security.

Zeitoun, Mark (2009) *Power and Water in the Middle East: The Hidden Politics of the Palestinian-Israeli Water Conflict,* I.B.Tauris Publishers.

■ウェブサイト

Al-Jazeera (2016) "Israel: Water as a Tool to Dominate Palestinians."
https://www.aljazeera.com/news/2016/6/23/israel-water-as-a-tool-to-dominate-palestinians (最終アクセス2021/1/28)

Eco Peace (2022) "Dead Sea."
https://old.ecopeaceme.org/publications/publications/dead-sea/ (最終アクセス2022/3/15)

Israel Water Authority (2020) "An Israeli Experience: Implementation of SDG 6 on Water and Sanitation for All," (14 Jan. 2020).
https://www.slideshare.net/OECD-regions/an-israeli-experience-implementation-of-sdg-6-on-water-and-sanitation-for-all (最終アクセス2020/11/16)

Palestinian Academic Society for the Study of International Affairs (PASSIA) (2009)

“Palestine Facts: Facts and Figures: Water and Environment. Updated in 2009,” pp.361-364. http://www.passia.org/palestine_facts/pdf/pdf2009/Water-Environment.pdf（最終アクセス2010/3/4）

Palestinian Central Bureau of Statistics（PCBS）（2018）“Annual Available Water Quantity in Palestine by Region and Source, 2018.”
http://www.pcbs.gov.ps/Portals/_Rainbow/Documents/water-E4-2018.html（最終アクセス2021/1/26）

Palestinian Hydrology Group（PHG）（2010）
http://www.phg.org/（最終アクセス2010/3/5）

Palestinian Water Authority（PWA）（2021）
http://www.pwa.ps/（最終アクセス2021/8/20）

Water Conflict Chronology（2021）
http://www.worldwater.org/conflict.html（最終アクセス2021/1/22）

Water Technology（2021）“Sorek Desalination Plant.”
https: //www. water-technology. net/projects/sorek-desalination-plant/（最終アクセス2021/1/27）

第8章

気候変動から紛争への経路

アフリカ・サヘルを事例に

華井 和代

干ばつで枯れた川

撮影：華井和代

2009年に干ばつが東アフリカを襲った。川に水を汲みに来た人々は、いつもの給水ポイントに水がないため途方にくれている。2009年ケニアにて。

気候変動による自然の変化が社会に及ぼす影響は地球全体において一様ではなく、地域の持つ自然条件や、社会、経済、政治、文化的環境によって異なる。天水農業や移牧によって生計を営む住民が大半を占めるアフリカ・サヘルにおいては、降水や気温の変化、および干ばつや洪水などの極端現象が、様々な要因を経て紛争の発生や悪化に結び付くことがある。本章では、ブルキナファソとマリを事例として取り上げ、気候変動による降水や気温の変化が土地と水資源をめぐる農耕民と牧畜民の軋轢を生み、紛争へと発展していく経路を既存研究レビューから描き出す。

1　はじめに：アフリカにおける気候変動の影響への懸念

「気候変動が深刻な社会問題を引き起こすのではないか」という懸念が高まり続けている。世界経済フォーラムが毎年１月に発表する「グローバルリスク報告書」では、発生する可能性が高いリスクとして、2011年に気候変動（climate change）が登場した。その後、2012年に水危機（water crises）、2014年には気候変動対策の失敗（climate action failure）が挙げられ、2020年には上位５位までのリスクがすべて、異常気象（extreme weather）、気候変動対策の失敗、自然災害（natural disasters）、生物多様性の喪失（biodiversity loss）、人為的な環境変化（human environmental change）という環境問題で占められるようになった。こうしたリスク認知に大きな偏りがあったことは、2020年に新型コロナウイルスの感染が世界的に広がり、2021年の同レポートで感染症（infectious diseases）が上位リスクに加わったことからも明らかである（WEF 2021）。すでに起きたリスクは人々に強い印象を残し、リスク認知を偏らせる傾向があることは意識しておく必要があろう。それでもなお、気候変動対策の失敗によって自然の衝撃が社会に大きなリスクをもたらす段階に入ったことに対して、世界の人々が危機感を抱いていることは事実である。

なかでも気候変動による人々の暮らしへの影響が最も懸念されているのが、アフリカのサハラ砂漠南縁部に広がるサヘルである。図8-1は、サヘルを含む北緯10～20度、西経20度～東経30度地域における、７月から９月の降水量と降水日数を標準化したグラフである。1950～60年代には降水量の多い時期が続いたのち、1972年と1983～84年に深刻な干ばつが発生した。その後、降水量の変動が大きい年が続いている。単に降水量が減少しているのではなく、降水量が多く洪水が発生する年と降水量が少なく干ばつになる年の両方が頻発しており、降水パターンの変化が農業や牧畜に影響している。

気候変動以前に、サヘルには世界で最も貧しい国々が存在する。国連開発計画（UNDP）の人間開発指数（Human Development Index: HDI）を最下位から見ると、ニジェール（189位／189か国中）、チャド（185位）、マリ（184位）、ブルキナファソ（182位）といったサヘル諸国が並んでいる（UNDP 2020）。東南アジアの農村社会について研究したJames Scottが「首まで水につかっている人々は、ほんの少しのさざ波でもおぼれてしまう」と描写したように（Scott 1977）、１日

図8-1　サヘルの降雨変化

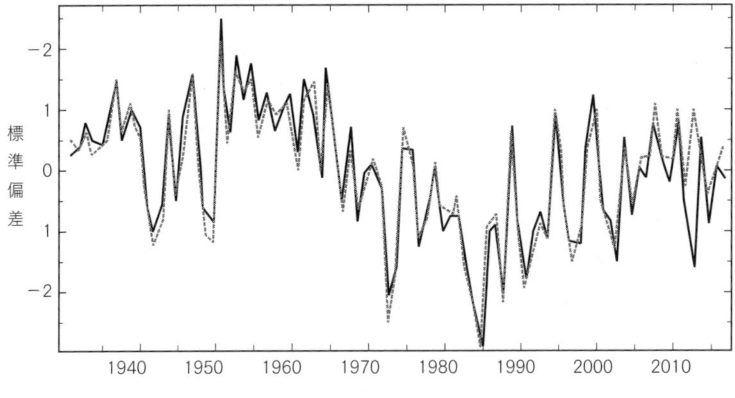

出典：Biasutti（2019）Figure 6（a）を筆者訳

1.25ドル[1]とされる極度の貧困ライン以下で暮らす人々にとっては、気候変動による自然の変化は生計維持に大きな衝撃をもたらし、食糧や水の不足は生命を脅かす。そのため、食糧を確保するための農地や牧草地の確保、水資源へのアクセスをめぐる競争が紛争に発展する危険性をはらんでいる。2014年に発表された気候変動に関する政府間パネル（IPCC）の第5次評価報告書は、「気候変動は、貧困や経済的打撃といった十分に裏付けられている紛争の駆動要因を増幅させることによって、内戦や民族紛争という形の暴力的紛争のリスクを間接的に増大させうる」との見解を示した（IPCC 2014）。気候変動の影響が、世界各地での紛争や暴力を増加させるのではないかと懸念されているのである。

ただし、気候変動を直接的な紛争要因としてとらえることには、国際機関の各種報告書も先行研究も異を唱えている。IPCCが2007年に発表した第4次評価報告書においては、「干ばつの増加、水不足、河川や沿岸の洪水といったストレスが多くの地方の住民および地域の住民に影響を与えるであろう。場合によってはこれが国内または国外への移転をもたらし、紛争を悪化させ、移住圧力を課すで

1）世界銀行が設定した世界貧困ラインによる。2005年の購買力平価（PPP）に基づき「1日1.25米ドル」と定められている。

あろう」と紛争の可能性を示唆しながらも、「民族紛争の増加は、気候変動の結果ますます乏しくなっている天然資源を巡る競争と結び付けることができるという主張も可能であるが、集団内および集団間の紛争のほかの多くの介在する原因、寄与する原因を考慮する必要がある」とも記している（IPCC 2007)。

本章で事例対象地域として取り上げるブルキナファソにおいて気候変動が農民と農牧民に与える影響を聞き取り調査したSanfo Abroulayeらは、「気候変動は紛争の根本原因ではなく、それらを悪化させる要因である。根本原因は、社会経済と政治、および、貧困や人口増加、土壌劣化による土地利用の悪化にある」と主張している（Abroulaye et al. 2015)。本章もまた、こうしたとらえ方に同意する。

それでは、気候変動による自然の変化はどのようにして紛争の発生や悪化に結び付くのだろうか。「気候変動が、社会、経済、政治、文化的要因を介して紛争の発生や悪化に結び付く」とは具体的にどのようなことなのか。世界的に見れば、気候変動の深刻な影響を受けながらも紛争が発生していない地域の方がむしろ大半である。何が気候変動を紛争に結び付けるのか、逆に何が気候変動の影響を適切に管理し、紛争を予防することにつながるのか、その要因を解明することができれば、紛争予防への示唆につながるであろう。

こうした問題意識に基づいて本章では、サヘル諸国を事例として、気候変動が紛争の発生や悪化に与える影響を分析する。方法としては、既存研究レビューの形式をとる。援助機関や研究者によって行われた調査研究を紡ぎ合わせることによって、気候変動が紛争と結び付く経路を描き出す。

構成として、第2節では、アフリカにおける気候変動と紛争の関係性に関する研究をレビューする。その上で、第3節ではサヘル諸国であるブルキナファソとマリにおいて気候変動が紛争に与えた影響の経路を、既存研究レビューから描き出す。

2 気候変動と紛争の関係性に関する研究動向

気候変動による自然環境の変化と紛争の関係性に関する研究動向を、計量研究と地域研究の2つの流れから見ていく。

2.1 計量研究から見る気候変動と紛争の関係性

気候変動と紛争の関係性を計量分析でとらえようとする研究は数多く行われている。スイス連邦工科大学のVally Koubiは2019年に、既存の計量研究を幅広くレビューする論文を発表した。Koubiのまとめによれば、多くの計量研究は気候変動と紛争の関係を肯定するものの、直接的なリンクは見つけられていない。それでもなお、農業への依存や、経済的低成長、政治的周縁化などの社会経済的、政治的要因との組み合わせ、あるいは相互作用によって、気候条件は紛争を招きやすくするという結論が導き出される。Koubiは、土壌水分量の変化と干ばつの発生状況を示したPalmer Drought Severity Index（2005～2014）と、1989～2014年の紛争関連イベント・データを重ね合わせ、干ばつと紛争の間には関係があるように見えるが、同時に、紛争は、収入を天水農業に依存し、気候変動への対応力がない地域に偏っていることも指摘している。そのため、気候変動と紛争の関係は一見すると明らかなようでいて、実は複雑であると強調している（Koubi 2019)。

気候変動と紛争の関係に関する計量研究は、気候変動の変数として、気温と降水に加えて、干ばつ、洪水、嵐などの極端現象（extreme weather event）を用いる。紛争状況をとらえる変数としては、個人間の暴力（殺人、暴行、強姦、強盗)、エスニック・グループや地域コミュニティなどの集団間の紛争、国家間の紛争、反政府闘争、デモ、反乱、政府による鎮圧を用いる。

気温の変化と個人間の暴力には関係があるとする研究は数多く存在する。1995～2012年の世界57か国の気温と暴力を分析したDennis MaresとKenneth W. Moffettは、気温が上昇すると殺人も増加することを発見し、温暖化により気温が1度上昇すると殺人は平均して6％近く増加すると予想した。特にアフリカではその影響は強く表れるという（Mares & Moffett 2016)。ただし、個人間の暴力は紛争とは言えない。

一方、気温の変化と紛争の関係については見解が分かれている。1981～2002年のサブサハラ・アフリカにおける気温の変化と国内紛争[2)]の関係性を分析したMarshall B. Burkeらの研究（2009）は、気温が1度上がると紛争の発生率は

2）Burke et.al（2009）は、少なくとも1つ以上の政府と組織された集団が、武器を持って、年間1000名以上の犠牲者を生む戦闘を紛争として定義している。

4.5%上がる、特に、過去に紛争を経験した国では49%上がると主張している。加えて、一人当たりの所得と民主主義度も影響を与えることを示している（Burke et al. 2009）。しかし、2002年以降のアフリカでは気温が上昇していても紛争が減少しているという Halvard Buhaug からの指摘を受け（Buhaug 2010）、Burke らは Buhaug の分析方法に問題があると反論しながらも、2002年以降、気温と紛争の関係性は弱まっていると認めている（Burke et al. 2010）。

こうした議論からも、気温の変化と紛争の関係については、用いるデータと分析方法の違いで異なる結果が出ており、明確な結論が出ていないことがうかがえる。

降水と紛争の関係にも、同様の傾向が見られる。1990～2009年に東アフリカ9か国で起きた16,359件の紛争関連イベント（内戦、暴動、市民への攻撃）を分析した John O'Loughlin らは、降水量の減少は紛争関連ベントの増減に影響しないが、気温の上昇は紛争関連イベントのリスクを増加させるという統計結果を示した。ただし、気候変動が生計手段に影響を与えることで紛争関連イベントの発生に通じる例はあるが、政治的、経済的、社会的、地勢的な文脈も考慮すべきと強調している（O'Loughlin et al. 2012）。

気候変動と紛争の関係を直線的にとらえるならば、例えば、「気候変動の影響で気温の上昇と降水量の減少が起こり、干ばつが発生し、農業生産量が低下したことで食糧が不足して飢饉となり、限られた水資源や食糧、家畜をめぐって暴力が発生し、紛争に発展する」という流れになるだろう。しかし多くの研究者は、この因果経路の中には、人口増加、インフラの不足、政治腐敗、統治の悪さ、土地利用をめぐる集団間の対立、武器の流入、といった複数の要因が介在していると主張している。自然現象として干ばつが発生したとしても、適切な灌漑設備や食糧備蓄、市場へのアクセスなどがあれば飢饉は発生せず、紛争の種にもならない。問題は適切な対応ができないという社会状況の方にあるのだという主張である。

後述する気候変動移民（climate change migrants）の場合も同様である。洪水や砂漠化によって居住地を離れることを余儀なくされる人がいても、移動先での人道支援が適切に行われ、移民と受け入れ社会の住民の間で土地や仕事をめぐる競争が起きないように社会サービスが提供され、双方にとって納得がいく資源の再分配が行われれば、気候変動移民の発生は紛争の種にはならない。したがって気候変動の影響は、紛争発生のきっかけとなったり、すでに起きている紛争を継続・悪化させる一因とはなり得るが、その影響の仕方は、国や地域レベルでの経済発展、政治制度、政府の行政能力などによって左右される。

それでは、気候変動が紛争の発生に結び付いたとみなされているアフリカの気候変動影響地域においては、気候変動の影響がどのような経緯を経て紛争に発展したのだろうか。地域研究の視点から見ていこう。

2.2 アフリカにおける気候変動の影響

気候変動による気温の上昇と降水量の変化がアフリカにおける暴力の頻発、ひいては紛争の発生を招くのではないかという恐れは、2000年代から唱えられてきた。きっかけは、2003年に悪化して40万人以上が虐殺されたスーダン西部ダルフールでの紛争の要因の一部に、気候変動の影響があったという報告が出されたことであった。潘基文国連事務総長（当時）は2007年6月のワシントンポストへの寄稿において「ダルフール紛争は、多様な社会的政治的な要因に加えて、部分的には、気候変動による環境危機も要因の一部として始まった」と述べた。「スーダンの平均降水量は1980年代初期に比べて40％減少している。ダルフール紛争が干ばつの期間中に発生したことは偶然ではない。それまでは友好的にくらしていたアラブの遊牧民と定住農民の間に井戸の共有やラクダの放牧をめぐる衝突が起きたことがきっかけとなって紛争が発生し、悲劇に発展したのだ」と事務総長は続け、ソマリア、コートジボワール、ブルキナファソでの紛争の悪化を懸念した(Ban 2007)。

経済学者のJeffrey Sachsも2007年に「Climate Change Refugees（気候変動難民)」と題した記事を発表した。Sachsは、2000年代に激化したダルフールとソマリアでの紛争は食糧と水の不足に関係していること、コートジボワールの内戦はブルキナファソ北部の乾燥地域から人々が大量に沿岸部に流入した後のエスニック対立から起きたことを指摘した上で、気候変動の影響を受ける地域として4つのカテゴリーを挙げた。第一に、低海抜地域は海面上昇の影響を受ける。第二に、水資源を河川に依存する農業地域は、氷河や雪の溶解の影響を受ける。第三に、乾燥・半乾燥地域では大規模な干ばつが頻発することに影響を受ける。第四に、湿潤地域ではモンスーンのパターン変化に影響を受ける（Sachs 2007)。

アフリカ大陸の約4割は乾燥・半乾燥地域であり、第三のカテゴリーにあたる。

図8-2 アフリカの主な気候変動影響地域

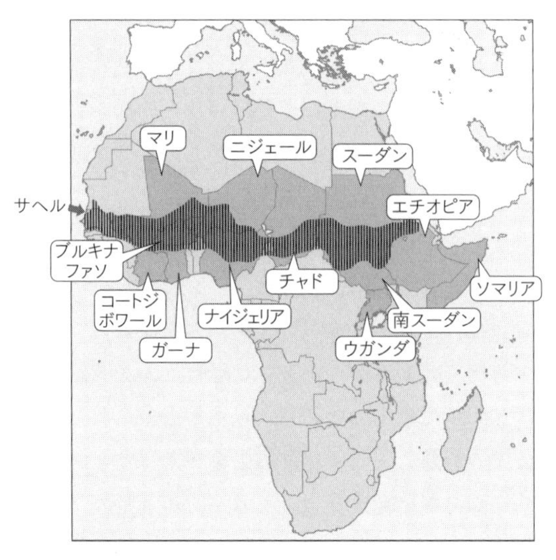

出典：筆者作成

図8-2は、国連環境計画（UNEP）などの国連機関や、アメリカ国際開発庁（USAID）などの援助機関によって、気候変動の影響が深刻視されているアフリカの国・地域である。

前述のように、サハラ砂漠の南縁部にあたるサヘルでは、1970～80年代に降雨量が減少し、干ばつが発生した。1990年代には回復したものの、平均気温の上昇傾向は続いている。乾燥が深刻なマリやニジェール、ブルキナファソでは、植生に覆われた地域が減少していく砂漠化によって農地が減少し、住民がより農業に適した地域に移動している。沿岸国のコートジボワールやガーナ、あるいはナイジェリアの都市部では、これらの気候変動移民の流入が起きている。スーダン西部のダルフールでは、干ばつを機に起きた遊牧民と農民の対立が国レベルの紛争に拡大した。「アフリカの角」と呼ばれるエチオピアとソマリアでも、干ばつが深刻化している。さらに、アフリカ最大の難民受け入れ国であるウガンダでは、難民のキャンプや定住地での森林伐採が気候変動の影響を増大化させるのではないかと懸念されている。アフリカの大部分の地域では天水に依存した農業が行われているため、降水量の減少や干ばつは農業に深刻な影響を及ぼす。

これらの気候変動影響地域において行われた調査研究の中から本章では、気候変動による環境変化の影響を顕著に受けると同時に、国民の大半を占める農民と農牧民の間の土地と水資源をめぐる紛争が顕著にみられるブルキナファソとマリを事例対象国として取り上げ、気候変動による自然の変化が紛争の発生や悪化に結び付く経路を描き出す。

3　気候変動が紛争に結び付く経路：事例研究サーベイから

サヘルの半乾燥地域では、農業と牧畜業の両方が重要な産業である。事例対象国のブルキナファソでは人口の80％が農牧業に従事している（CIA 2020）。その中でも、農業を主たる生業としながら家畜も育てる農民（crop farmer）と、牧畜を主たる生業としながら穀物栽培も行う農牧民（agro-pastoralist）、そして、移動型の牧畜を生業とする遊牧民（nomadic pastoralist）が存在する。元来、アフリカの半乾燥地域では、土地を農作物の栽培地として排他的に利用する農民と、家畜が移動しながら牧草を食むための広い共有地を必要とする牧畜民の間で、土地と水資源へのアクセス、移牧路の確保をめぐる軋轢がしばしば発生してきた。それに加えて、気候変動による降水量の変化や気温の変化が、紛争を増加させているという見方が広がっている。The New Humanitarian の記事によれば、ブルキナファソの動物水産資源省（Ministère des Ressources Rnimales et Halieutiques）は、2012年時点で年間600件の紛争が農民と農牧民の間で起きており、その数は年々増加していると報告している。例えば、農牧民が家畜の飼料として木の葉を採取したとして逮捕された後、森林局の建物が襲撃されたという事例が報告されている（The New Humanitarian 2012）。

ブルキナファソは、北から南にかけてサヘル気候区、スーダン・サヘル気候区、スーダン気候区の3つの気候区分からなり、北に行くほど降水量が少ない。砂漠化が進む北部のサヘル帯で生計を維持できなくなった人々が南部や東部に移住することによって、移住先での先住者と移住者の間の対立や、先住者コミュニティ内での価値観の相違による軋轢も発生している。

さらに、こうしたコミュニティレベルでの紛争に加えて、干ばつや洪水、蝗害（こうがい）（バッタ類の大量発生による災害）などの極端現象への対応に対する不満が政府を脅かすといった国家レベルでの社会不安や紛争にも気候変動はつながっている。

本節では、農民と農牧民の紛争、移住による社会的軋轢、そして国家レベルでの不安定化という観点から、気候変動が紛争に結び付く経路を描き出す。

3.1 農民と農牧民の対立

前述のAbroulayeらが2014年にブルキナファソの2つの村で行った農民と農牧民50名ずつ計100名への聞き取り調査では、農民と農牧民の間で発生している紛争に気候変動がどう影響しているかを、住民の認識から明らかにしている(Abroulaye et al. 2015)。彼らの調査によれば、農民と農牧民はどちらも、降水量の変化が自分たちを脆弱にし、食糧と水の安全が脅かされていると感じている。農民にとっては、人口と家畜の増加により土地の使用度が高まり、土壌が劣化しているうえに、降水量が減少すると水不足によって収穫量が減少する。その不足を補うために耕作地を拡張する必要が生じる。一方で、農牧民にとってはそうした耕作地の拡張が、放牧のための共有地を減らしたり、家畜が好む植物の多様性を減らしたり、移牧のためのルートが制限されることにつながっている。それによって移牧が難しくなるのみならず、栄養不足によって家畜の免疫力が低下して病気にかかりやすくなったり、半湿地帯を移動することによって感染症やダニにさらされやすくなる。すなわち農牧民にとっては、気候変動による牧草地の減少に加えて、農民による耕作地の拡張が、自分たちの生業を脆弱にする要因になっていると認識している。なお、農業や牧畜を困難にするのは干ばつだけではない。多雨や洪水もまた、農地や牧草地を洗い流し、給水システムを破壊することで彼らの生計を危うくし、残された土地や水へのアクセスをめぐる対立を招く(Abroulaye et al. 2015)。

ただし、Abroulayeらの聞き取り調査に対して農民と牧畜民の両方が、紛争の根本原因は気候変動自体ではなく、資源不足と競合であり、特定の民族の周辺化、人口と家畜の増加、政治政策にあると回答している。ブルキナファソの公的機関は統治能力が低い。中央政府では、資源を管理する省が、畜産省、農業省、環境省、水資源省、エネルギー省に分かれており、それぞれが独自の政策を実施している。州レベルでも人的、経済的なリソース不足で統治が貧弱であり、コミュニティレベルで家畜の飼育を監督し、過剰放牧を避ける指導ができる技術者はわずかしかいない。各コミュニティには、紛争予防・解決のための「対話の場(Espace de dialogue)と呼ばれるローカル・システムがあり、紛争が発生すると地元の評議会と地域の伝統的指導者が平和的な解決のための仲裁を行う。このシステムが機能するかどうかは地域の特性に依存している（Abroulaye et al. 2015）。

農牧民が直面している困難については、ブルキナファソの３つの農業生態圏において２村ずつ計６村で聞き取り調査を行った Nouhoun Zampaligré らの研究でも明らかにされている。いずれの農業生態圏でも気温は過去20年間で上昇傾向にある一方、降水量の総量は減少してはいない。しかし、乾季の気温がより高くなるとともに降雨のパターン予想がしにくくなり、農業や牧畜に支障をきたしていると住民たちは認識している。Abroulaye らの調査と同様に Zampaligré らの調査でも、農民は気候変動が土壌の劣化を加速させると認識し、一方で、収穫量の減少を補うため農地の拡大が、牧畜民や農牧民にとっては牧草地の減少と移動の制限につながっていると訴えられている（Zampaligré et al. 2014）[3)]。

Abroulaye らはさらに、農民と農牧民の紛争が起きやすいのは、５～６月の播種期と10～12月の収穫期であるとの調査結果を示している。住民が殺傷されたり、インフラが破壊されたり、家畜が殺されたり、財産が破壊されたり、村から追放される事態が発生している。ただし Abroulaye らは、調査を行った２つの村の間には、農民と農牧民の対立が平和的に解決されるか、紛争に発展するかの違いがあると指摘している。彼らの調査地のうち、Boudry では80％の住民が紛争について語った一方、Matiacoali では紛争について語ったのは10％の住民にとどまった。Abroulaye らは、Matiacoali では前述の紛争予防・解決のためのローカル・システムが機能していることが、対立が暴力紛争に発展するのを防ぐ鍵になっていると強調している。政府権力者や裁判所の仲裁では、腐敗が横行しているために紛争の再発が多い一方、住民は地元の評議会や地域の伝統的指導者による仲裁ならば受け入れる傾向にある。そのため Abroulaye らは、紛争の管理や解決に伝統的メカニズムが機能すると主張し、政府が慣習的組織に紛争原因に対処する機会を与えるべきと提言している（Abroulaye et al. 2015）。

これらの先行研究からは、気候変動による降水量と気温の変化が人々の食糧と水の安全保障を脅かし、土地の利用と水へのアクセスをめぐる農民と農牧民の対立を悪化させていることがうかがえる。しかし、逆を返せば気候変動による水不

３）Zampaligré らは agro-pastoralist を、農業を主たる生計手段としつつ５頭以上の家畜を飼育する者と定義しているが、本章では Abroulaye らの定義に表現を合わせる。

足が起きても、食糧と水の安全を保障し、それぞれの生計を維持する代替手段が確保されるならば、紛争にはならないといえよう。また、資源管理と紛争仲介システムが機能していれば紛争は回避できる可能性がある。こうした代替手段や資源管理、紛争仲介システムを提供できない統治能力の低さが気候変動の影響が紛争に結び付く媒体となっている。

3.2 国際援助が引き金となる事例

気候変動による自然の変化がアフリカで農業や牧畜に深刻な影響を及ぼしていることは各国政府も国際社会も認識しており、多種多様な政策が導入されている。しかし、国際援助による干ばつ対策が行われたにもかかわらず集団間の紛争が発生した事例として、ブルキナファソの隣国マリのモプティ地域の事例がある。オスロ平和研究所のTor A. Benjaminsenらが行った調査に基づき、モプティ地域での紛争発生経緯を見ていこう（Benjaminsen et al. 2012）。

サヘルに位置するマリでは、国土を横断して流れるニジェール川がデルタを形成し、7月から12月までの増水期には広大な湿原が発生する。デルタには上流から運ばれてきた肥沃な土壌が堆積するため、農民は1950年代から米を栽培している。一方、牧畜民は乾季にはデルタの牧草地、雨季には北の乾燥した牧草地に移動して暮らしている。

マリ中央部のモプティ地域では、14世紀に導入されたデルタの土地利用システムが現代まで続いてきた。農民にはデルタを農地として利用することが認められる一方で、牧畜民には家畜を連れて牧草地に入るための道を決める権利が認められていた。しかし、1970年代から80年代にかけてサヘルが気温の上昇と降水量の減少に見舞われると、ニジェール川の増水量が減少してデルタ地帯が縮小するとともに、干ばつが頻発して地域全体の生計が悪化した。マリ政府は食糧生産を増加させるために農業政策を重視し、世界銀行も1970年代から「モプティ米作プロジェクト」を立ち上げて干拓地の造成によるコメ生産の増加を進めた。1980年代からは「モプティ農村開発プロジェクト」の一環として農業開発が行われた。プロジェクト計画においても農民と牧畜民の対立はリスクとして懸念されており、牧畜民による牧草地の管理能力を強化することで対立を緩和するという対策が図られていた（African Development Fund 2001）。

Benjaminsenらによれば、それでもなお、肥沃なデルタの縮小と農業重視政策は土地をめぐる住民間の対立を生んだという。Benjaminsen らは、1992年から2009年までのモプティ地域での土地と資源をめぐる820件の裁判記録を分析した結果、70% が土地の所有者や境界線をめぐる農民間の争いである一方、12% は農民と牧畜民の間の争いであると指摘している。農地の拡大による家畜の通路の遮断、牧草地への米作地の浸食が主な要因であった。また、農民同士の争いは個人間での対立である一方、農民と牧畜民の争いはコミュニティ間の対立になっていることも指摘している（Benjaminsen et al. 2012）。

こうした土地をめぐる争いが紛争に発展したのは、国際援助がきっかけであった。世界銀行は2001年にモプティ地域において、地域住民参加型による小規模ダムの修復と米作地の拡大プロジェクトを実施した。このプロジェクトが、水へのアクセスをめぐる農民と牧畜民の対立を激化させた。ダムの修復費の半分を負担した周辺村の農民は、ダムと米作地を占有的に利用する囲い込みをはじめ、牧畜民のダム利用を拒んでダムへの通り道を遮断した。牧畜民はこの問題への対処を求めて裁判に訴えたものの、1990年代には民主化に伴う地方分権の中で地方政府が農民を優遇するようになっており、牧畜民には行政や司法を通じて争いを解決する道が閉ざされていた。結果として2001年８月、牧畜民と農民の間で銃を用いた暴力事件が発生した。このコミュニティ間の紛争で20～30名程度の死傷者が発生したと見られている（Benjaminsen et al. 2012）。

モプティでは、食糧生産を向上させるための政策や援助が、農民と牧畜民の間の、土地と水をめぐる対立を生じさせ、コミュニティ間の紛争に発展したのであった。

3.3 移住がもたらす対立

気候変動が紛争に結び付く経路は、乾燥化の影響を受けた農村だけにとどまらない。2014年にアメリカ合衆国国際開発庁（United States Agency for International Development: USAID）が行った調査によれば、1970年代から続く環境変化は耕作不可能になった地域から他の地域への住民の移住を招き、移住先での住民間の対立を引き起こしている（USAID 2014）。

前述のように、アフリカでは1972年と1983～84年の大規模干ばつをはじめとする気象条件の大きな変化が続き、農作物の収穫量が減少した。ブルキナファソの中でも特に乾燥化が進む北部地域では、収穫量を補完するための農地や、家畜の飼料を確保するための牧草地を確保するため、森林の伐採による土地の開拓が行われた。国連農業食糧機関（Food and Agriculture Organization of the United Nations: FAO）の報告によれば、ブルキナファソでは1990年以降、年間5万haの森林が消失したと推定されており、2020年までの30年間で約20％の森林が失われたことになる（FAO 2020）。乾燥化が進む中で森林を伐採すれば砂漠化につながることは、大局的に見れば明らかであろう。ブルキナファソ政府は2006年に気候変動適応国家行動計画（PANA）を策定し、水分野、農業分野、牧畜分野、森林分野を優先分野として指定した。森林資源を保全すると同時に、土壌を回復し、給水システムを整備し、農業と牧畜の両方の生産性を高める政策であった。しかし、1990年代以降の地方分権化が進む中で、政策は順調には実施されていない。食料安全を保障する政策が効果を発揮しない中では、生計を維持するために土地の開拓が行われ、結果として保水力を失った土壌で農業も牧畜もできなくなった人々が他の地域への移住を余儀なくされるという悪循環を招いた。

USAIDがブルキナファソで行った調査によれば、サハラ砂漠に接する北部を離れた人々は、より湿潤な南部や東部に移住した。ここで発生したのが、先住者と移住者の軋轢のみならず、土地をめぐるコミュニティ内での価値観の対立である。

ブルキナファソ内では比較的開発が進んだ南部では、受け入れ社会における世代の違いによって、土地に対する価値観の違いが存在した。若い世代は土地を商品とみなして外部者にも土地の権利を認めるのに対して、年配世代は土地をコミュニティの伝統的財産とみなし、外部者の権利を否定した。開発が遅れている東部では、先住民族が未開拓の土地の利用を認めても、コミュニティ内に外部者による土地の利用に反対する意見があり、紛争に発展する事例もあった（USAID 2014）。

ここで指摘したいのは、ブルキナファソに限らずサブサハラ・アフリカの多くにおいて、気候変動の影響は土地の問題と結び付いていることである。アフリカの多くの農村地域では、長年の間、土地は慣習的保有（customary tenure）のもとに置かれてきた。アフリカにおける土地制度を研究した武内（2017）によれば、慣習的土地保有とは、伝統的権威やローカル・コミュニティが慣習法に基づいて土地の利用、保有、分配等にかかわる権限を持つ仕組みである。それは、植民地化以前の土地保有に由来する要素もあるが、植民地支配のもとで再編されたものである。植民地からの独立後、アフリカの多くの国では土地所有権は国家に帰属し、慣習地（customary land）では家族や伝統的権威が土地分配権を有するものの、耕作者などの利用者の権利は曖昧なままだった。しかし、1990年代以降、アフリカ諸国で土地改革が次々に実施されると、土地の所有、利用、移転などをめぐる急激な変化が生じた。こうした急速な土地改革の背景には、1990年代のアフリカ諸国の政治転換と、国際社会で影響力を持つドナーによるリベラル・デモクラシーの思想があると武内は指摘している（武内 2017）

ブルキナファソでも2009年に農村土地制度に関する法律が制定された。個人の土地所有権という西洋的な発想のみならず、慣習的土地保有を公式に認めたという点において、西アフリカで最も先進的な土地法と評価されている。Abroulayeらが主張したように、伝統的権威は住民に尊重され、紛争管理や解決に重要な役割を持つ。土地の利用、保有、分配にかかわる権限を政府が伝統的権威に認めることで、土地をめぐる紛争の予防、解決にもつながることが期待される。

ただし、気候変動の影響が増大していく中で、こうした慣習的な土地保有と結び付いた紛争予防・解決システムがどこまで機能するかには、過剰な期待はできない。武内（2017, p.19）は、以下のように指摘する。

> 後から移住してきた集団が、もともと住んでいた集団と従属的関係を結んで土地の利用権を得ることは、アフリカでしばしば観察される社会実践である。こうした関係は、土地が余剰であるうちは特段緊張をはらむものではないし、従属的関係といってもアジアの地主小作関係とちがって象徴的な贈り物をする程度であることが多い。しかし、余剰地が枯渇したり、2つの集団にかかわる政治権力闘争が起きたりするといったきっかけで、両者の緊張が急速に高まることがある。その際、もともと住んでいたと認識する集団の側が、土着民（autochthones）、「土地の子」（sons of the soil）といった言い方で自分たちと外来の「よそ者」（strangers）を区別し、後者を排除する動きが近年アフリカで頻繁に観察されている。こうした「帰属の政治」（politics of belonging）においては、ここが誰の土地なのか、ここで優先されるべき権利を持つのは誰なのか、といったロジックが人々を分類するメルクマールとなり、したがって土地所有権をめぐって社会的緊張の原因になりやすい。

こうした観点からも、気候変動の影響による移住者の増加、さらには「気候変動難民」と呼ばれる大規模な人の移動は、水や食糧の不足のみならず、土地をめぐる紛争を引き起こす可能性があるのである。

3.4 政府の統治に関わる紛争

ここまでは、農民と農牧民の対立、移住をめぐる住民間の対立など、コミュニティレベルでの紛争に焦点を当てたが、気候変動による自然の衝撃は、政府の統治を脅かす危険性もある。マリ、ブルキナファソ、ニジェールというサヘル3か国に視野を広げたい。これら3か国は1960年にフランス領からそれぞれ独立した後、しばしば共通の問題に直面してきた（図8-3）。その1つが自然災害であり、3か国は1968〜72年と1983〜84年の干ばつ、2004年の蝗害に見舞われた。また、遊牧民フラニ（Fulani）は3か国の国境をまたいで移動しながら移牧を行っている。そのため、2015年にマリ北部で農牧民ドゴン（Dogon）と遊牧民フラニが土地と不足する水資源をめぐって対立し、コミュニティ間の紛争に発展すると、その影響はブルキナファソにも及んだ。さらに、サヘルの少数民族トゥアレグ（Tuareg）による独立を目指す反乱は1990〜95年、2007〜09年に発生していたものの、2011年のリビアでのカダフィ政権崩壊後、カダフィ政権に仕えていた兵士2000〜4000人がサハラ砂漠を超えてニジェールとマリに帰還すると、2012年から激しい独立闘争が始まった。こうした混乱状態がイスラム系武装勢力を呼び込むことにつながり、Islamic State in the Great Sahara（ISGS）やJama'at Nasr al-Islam wal Muslim（JNIM）による3か国での闘争が広がっている。こうした事態に対して、地元コミュニティも自衛の武装勢力を形成して対抗している（ACAPS 2020）。図8-4は、3か国での紛争関連イベント（戦闘、暴動、住民への攻撃など）の発生件数を示している。2011年以降に紛争が発生・激化している状況が読み取れる。

ここで指摘したいのは、フラニやトゥアレグ、イスラム系などの武装勢力が、農民と農牧民の間の対立を利用し、同じ牧畜を生業とする農牧民を動員して紛争を拡大させていることである。生計に不安を持ちながらも、農民による農地の拡張を止めることができず、食糧や水の安全保障に不安を抱く農牧民は、外部の武装勢力の動員に応じやすくなっているのである。エスニック・グループのラインに沿っているがために一見すると民族紛争に見えるこうした紛争の陰にも、気候変動による影響が及んでいることを指摘したい。

2019年には武装勢力による紛争が激化し、56万人が避難を余儀なくされた。同

図8-3　サヘル３か国の略史

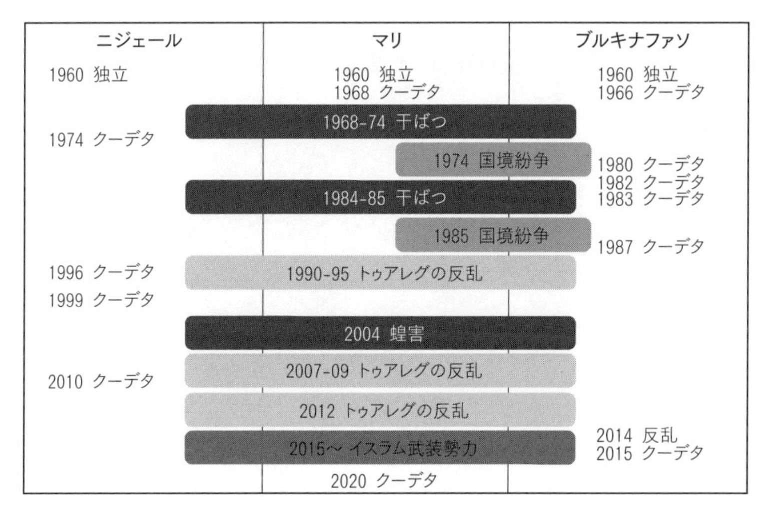

出典：筆者作成

図8-4　サヘル３か国の紛争関連イベント発生件数

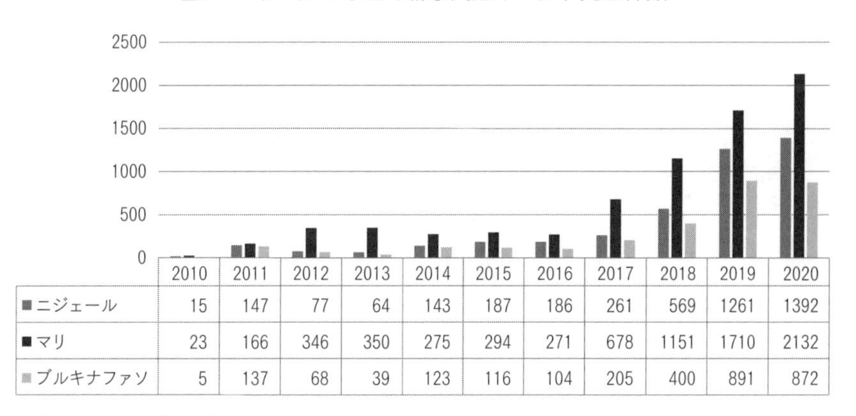

	2010	2011	2012	2013	2014	2015	2016	2017	2018	2019	2020
■ニジェール	15	147	77	64	143	187	186	261	569	1261	1392
■マリ	23	166	346	350	275	294	271	678	1151	1710	2132
■ブルキナファソ	5	137	68	39	123	116	104	205	400	891	872

出典：ACLEDより筆者作成
注：紛争関連イベントには、戦闘、暴動、住民への攻撃などを含む

時に、2020年4月には豪雨で7万1000人が被害に遭い、13人が死亡、3300軒が破壊された。2020年は新型コロナウイルス封じ込め政策のために人道援助に制約が生じ、そうした中で学校や医療機関が武装勢力の攻撃対象になるという二重の苦境が起きている（ACAPS 2020）。

4 おわりに

気候変動による自然の衝撃はどのようにして紛争の発生や悪化に結び付くのか。ブルキナファソとマリの事例分析から見えてきた結論として、以下の3点を指摘したい。

第一に、住民の80％が農業と牧畜業に従事するサヘルにおいて気候変動は、降水量と気温の変化が人々の食糧と水の安全保障を脅かし、土地の利用と水へのアクセスをめぐる農民と農牧民の対立を悪化させることによって、コミュニティレベルでの紛争が発生する原因と結び付いていた。ただし、気候変動による水不足が起きても、食糧と水の安全を保障し、それぞれの生計を維持する代替手段が確保されるならば、紛争にはならないといえよう。また、資源管理と紛争仲介システムが機能していれば紛争は回避できる可能性がある。こうした代替手段や資源管理、紛争仲介システムを提供できない統治能力の低さが気候変動の影響が紛争に結び付く媒体となっている。

第二に、砂漠化や、洪水や干ばつなどの極端現象による移住は、移住先での先住者と移住者の軋轢をもたらすのみならず、土地をめぐるコミュニティ内での価値観の対立をも招いている。この問題の基盤には、アフリカにおける土地の所有と利用に関する慣習がある。アフリカの多くの農村地域では、土地は慣習的保有のもとに置かれてきた。土地が余剰であるうちは、先住者と移住者に土地の利用を認めることも往々にしてあるが、人口と家畜の増加や農地の拡張などによって土地が不足すると、緊張関係が高まる。さらに、土地を商品とみなす世代とコミュニティの伝統的財産とみなす世代との軋轢にもなる。気候変動に伴う移民や難民が増加することで、土地をめぐるコミュニティレベルでの紛争が発生する危険性をはらんでいる。

第三に、2011年のリビアのカダフィ政権崩壊以降、サヘルの少数民族トゥアレグによる独立闘争やイスラム系武装勢力による紛争が激化しており、農民と農牧民の対立が武装勢力に利用され、国レベルでの紛争に動員される危険性をはらんでいる。気候変動が生み出した民族の憤懣（grievance）が武装勢力の貪欲（greed）に利用される現象が起きているといえよう。

総じて重要なことは、本章のはじめに指摘したように、ブルキナファソやマリを含むサヘル諸国は世界で最も貧しい国々であり、先進国であれば技術によって克服できる降水量や気温の変化が人々の生命を脅かすほどの衝撃を及ぼすことである。逆を言えば、持続可能な開発目標（SDGs）のターゲット1.5が掲げる「貧困層や脆弱な立場にある人々のレジリエンスを構築し、気候変動に関連する極端な気象現象やその他の経済、社会、環境的打撃や災害に対するリスク度合いや脆弱性を軽減する」ことが実現できるならば、気候変動による自然の衝撃が紛争に結び付く可能性は低下するといえよう。気候変動が紛争に結び付く経路に存在する社会、経済、政治、文化的環境を変えることで、結果は変わり得るということを指摘したい。

■付記

本章は華井和代（2020）「アフリカにおける気候変動と紛争」『SRID ジャーナル』第18号（https://www.sridonline.org/j/doc/j202001s03a01.pdf#zoom=100）をもとに大幅加筆修正したものである。

■参考文献

気候変動に関する政府間パネル（Intergovernmental Panel on Climate Change（IPCC））、環境省訳（2007）『気候変動2007――影響、適応及び脆弱性』。

気候変動に関する政府間パネル（Intergovernmental Panel on Climate Change（IPCC））、環境省訳（2014）『気候変動2014――影響、適応及び脆弱性』。

武内進一編（2017）『現代アフリカの土地と権力』アジア経済研究所。

Abroulaye, Sanfo, Savadogo Issa, Kulo E. Abalo and Zampaligre Nouhoun（2015）"Climate Change: A Driver of Crop Farmers-Agro Pastrarists in Burkina Faso," *International Journal of Applied Science and Technology,* 5（3）, pp.92-104.

ACAPS（2020）Crisis in Sight: Burkina Faso.
https://www.acaps.org/country/burkina-faso/crisis/conflict（最終アクセス2021/7/10）

African Development Fund（2001）*Appraisal Report Mopti Region Rural Development Support Project, Republic of Mali.*

Ban, Ki Moon（2007）"A Climate Culprit in Darfur," *The Washington Post*（16 Jun. 2007）.

Benjaminsen, Tor A., Koffi Alinon, Halvard Buhaug and Jill Tove Buseth（2012）"Does Climate

Change Drive Land-use Conflicts in the Sahel?" *Journal of Peace Research*, 49 (1), pp. 97-111.

Biasutti, Michela (2019) "Rainfall Trends in the African Sahel: Characteristics, Processes, and Causes," *WIREs Climate Change*.
https://doi.org/10.1002/wcc.591

Buhaug, Halvard (2010) "Climate Not to Blame for African Civil Wars," *PNAS* 107 (38), pp. 16477-16482.

Burke, Marshall B., Edward Miguel, Shanker Satyanath, John A. Dykema and David B. Lobell (2009) "Warming Increase the Risk of Civil War in Africa," *PNAS* 106 (49), pp. 20670-20674.

Burke, Marshall B., Edward Miguel, Shanker Satyanath, John A. Dykema and David B. Lobell (2010) "Climate Robustly Linked to African Civil War," *PNAS* 107 (51), E185.

Food and Agriculture Organization of the United Nations (FAO) (2020) *Global Forest Resources Assessment 2020: Main Report*.
https://doi.org/10.4060/ca9825en

Koubi, Vally (2019) "Climate Change and Conflict," *Annual Review of Political Science*, 22, pp.343-360.

Mares, Dennis and Kenneth W. Moffett (2016) "Climate Change and Interpersonal Violence: a "Global" Estimate and Regional Inequities," *Climatic Change* 135 (2), pp.297-310.

O'Loughlin, John, Frank D. Witmer, Andrew M. Linke, Arlene Laing, Andrew Gettelman and Jimy Dudhia (2012) "Climate Variability and Conflict Risk in East Africa, 1990-2009," *PNAS* 109 (45), pp.18344-18349.

Sachs, Jeffrey D. (2007) "Climate Change Refugees: As Global Warming Tightens the Availability of Water, Prepare for a Torrent of Forced Migrations," *Scientific American*.
https://www.scientificamerican.com/article/climate-change-refugees/ (最終アクセス2022/1/16)

Scott, James (1977) *The Moral Economy of the Peasant: Rebellion and Subsistence in Southeast Asia: Rebellion and Subsistence in South East Asia*, Yale University Press. (高橋彰訳 (1999)『モーラル・エコノミー――東南アジア東南アジアの農民叛乱と生存維持』勁草書房)

The New Humanitarian (2012) "Preventing Conflict Between Farmers and Herders" News (30 Oct. 2012).
https://www.thenewhumanitarian.org/report/96663/burkina-faso-preventing-conflict-between-farmers-and-herders (最終アクセス2022/1/16)

United States Central Intelligence Agency (CIA) (2022) "The World Factbook, Explore All Countries, Burkina Faso."
https://www.cia.gov/the-world-factbook/countries/burkina-faso/ (最終アクセス2022/1/16)

United States Agency for International Development (USAID) (2014) *Climate Change and Conflict in the Sahel: Findings from Niger and Burkina Faso*.

United Nations Development Programme (UNDP) (2020) *Human Development Report 2020: The Next Frontier*.

http://hdr.undp.org/en/2020-report（最終アクセス2022/1/16）
World Economic Forum（2021） *The Global Risks Report 2021*: 16th Edition. http://www3.weforum.org/docs/WEF_The_Global_Risks_Report_2021.pdf（最終アクセス2022/1/16）
Zampaligré, Nouhoun, Luc Hippolyte Dossa and Eva Schlecht（2014）"Climate Change and Variability: Perception and Adaptation Strategies of Pastoralists and Agro-pastoralists across Different Zones of Burkina Faso," *Regional Environmental Change*, 14, pp.769–783.

第 9 章

豊かな時代の「欠乏」

マニラ首都圏における水、統治、日々の政治

ナジア・フサイン
（監訳：華井和代）

── いつも水を待っている ──

撮影：ナジア・フサイン

フィリピンのマニラ首都圏にある都市貧困コミュニティの住民

本章では、マニラ首都圏でのフィールド調査に基づいて、水不足と政治的結果の関係を考察する。都市貧困層は日常的に水不足を経験していたため、2019年に発生した気候に関連する水不足によってさらに脆弱性を高めた。水危機がもたらす政治的影響は明白である。水の供給に責任がある役所や民間機関の上層部は民衆の憤りに直面した。都市貧困層は不満を感じながらも組織的な抵抗をしなかった一方で、次に危機を経験したら社会的・政治的ネットワークに訴える意思を示した。調査結果が示すように、日常生活においてどう水不足が発生し、経験され、統治されたかを理解すれば、水ストレスが政治的結果をもたらすことへの洞察が得られる。

1 はじめに

気候変動の結果として、世界中の都市にとって水危機は深刻な懸念事項となっている（McDonald et al. 2014; Desbureaux and Rodella 2018）。特に発展途上国の諸都市では、低所得層は政府と非政府主体の両方を通して基本的な生活設備にアクセスしており、犯罪や政治的暴力が都市空間と政治を形成している場合もある。そこでは、水不足への懸念が、社会的・政治的な不安への恐怖を呼び起こしている。

ただし、水不足がどのようにして政治不安につながり、どのような形となって現れるか、あるいは、ネガティブな政治的結果につながる必要十分条件とは何であり、どのような因果経路があるのかは、ほとんど明らかになっていない。第一に、気候変動に起因する水不足は避けられないかもしれないが、多くの人々、特に低所得層にとって、水は今でも日常生活において不足した必需品となっている（Mitlin et al. 2019）。こうした層の人々に対して、政府が水供給を含む基本的なサービスを提供できない、あるいは提供しようとしないことも多い。小規模な供給業者、犯罪的な企業家、政治的行為主体など様々なアクターが、このニーズに対応するために入り込んでいる。このダイナミクスには、犯罪や政治的暴力が伴うケースもある。そのため、このような現地の実情の中から水危機の影響を抜き出そうとすると、多くの課題に遭遇する。第二に、都市が置かれている様々な状況、そして紛争プロセスの複雑な特性を考慮すると、争いの多い都市の未来がどのようなものか（Mitlin 2018; Paller 2019）、都市での紛争を構成しているものは何か（Kalyvas 2015）という点について意見の一致がほとんど見られていない。紛争のミクロダイナミクスに関する研究は、紛争のマクロレベルでの説明では紛争に関与する人々のミクロレベルの動機が説明できないことを示唆している（Kalyvas et al. 2008）。対決の政治（contentious politics）に関する研究では、紛争は一夜にして起きるのではなく、長い時間をかけて進展すると指摘されている（Goldstone and McAdam 2001; McAdam et al. 1996, 2001; Tarrow 2007）。

それでもなお、気候に関連する水不足が都市の政治にもたらす影響を研究することは重要である。科学者たちの予想によると、世界中の都市が、水資源に関する人為的な気候関連の制約に対してますます脆弱になりつつある（IPCC 2021）。さらに、歴史的に見ても都市は常に重要な位置を占めてきたが、ますます多くの人々が都市で生活したり、都市に移住したりするなかで、都市は変化の舞台であるとともにそれ自身がアクターとなっている。

こうした懸念を動機として、本章では、政府が水へのアクセスを含めた基本的サービスの唯一の提供者ではない都市において、水不足と政治的結果がどのような関係を持つのかを考察する。日常生活においてどう水不足が発生し、経験され、統治されたかを理解することによって、水不足が政治的結果の一因になるかどうかという点に対する洞察を得ることができる、という論拠を提示する。一般の人々、官僚、非政府組織（NGO)、そして水の供給に関与している政治的・犯罪的な企業家を含めた小規模供給業者による相互作用が、地域における政治と統治の現場になっている。そこではまた、社会的・政治的グループの境界も常に変化している（Tilly 2005)。歴史、社会、経済、政治などの状況によって、また、給水事業者、政治的企業家、一般の人々の間の相互作用によっては、気候に関連する水不足が様々な社会的・政治的現象の一因になることもある。批判的リアリズムによって構築されたこのアプローチでは、状況次第では様々な政治的結果につながる可能性のあるメカニズム（McAdam et al. 1996, 2001）を特定することによって、限定的な説明（Hedström and Swedberg 1998）を加えることに重点を置いている。

研究方法として、詳細なインタビュー（n＝60)、都市貧困コミュニティとのクループディスカッション（n＝8）および都市貧困世帯の調査（n＝800）を活用し、本章では、フィリピンのマニラ首都圏における議論にスポットライトを当てる。2019年にマニラ首都圏は、気候関連の降雨量変化によって深刻な水不足を経験した。しかし、この危機より前から都市貧困世帯は水不足を経験していた。調査結果とインタビューが示すように、マニラ首都圏を将来同じような危機が襲ったら、都市貧困コミュニティはその社会的ネットワークに訴え、自分たちの懸念を政治の代表者やNGOと正式に共有するであろう。

2　都市における水不足と政治不安

都市において水ストレスが高まっているという事実（Garrick et al. 2019; He et al. 2021）は一定の信頼性をもって知られているものの、水不足による政治的結果の内容についてはいまだによく知られていない。このことは、この問題の分野横断的な特性と関連しているが、それと同じくらい、将来に対する懸念とも関連している。

1つには、「政治的」を構成する要素の定義が、専門分野の視点に左右されている。紛争や対決の政治に関する学者にとって、政治的結果とは内戦や継続的な抵抗、社会運動を指すだろう。これらの結果は、水不足が社会的・政治的グループの不満を招くことで発生するかもしれない。欠乏に関するこの理解は、自然と社会の二項対立によって表現される。人口の増加とともに消費量が増えると、再生可能な範囲を超えて環境資源の欠乏や劣化が生じる（Malthus 1992; Ehrlich 1968; Hardin 1968; Meadows et al. 1972）という考え方である。この前提に基づくと、人口が増加し、環境財が不足している発展途上国には危機的状況が差し迫っているということになる。同様の考え方は、グローバル・サウスの諸都市に関する研究にも表れており、人口増加によってエネルギー消費量が増加している上にインフラや統治面でも課題を抱えている諸都市に対して、持続可能な開発への懸念が表明されている。

欠乏を自然と社会の対比から理解することに異議を唱える学者は、「政治的」結果は資源の不公平な分配に反映されていると見る。自然と社会の二項対立は、社会システムと自然システムは密接に結び付いているという理解からの反論を受けている（Ostrom 2009）。生態学的条件は、多数を犠牲にして少数を利する政治プロセスによって形成されるのである。こうした分配が既存の不平等を拡大したり新しい不平等を生み出したりすることで、社会においていかに権利が不公平であるかが浮き彫りになる（Adger and Kelly 1999; Sen 1981; Ribot 201）。都市において、「アーバン（urban）」は、市場主導のプロセスの流動化作用を通して社会生態学的関係を例証したものであり、ローカルとグローバルの社会生態学的関係を結び付けている（Harvey 1996; Heynen et al. 2006）。この観点からすれば、水不足は、資源の自然な枯渇よりは、むしろ「権力の構造」を観察する手段を提供していると考えられる（Swyngedouw 2006）。

これらの議論では階級間の関係を権力の源泉としている一方、グローバル・サウスの諸都市に関する研究では、権力の理解を階級関係から「他の形態のアイデンティティ（人種、ジェンダーなど）、言説的権力、知識主張」へと拡大し、権力とは「どこにも内在しないが、どこでも行使されるもの」であると説明している（Simone 2004; Pieterse 2008; Lawhon et al. 2014）。この異なる研究分析は、人々が水にアクセスする際には複雑かつ多様な方法があることを示している（Furlong and Kooy 2017; Lawhon et al. 2014）。それはまた、現代でも植民地体制下でも、いかに政治が水の供給に付いて回るかという点を強調している。植民地体制下では、水と住居へのアクセスが社会的・人種的差別とリンクしており、大多数の人々はアクセスを奪われていた（Gandy 2008; Kooy and Bakker 2008）。総合的に見て、「政治的」というこの理解は、水へのアクセスが社会的、政治的、生態学的、経済的問題と同時に結び付いていることを示唆している（Zwarteveen and Boelens 2014; Sultana and Loftus 2020）。

最後に、欠乏と紛争についての話は、アクターを明確に定義する場面になると一層複雑化する。社会運動や紛争に関する文献では、国家と政府が一体化したアクターとして扱われることが多い。しかし非欧米の文脈では、特に国家と社会の関係に関する植民地の歴史に鑑みると、現実には国家が統一された主体でもなければ、基本的なサービスを提供し暴力を独占する唯一の主体でもないことが浮き彫りになる（Hansen 2005; Lund 2006; de Sardan 2008; Arias 2017; Gupta 1995）。グローバル・サウスの多くの都市では、統治がフォーマルとインフォーマルの両方における様々な行為主体によって分担されているのである[1)]。

場合によっては、政治的・犯罪的暴力が民主主義や政治的秩序の構成要素となっている。例えばラテンアメリカの中には、暴力のレベルが戦争地帯に匹敵する都市もあるが（Schultze-Kraft et al. 2018）、それでも、暴力を振るう犯罪アクターは政府を倒そうとは思っていないため、それは内戦のカテゴリーには該当しない（Kalyvas 2015）。しかしながら、武装集団が体制変更を要求してはいないとしても、特に中南米においては、国際的組織犯罪が都市における地域の政治経済を形成してきた。利益と都市空間の支配を目論む激しい犯罪的暴力は、国家機関の正当性を認めておらず（Grillo 2012; Schedler 2013）、国家の崩壊につながる可

1）行為主体は、政党、組織的犯罪集団、市民社会組織、企業、政府機関などに所属し、相互に関係性を持っている。こうした力学は、フォーマル／合法とインフォーマル／違法の領域の境界を曖昧にする。サービス提供者が政府関係者や政党と結び付いている場合、その行為は違法になり得るのか。本章では、この曖昧さを考慮し、「インフォーマル」という言葉を、合法的な領域に属する者（政府、企業、政党など）とそうでない者（違法行為を行う可能性のある個人事業主、組織犯罪集団など）を区別して慎重に使用する。ただし、インフォーマルが違法行為を意味するわけではない。

能性がある（Davis 2010）。その限りにおいて、たとえアクターの動機が政治的でなくとも、結果は政治的なものとなっている（Beall et al. 2013）。

水不足が都市における政治的結果に及ぼす影響を調べることも、方法論上の理由による困難が伴う。欠乏と紛争の関係性は、資源の枯渇によって不満が生じ、暴力的政治表現やときには紛争に至るという構造で理解されることが前提となっている。しかし、水危機は単独で発生するものではなく、どのような社会であれ、それに先行する社会的、経済的、政治的プロセスとの相互作用が存在する。研究によって水危機による地域住民への悪影響が特定されたとしても、それらは必ずしも社会的・政治的不安の表出につながるとは限らない。さらに、一部の都市で暴力や犯罪行為が統治と政治的秩序の構成要素となっている場合には（Arias 2017; Schultze-Kraft 2019）、対決という結果に対して水不足が及ぼす影響を他から切り分けることや、水危機が局面を変える可能性があると証明することは困難である。

3 論点：メカニズムに基づく詳細な説明に向けて

本章では、欠乏と政治というマクロなストーリーから離れ、個人と集団のレベルでのきめ細かい事例研究を行う。一般の人々は欠乏をどのように経験し、管理し、対応しているのだろうか。

方法論的に見ると、このアプローチはメカニズムを重視する（Merton 1968; Elster 1989, p.998; Mahoney 2001; Hedström and Swedberg 1998）。一般化可能な「理論の破片（bits of theory）」（Hedström and Swedberg 1998）は、メカニズムのタイミングと配列次第で、そして社会の地域的文脈次第で、様々な結果をもたらすことがある。この認識論的アプローチは、批判的リアリズム、すなわち創発と錯綜を考慮に入れる存在論的視点によって構築されている（Sayer 2000）。

概念的に見るとこのアプローチでは、欠乏と紛争の議論を切り離し、結果として紛争にまで至るかどうか分からない様々な形の政治的表現を検討する。紛争、社会運動、革命の研究者が指摘する通り、こうしたことは頻繁に起こるものではなく、一定の期間を経て悪化した後、暴力を伴う闘争へと変化するものである。このアプローチでは対決の対象範囲を広げ（McAdam et al. 1996）、資源をめぐる対決型の競争（Paller 2019）、社会において不安（既存の不満と新しい不満の悪化を含む）を見えにくくしている弱い均衡（Hussain 2016）、さらには紛争をも含めている。可能性を決して限定するのではなく、この前提は、暴力的な形態であれ非暴力的な形態であれ、政治的表現を含むように対象範囲を広げている。

この議論における「政治的」とは、政治的プロセスに加えて、資源の不公平な分配をも含めた表現である。このため欠乏は、気候関連の変化に起因すると理解されるとともに、資源へのアクセスにおける不平等の発生（または再発）につながる社会的、経済的、政治的決定にも起因すると理解される。都市において、このように作用する力は階級関係だけでなく、人種やエスニシティ、ジェンダーによる区分でも見られるかもしれない（Lawhon et al. 2014, p.508）。

政治的プロセスには統治も含まれており（Risse et al. 2018）、それはサービスの提供だけではなく、政治と権力に関わるものである。サービスの分配に従事する様々な行為主体の関係と利害、そして官僚を含めた政治的アクターとの関係性と相互作用を解明することは、細分化した国家の特性を理解するのに役立つだけではない。それによって、水の供給が政治的・経済的利害とどのように結び付いているかを説明することもできる。ボトムアップの政治プロセスには、水へのアクセスを求めて日々奮闘している一般の人々による陳情も含まれる。個人や集団のレベルでの日常的な陳情行為には、NGOのような行為主体との協働、役所の訪問なども含まれ、それは、「市民が国家との関係を築き、かじ取りをするための基本的な政治活動」と見なされる（Kruks-Wisner 2018）。こうした活動によって、社会的な境界線が押し広げられ、苦境にある人々が力を合わせて社会的・政治的表現を行ったり、社会集団が互いに学び合ったりするのである（Tilly 2005）。

4　マニラ首都圏における欠乏と政治

フィリピンのマニラ首都圏は、都市における水不足を理解するための重要な研究事例である。そこは、フィリピンの製造業の52%を占め（Migo et al. 2018）、生計手段を求める移住者にとって魅力的な目的地となっている。2019年にマニラ首都圏は、エルニーニョ関連の気象状況（Lee et al. 2020）により、深刻な水不足を経験した。降雨量が少なく、マニラ首都圏の96%の人々に配水する貯水池であるアンガット・ダムでは、水位低下の報告があった。通常は不足分を補うラ・メサ・ダムも供給ギャップを埋めることができなかった。専門家は長年にわたり、フィリピンでは水が豊富であるものの、それが危険度の臨界点に近づいていること[2)]、2025年までには地下水源がマニラ首都圏を含めた主要都市の水需要を満たせなくなること（Pulhin et al. 2018）を警告してきた。2019年危機の結果として、マニラ首都圏の人口1,300万人のうち600万人以上が水不足を経験し、低所得地域では何日も続けて水がない状態だった[3)]。しかし、2019年の水危機に襲われる前でさえ、低所得層は日常生活で水不足を経験していた。マニラ首都圏は、グローバル・サウスの都市における現地の実情を理解する上でも役に立つ。そこでは、民間企業（当地ではコンセッショネア（concessionaires）として知られている民間受託者）を含む様々な行為主体が都市住民に水を供給している。

4.1 データソース：インタビュー、グループ・ディスカッション、世帯調査

この事例研究では、一次および二次のデータソースを利用している。二次ソースには、既存研究が含まれる。一次データには、都市貧困コミュニティ、水協同組合加入者、NGO メンバーとのグループ・ディスカッション（n＝8）、NGO メンバー、研究者、様々なレベルと機関の官僚、コミュニティのまとめ役、多様な水の供給業者に対する詳細なインタビュー（n＝60）、および都市貧困世帯の調査（n＝800）が含まれている。インタビューとグループ・ディスカッションは、2019年、2020年および2021年の実地調査の際に実施された。

本調査（Hussain and Chaves 2021）は2020〜2021年の新型コロナウイルス感染拡大の期間中に実施されたので、調査チームはフィリピン政府が定める安全・健康プロトコルを順守した。調査地には、パサイ市、カローカン市、サン・ホセ・

２）マニラにおける水不足は、下流と上流での配水の仕方によって見えにくくなっている。ブラカン州のアンガット・ダムは、マニラ首都圏の水需要の大半をまかなうとともに、ブラカン州とパンパンガ州の潅漑用水需要にも対応している。水位が低下すると、マニラ首都圏の需要が農業生産者よりも優先される。一方、台風により水位上昇の可能性が生じると、農地に放水され、2004年のエルニーニョ時に発生したように、洪水の原因となる（Hall et al. 2018)。

３）“As rains fall short, Manila trickles into a water crisis,” *Thomson Reuters Foundation,* May 19, 2020（https://news.trust.org/item/20190517094633-94lcc/ にてオンラインで閲覧可能、アクセス日：2022年２月16日）

デル・モンティ市、マラボン市、ケソン市も含めた。これらの都市に住居がある6か所の都市コミュニティが調査の母集団となった。いずれも、マニラ首都圏（17の小都市で構成）の一部であるか、それに隣接している。サンプリング枠となったのは、何らかのインフォーマルな形で水供給を受けている、マニラ首都圏の中あるいは周辺のインフォーマル居住区4)または住宅で生活している、かつ、コミュニティのまとめ役やNGO Institute for Popular Democracy（IPD）の仲介で会うことができる都市貧困世帯である。「コミュニティ」の定義は、理論に基づくというよりも、そのコミュニティの回答者を含めた幅広い人々自身による定義に従った。すべてのコミュニティにおいて、世帯加盟式の水協同組合が組織されているか、コミュニティの重要問題に取り組むまとめ役がいた。回答者の要請により、コミュニティの名称は公表されないようになっている。

4.2 作り出された欠乏

2019年危機は気候関連のストレスに起因するものであったが、マニラ首都圏の低所得層は、豊かな時代においてさえ、水不足を経験している。2015年の人口センサスの集計では、マニラ首都圏の少なくとの90％の世帯が水道を利用できるようになっていたが（図9-1）、都市貧困世帯は日常的な水不足を経験し、様々な供給源からの水を使用し、水に対してより多くを支払っている。こうした脆弱性が2019年の水危機によって高まった。

日々の欠乏

調査対象世帯では、収入が少ないにもかかわらず、所得のかなりの割合（4～12％）を水に支払っており、ケソン市とサン・ホセ・デル・モンティ市のコミュニティでの割合が最も高かった。貧困の基準値以下で生活している世帯にとって、その所得の3～5％でさえ水に費やすことは、相当の支出になる。自由回答とグループ・ディスカッションからは、このような家族が水を購入するために、

4）インフォーマル居住区とは、法的に認められた居住地ではないものの、人々が何十年も住んでいる地域を指す。政府はこうした地域に法的地位を与える権限を持つが、たとえそこに住む人々が税金を払い、法律を守る市民であっても、「インフォーマル」または「違法」と定める場合がある。

図9-1　水道が引かれている世帯

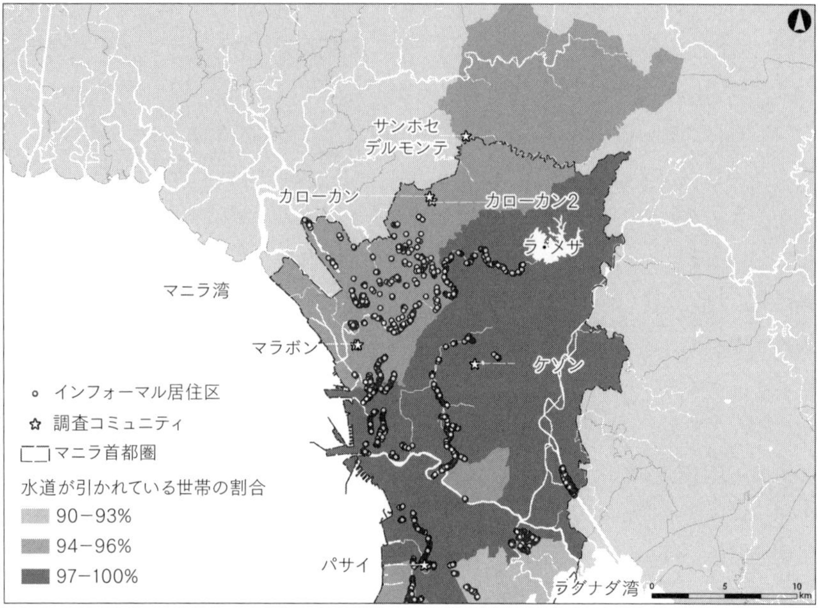

出典：Hussain and Chaves（2021）に基づき筆者作成

他の生活品の購入を諦めたり、消費を制限したりしていること（例えば、食事を１日３回ではなく２回にするなど）が明らかになった。一方で、民間のコンセッショネア２社（Maynilad、Manila Water）から個別に水道が引かれているマニラ首都圏の一般的な人々は、調査対象世帯の最小支払額（パサイ市で40.34フィリピン・ペソ／m^3）よりもさらに低い固定料金（36.24フィリピン・ペソ／m^3）を支払っている。

支払いが多くなることに加えて、供給が不安定であるため、家庭では飲用とそれ以外の用途で様々な供給源を組み合わせる必要性が生じる。飲用水の供給源は、水道（住居や近所のユニットに引かれている水道管）である。洗い物、洗濯、風呂などに使う水は、トラック、井戸、売店、カート、充填ステーションなどから得ている。水道がない世帯に比べて、水道が引かれている世帯は水をより多く消費する。各世帯では、水の質によって、飲用とそれ以外の用途を分けている。水が匂う場合、煮沸しない限り、飲用には適さない。場合によっては、ある供給源からの水が、洗い物など飲用以外の用途にしか適さないこともある。個別の水道設備がない世帯にとって、他の供給源から水を購入することは、単に高くつくだけでなく、水質が信頼できないという問題もある。個別の水道設備があるかどうか、これが依然として、生活にとってきわめて重要な基準線になっている。すなわち、水道のある住居で暮らす世帯は、恵まれない世帯よりも水にかける費用が少ない。

所得のかなりの割合を支払い、かつ、各種給水源を組み合わせているものの、87%近くの世帯が毎日のように水不足を経験している。このような大多数の中でさえ、給水源の違いによって水不足の経験に差が生じている。近所に引かれた水道と合わせて、売店や小規模ベンダーなどの代替供給源からの水デリバリーに依存している世帯が、最も大きな影響を受けている。回答者が水不足の要因として挙げたのは、水の購入にあてるお金がないことであった。各世帯は、協同組合や民間の企業家（シンジケートを含む）などの給水事業者に支払いをしなければならない。支払いができない場合は、水へのアクセスが遮断される。売店や充填ステーション、小規模ベンダーなどのその他供給源から水を購入するのは次善のオプションである。しかしながら、世帯によっては、水を購入するための十分なお金がないこともある。

自由回答とグループ・ディスカッションにより、毎日必要な水の確保に関する苦闘と深い懸念のストーリーが明らかになった。対応策として、雨水の貯蔵、消費量の削減、繰り返し使用するための水リサイクル、世帯が水を購入できるようになる各種方法の考案などの施策を行っている。例えば住民は、水を使うために都市の別のところに住む近親者を訪れたり、支払いできないときは水なしで済ましたり、洗濯をするために夜中（水流が強くなる可能性がある）に起きたりしている。人々の生活は、水へのアクセスを中心にして条件付けられている。例えば、何人かの主婦は、入浴ニーズを満たすことができるのは、移動労働者である夫と一緒にいる時に限られている状況を説明した。ほかにも、水を集めるために、家族と過ごす時間を諦めて早朝に起きたり夜遅くに列に並んだりしているという話があった。中心的なテーマは、自由回答で共通的に見られた「金もなければ、水もありません」という言葉に要約されるだろう。

この欠乏は、自然発生的ではなく、都市空間の計画と貧しい人々のニーズを無視してきた支配の遺産が合わさった産物である。結果として、民営化してもなお、都市貧困層にとって水は相変わらず不足する必需品となっている。

支配の遺産

貧しいフィリピン人を「未開で危険」な人種と位置付ける植民地時代の記述（Magno and Parnell 2015）が長期間にわたって続き、依然として貧しい人々が二流、後進的、そして不道徳と見なされている（Kusaka 2017; Garrido 2019）。このように市民としての権利（あるいはその欠如）をより幅広く解釈しないと、植民地時代から受け継がれた水のインフラが貧しい人々のニーズに応えてこなかったことを理解できない。1882年にインフラが建設される前は、要塞都市イントラムロス（Intramuros）を囲む水路（Esteros）はよどんだ水でいっぱいであり、パシッグ川が恵まれない人々に飲用水を供給していた（Maus 1911; Huetz de Lemps 2001）。その他の供給源としては、使用された水で汚染されることが多い浅い井戸、みすぼらしい水タンクに集められた季節性雨水などがあった[5)]。植民地時代以降の歴代政府は、都市貧困層に対して、自分たちで水へのアクセス方法を探すようにさせてきた。ごみ処分場の周囲や水路沿いなどに空き地を見つけて、低所得者居住区やインフォーマル住宅で暮らす人々は、公共サービスを全く受けてこなかったか、良くても、おろそかなサービスしか受けてこなかったのである（Cheng 2014）。

1994年には、首都圏上下水道局（Metropolitan Waterworks and Sewerage System: MWSS）がマニラ首都圏の3分の2の人々に限定して水を供給していたが、供給は1日当たり平均16時間であり、断続的なものであった（Dumol 2000）。1997年までに給水事業が民営化され、Manila Water Company と Maynilad Water Services という民間のコンセッショネア2社に事業委託された。MWSS は、首都圏上下水道局調整官室（Metropolitan Waterworks and Sewerage System Regulator's Office: MWSS-RO）という形の国家規制機関となった。サービス範囲を拡大するために、両コンセッショネアは、貧困層向け給水制度を導入、住民が土地

5）1875年か1876年のこと、あるスペイン医師が当時の総督に宛てた書信で次のように言及した（Huetz de Lemps 2001）。「…貯水槽は空になり、河口は干上がるか腐敗し、無産階級にとっては常に唯一の水源であるパシッグ川は、明らかに健康に悪い、厚い層となって動く害虫とともにゆっくりと流れている。それが、毎年4月、5月、6月そして7月に、公営墓地での埋葬の増加が注目を集める原因である」（筆者訳）

の権利を持っていないような集落も対象とした。こうした制度によってインフォーマル居住区へと給水範囲は広がったが、給水コストが上昇し、「インフォーマル性を持続させる」結果となった（Cheng 2014, p.54)。さらに、都市空間の計画が、都市貧困層に安価で安心できるクリーンな水を供給する上での諸課題をより困難なものにしてきた。

都市空間の計画

アクセスの不平等は、住宅および土地の市場と密接に結び付いている。水の供給に責任がある民間のコンセッショネアは、インフォーマル居住区にインフラを設けることができない。それによって彼らの居住を正当化してしまう可能性があるためである。こうしたインフォーマル居住区の住民は、持続可能ではない状態に陥っている。デベロッパーが、多くの場合は政府と企業の中で力があるファミリーと一緒になって、開発プロジェクトや商業プロジェクトのためのスペースを要求するため、住民たちは、退去に抵抗する闘いを続けている。一方で、選挙で票を得るために地元の政治家は、退去して都市郊外の再定住地に移ることに反対する取り組みにおいて、こうした居住区の住民を支援することもある。このようにして水へのアクセス問題は、その都市をめぐる経済的・政治的な争いに都市貧困層を巻き込む。

個別の水道設備がない状態で、コミュニティが協同組合を組織化できない場合、別の供給業者が参入する。選択肢には、タンクローリー、容器入り飲料水、シンジケートから、他人への水の販売（水道から隣人へ）を外部委託する企業家世帯まである。インフォーマル居住区を構成する2つのコミュニティ（マラボン市、ケソン市）と、借家人、分割返済している人々、無断居住者が混在している3つめのコミュニティ（パサイ市）では、協同組合を組織化できなかったことが、別の給水源への依存につながった。

いくつかの都市貧困コミュニティ（インフォーマル居住区であるカローカン1、再定住地であるカローカン2）では協同組合の組織化をうまくやっているが、組織化は簡単ではない。資金を貯めるようコミュニティを説得することから、短期的・長期的な運営管理のために加入者を訓練すること、水道管インフラを敷設する初期資金を確保すること、様々な政府機関と交渉すること、政治家や地元の有力者等による反対に打ち勝つことなどまで、協同組合の設立は多大な努力を要する試みである。水を配り、定期的に集金する組織を設立する責任を貧困ライン以下で暮らす人々に課すことは、きわめて大きな責任をそのコミュニティに負わせることになる。それは、NGO など外部の行為主体の支援がなければ、あるいは、成功経験を有する別のコミュニティからの教訓を得なければ困難である。水への支出は、水協同組合があるコミュニティ（カローカン１、カローカン２）で最も低い。とはいえ、協同組合の組織化経験に関する議論によると、そのスタートと日々の運営には、困難と論争が内在している。さらに、たとえインフォーマルな移住者が水にアクセスするために何とかある種の取り決めをしたとしても、彼らはそのためにより多くを支払う。すなわち、インフォーマルな借家権しかない世帯は、コンセッショネアの基本レートよりも高い水料金を支払う可能性が62%となっている。その一方で、再定住地（サン・ホセ・デル・モンティ、カローカン２）で暮らす人々の状況も決してよくはない。インタビューとグループ・ディスカッションによると、両コミュニティについては、特にマニラ首都圏のすぐ外にあるサン・ホセ・デル・モンティの政府が用意した市外再定住地では、水が利用できない状態であった。１つのコミュニティ（カローカン２）は何とか協同組合を設立したものの、もう一方のコミュニティは、水に対して支払うお金が全調査コミュニティの中で最も高いレベルになるほど、依然として苦闘している（サン・ホセ・デル・モンティ）。こうして、都市空間の計画は、水にまつわるインフォーマル性に対して予期しない深刻な影響を及ぼしている。

4.3 欠乏の統治

インフォーマルな行為主体が都市貧困層に水を供給する背景には、このような状況がある。そうした行為主体のコミュニティとの関係、NGO や政治家、官僚などフォーマルな部門の行為主体との関係が、日々の統治の複雑性を浮き彫りにしている。

水の価格設定から集金まで、彼らは、何らかの形でフォーマルな部門とつながっている（表9-1）。水協同組合と井戸の所有者（および、通常は、深い井戸から水を調達するタンクローリー運営者）は、コンセッショネアや国家水資源委員会（National Water Resources Board：NWRB）との間で正式な承諾を得ている。政府や民間コンセッショネアの観点からすると、水協同組合は、給水事業者として承認された１つの形態である（Cheng 2014）。公有地（河床）に水道インフラを

表9-1　インフォーマルな給水事業者

給水事業者	水源	承諾／了解	モデルの種類	料金（1㎥当たり）
水協同組合	Maynilad／Manila Waterが親メーターを設置（各加入者には子メーターを接続）	Manila Water／Mayniladの承諾	他より民主的－合意による決定、コミュニティへの説明責任（ただし、不正管理があれば責任者が逮捕される可能性がある）	変動－管理者が協同組合役員会の同意を得て設定（例：35フィリピン・ペソ／㎥、37.50フィリピン・ペソ／㎥など）
シンジケート（水源によって、コミュニティや競争相手の了解のあり方によって様々な種類がある）	事業を行う個人が水道本管から取水	Maynilad／Manila Waterの顧客である個人の了解／承諾	個人が意思決定（ただし、事業範囲については、他のシンジケートと基本ルールに関する共通認識を確立）	変動－シンジケートのリーダーが設定（例：2～5人世帯の場合、50フィリピン・ペソ／世帯・週）
タンクローリー（給水車）	井戸	井戸の掘削に関してNWRBまたは地方自治体の承諾	個人が意思決定	変動－事業者が設定（例：ドラム缶1個当たり40フィリピン・ペソ、5缶＝1㎥）
個人給水事業者	水道管路をManila Water／Mayniladのインフラに接続	Manila Water／Mayniladの承諾／了解	個人が意思決定（他者との協議よりも、個人で問題解決）	変動－事業者が設定（例：11.40フィリピン・ペソ／㎥）
近所に引かれた水道による事業者	Manila Water／Maynilad	水所有者と消費者の承諾	個人が意思決定（他者との協議よりも、個人で問題解決）	変動－事業者が設定
Manila Water Company Inc.、Maynilad Water Services Inc.	アンガット・ダム、ラ・メサ・ダム	MWSSの承諾	企業モデル	固定料金－28.52フィリピン・ペソ／㎥、36.24フィリピン・ペソ／㎥）

注：フォーカスグループ・ディスカッション、現地訪問、半構造化インタビューに基づく。
出典：筆者作成

敷設し、それを、相互に了解した上でコンセッショネアにつなげている個人企業家が、もう１つの事例となる。さらに別の供給業者は、水道による供給がある住民から簡単な承諾を得て、その水道設備から盗水し、個別の水道設備がない別の住民に水を販売するのを認めさせている。こうした供給業者は「シンジケート」と呼ばれるが、その運営は、必ずしも闇商売という組織的犯罪を象徴するようなものではない。むしろ、それらは日常における不法行為の代表的なものであり、各世帯だけでなくNGOや官僚、コミュニティのリーダーを含めたその他の行為主体にも広く知られているが、それとなく見過ごされているのである。ただし、競争相手に対する暴力の脅威という一面もある。その他の行為主体（例えば、デベロッパー、官僚、コミュニティのまとめ役）は、時には暴力を恐れて、何とかしてこうした給水事業者の活動を止めさせようとする動きを思いとどまっている[6)]。

価格を設定したり、支払いがない場合に水へのアクセスを遮断したりすることに関して言えば、監視の目はほとんどない。意思決定のモデルは、行為主体のタイプによって異なる。協同組合は、自分たちの組織の役員会の同意を得て価格を設定するのに対して、個人企業家や「シンジケート」は、利益追求を基本にして価格を設定することができる。水へのアクセスは、請求金額の支払いによって保証されるものであり、警告後に接続が打ち切られる。こうした供給業者はコミュニティの中に拠点を置いていることが多いため、注意深い観察によって住民の行動を規制することができる。同じように協同組合も、その説明によると、住民が定期的に支払いを行うという点で、コンプライアンスの確保に成功している。さもなければ、その供給は遮断される可能性があるのだ。水のことになると、日常における自立性について、様々な解釈が成り立つ。一方では、水へのアクセスのような基本的な権利をコミュニティに提供するという重要な公的機能が強調され、公的機関の業務の事例となっている。他方では、自立性は、水のニーズに対応する責務がコミュニティに任されていることを意味する。最終的には、協同組合の仕組みは、コミュニティへの権限付与を象徴するという解釈もできるだろう。こうした思考の道筋は協同組合加入者とのインタビューに反映されていた。同時に、インタビュー対象者からは、料金の回収に伴うフラストレーション、そして協同組合を運営する難しさについても話があった。こうした日常の業務運営において際立つのは、日々の水の統治と都市貧困層に関連するフォーマルな政府の施策が交錯していることである。

市や町を構成する最小行政単位であるバランガイの職員、警察、政治家、地元の有力者、コミュニティのリーダー、NGO、デベロッパー、企業勢力など多くのインフルエンサー[7)]がいるこのような状況の中でうまく生き残っていくには、

6）コミュニティのまとめ役とのインタビューに基づく。ある都市のシンジケートは、給水サービスの区域をめぐって、殺し合いを行っていた。

連携しなければ不可能である。インフォーマルな給水事業者でもあるコミュニティのリーダーが述べたように、「誰であれ、水をコントロールするものが、政治もコントロールする」のである。コミュニティ内に強力なネットワークを持つ給水事業者は、政治家から、競争相手あるいは票を確保するための貴重なリソースとみなされる（Chng 2012）[8]。同様に、コミュニティの顔役も、給水事業者の活動を支援することにより、特定の政治家のための票の確保に貢献することがある。地元警察とコネを持っていることが多く、強制退去の回避に役立っていることもある。

これらの行為主体は国家制度の機能が行き渡っていない隙間をただ単に埋めているだけではない。彼らの活動を可能にしているはマニラ首都圏の政治経済状況である。つまり、マニラ首都圏では、インフォーマル居住区、歴史的に受け継がれ悪化した階級の分断、政府の施策、水供給の民営化が積み重なり、交錯することによって、都市貧困層にとってきわめて脆弱な状況が生じているからこそ、可能になった活動だといえる。こうした権力の非対称性によって、より幅広い文脈が形作られ、その中で合法と違法の両方の活動が展開され、行為主体は穴だらけの合法性と違法性の境界を行き来している。このような観点から見れば、彼らの活動は、統治の源であり、手段であるとみなすことができる（Müller 2018）。さらには彼らを通して、不平等、勝者と敗者、そして他者との関係における行為主体の権力のあり様について政治的に読み解くことが可能になる（Robbins 2011）。

4.4 欠乏の政治

NGO や官僚（バランガイから地方政府機関まで）、コミュニティをベースにした組織（政治的主張に沿ったもの、または非イデオロギーを基本に運営されているもの）、政治家たちとの日常的な相互作用を通して、また自分たち仲間内での相互作用を通して、それぞれの世帯が水へのアクセスを求める背景には、こうした状況がある。これらの相互作用と協議は、あからさまな政治的行動に結び付

7）フィリピンの農村地帯で事業を行う小規模給水事業者が用いた言葉。彼の指摘によると、農村地帯では賄賂を渡すべき相手の数は少ないが、都市では、複数の権力者あるいはインフルエンサーが重層的に存在している。

8）インタビューにも基づく。

くものではないが、都市貧困層による陳情の申し立てを浮き彫りにする。柔軟で暫定的な行動によって困難な状況下でも生き延びるための政治的手段をもたらしている（Bayat 1997, 2007; Simone 2004, 2021; Perera 2009）。この政治領域は、基本的ニーズを満たすための日常的な苦闘を例示するものであるが、政治の表舞台に上がることはないかもしれない。

NGOとの協働や役所への訪問、政府機関によるトレーニングへの参加など、コミュニティは、水にアクセスするための幅広い行動をしている。こうした行動は、「市民が国家との関係を築き、かじ取りを行うための基本的な政治活動」であると考えることができる（Kruks-Wisner 2018, p.5）。観察、経験、共通認識を通して、コミュニティは、日々の生活の不確実性を切り抜けるための、現実に根ざした知識の幅を広げている。この「ゲーム感覚（feel for the game）」（Bourdieu 1990）は、給水事業者やNGOメンバー、政治家、官僚との相互作用において、コミュニティが複雑な力関係をうまく切り抜けるのに役立っている。コミュニティのまとめ役も、水協同組合を結成するために、住民を訪ね回っている。だがそれは、支配と威嚇をたくらんだり支援を求めたりする政治家からコミュニティ内の対立まで、様々な課題を抱える困難な試みである[9)]。

課題の特性とそれに打ち勝つ戦略に関して習得した知識は、コミュニティのまとめ役やメンバーで共有されている。こうした相互作用の現場では、社会的境界が広がり、以前は別々であったコミュニティに連帯が生まれる（Tilly 2005）。

2019年危機

2019年にマニラ首都圏は、エルニーニョの頻度が高まり、期間も長くなったことに伴う降雨量の減少と高温により、水不足を経験した（Lee et al. 2020）。都市貧困層にとって、人間関係のネットワークが多少は役に立ったが、それは彼らが負わされた水不足という重荷を大きく軽減することはできなかった（図9-2）。以前から存在している脆弱性を考慮すると、今回の水不足は、単なる水の供給の破綻よりも大きな問題を提示している。すなわち、不平等の悪化が浮き彫りになったのだ。

明らかな政治的結果としては、民衆の憤り、コンセッショネアとMWSSの仕

9）インタビューに基づく。

図9-2　2019年水危機：コミュニティ別の経験

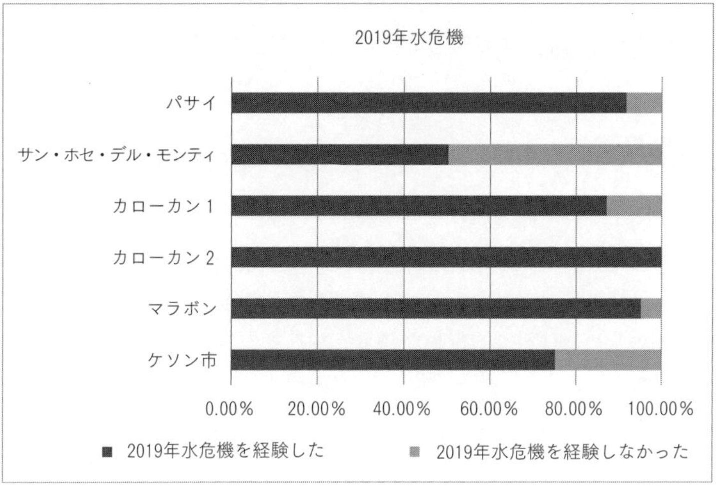

出典：Hussain and Chaves（2021）に基づき筆者作成

表9-2　次回の水危機に対応して何をしますか？

コミュニティ	給水事業者、NGO、コンセッショネアに対して懸念の声を上げる	地元のバランガイ職員／政治家に対して懸念の声を上げる	懸念の声を上げる（累積割合）	観測数
パサイ	37.90%	15.32%	53.22%	124
サン・ホセ・デル・モンティ	53.27%	18.69%	71.96%	107
カローカン1	42.34%	6.31%	48.65%	111
カローカン2	51.38%	7.34%	58.72%	218
マラボン	23.55%	16.53%	40.08%	242
ケソン市	32.39%	20.42%	52.81%	142

出典：Hussain and Chaves（2021）に基づき筆者作成

事に対する調査、ドゥテルテ大統領への国民の怒りなどがあった。都市貧困コミュニティには目に見える不満があったものの、人々はあからさまな政治的反応を組織的には示さなかった。理由の１つは、自然か、コンセッショネアか、それとも政府か、誰のせいなのかという混乱である。調査回答を見ても、コンセンサスは見られなかった。政治的行為主体は、水不足が支持の低下につながる可能性をよく知っている。そこで、都市コミュニティにタンクローリーを差し向けた。しかしながら、次にまた危機が発生すれば、権力を有する行為主体に対して懸念の声を上げたいと言うコミュニティがいくつもあった。これは、個人の不満が政治的抗議に転化する可能性を示唆している（表9-2）。

5 おわりに

2019年に発生した気候関連の水危機により、マニラ首都圏における取り残された低所得層という問題はさらに深刻化した。また、水の使用量削減では自分たちの苦しみの解決にはならないこと、別の同じような危機の可能性に際して、自分たちの権利のためには組織的行動が必須であることをコミュニティに考えさせる結果となった。

マニラ首都圏での調査結果が示すように、欠乏は単に気候関連ストレスから発生するのではなく、経済的・政治的決定を通して時間と共に生み出される。毎日のように陳情が行われている現場に着目するとともに、水供給の複雑さを整理すれば、都市貧困コミュニティが経験している欠乏の本質が明らかになる。そうしたきめ細かな説明は、水危機が社会的・政治的不安の表現行為の一因となるかどうか、なるとしたらどのようにしてか、というより広範な関心事に対応する上で役に立つと考えられる。

■参考文献

Adger, W. Neil and P. Mick Kelly (1999) "Social Vulnerability to Climate Change and the Architecture of Entitlements," *Mitigation and Adaptation Strategies for Global Change*, 4, pp. 253-266.

Arias, Enrique Desmond (2017) *Criminal Enterprises and Governance in Latin America and the Caribbean*. New York: Cambridge University Press.

Bayat, Asef (1997) "Un-civil Society: the Politics of the 'Informal People'," *Third World Quarterly*, 18 (1), pp.53-72.

Bayat, Asef (2007) "Radical Religion and the Habitus of the Dispossessed: Does Islamic Militancy Have an Urban Ecology?" *International Journal of Urban and Regional Research*, (31), pp.579-590.

Beall, Jo, Tim Goodfellow and Dennis Rodgers. (2013) "Cities and Conflict in Fragile States in the Developing World," *Urban Studies*, 50 (15), pp.3065-3083.

Bourdieu, Pierre (1990) *The Logic of Practice*, Polity Press (Trans. Stanford, CA, Stanford

University Press).

Cheng, Deborah (2014) "The Persistence of Informality: Small-Scale Water Providers in Manila's Post-Privatization Era," *Water Alternatives,* 7 (1), pp.54–71.

Chng, Nai R. (2012) "Regulatory Mobilization and Service Delivery at the Edge of the Regulatory State," *Regulation and Governance,* 6: pp.344–361.

Davis, Diane E. (2010) "Irregular Armed Forces, Shifting Patterns of Commitment, and Fragmented Sovereignty in the Developing World," *Theory and Society,* 39 (3/4), pp. 397–413.

de Sardan, Jean-Pierre Olivier (2008) "Researching the Practical Norms of Real Governance in Africa," in *Discussion Paper.*

Desbureaux, Sebastien and Aude-Sophie. Rodella (2018) "Drought in the City: the Economic Impact of Water Scarcity in Latin American Metropolitan Areas," *World Development,* 114, pp.13–27.

Dumol, Mark (2000) *The Manila Water Concession: A Key Government Official's Diary of the World's Largest Water Privatization.* Washington DC: World Bank.

Ehrlich, Paul R. (1968) *The Population Bomb.* New York: Ballantine Books.

Elster, Jon (1989) *Nuts and Bolts for the Social Sciences.* New York: Cambridge University Press.

Elster, Jon (1998) "A Plea for Mechanisms," in Peter Hedstrom and Richard Swedberg eds., *Social Mechanisms: An Analytical Approach to Aocial Theory,* Ch.3, pp.45–73. Cambridge: Cambridge University Press.

Furlong, Kathryn and Michelle Kooy (2017) "Worlding Water Supply: Thinking Beyond the Network in Jakarta," *International Journal of Urban and Regional Research,* 41 (6), pp. 888–903.

Gandy, Matthew (2008) "Landscapes of Disaster: Water, Modernity, and Urban Fragmentation in Mumbai," *Environment and Planning A,* 40 (1), pp.108–130.

Garrick, Dustin, Lucia de Stefano, Winston Yu, Isabel Jorgensen, Erin O'Donnell, Laura Turley, Ismael Aguilar-Barajas, Xiaoping Dai, Renata de Souza Leão, Bharat Punjabi, Barbara Schreiner, Jesper Svensson, and Charles Wight (2019) "Rural Water for Thirsty Cities: A Systematic Review of Water Allocation from Rural to Urban Regions," *Environmental Research Letters,* 14 (4): 043003.

Garrido, Marco (2019) *The Patchwork City: Class, Space, and Politics in Metro Manila,* Chicago, IL: University of Chicago Press.

Goldstone, Jack A. and Doug McAdam (2001) "Contention in Demographic and Life-Course Context," in Ronald R. Aminzade, Jack A. Goldstone, Doug McAdam, Elizabeth J. Perry, William H. Sewell Jr., Sidney Tarrow and Charles Tilly eds., *Silence and Voice in the Study of Contentious Politics,* Ch.8, pp.195–221, Cambridge: Cambridge University Press.

Grillo, Ioan (2012) *El Narco: Inside Mexico's Criminal Insurgency.* New York: Bloomsbury Press.

Gupta, Akhil (1995) "Blurred Boundaries: The Discourse of Corruption, the Culture of Politics, and the Imagined State," *American Ethnologist,* 22 (2), pp.375-402.

Hall, Rosalie A., Corazon L. Abansi and Joy C. Lizada (2018) "Laws, Institutional Arrangements, and Policy Instruments," in Agnes C. Rola, Juan M. Pulhin and Rosalie A. Hall eds., *Water Policy in the Philippines: Issues, Initiatives, and Prospects,* Vol.8, Ch.3, pp.41-64, Springer International Publishing.

Hansen, Thomas Blom (2005) "Sovereigns beyond the State: On Legality and Authority in Urban India," in Thomas Blom Hansen and Finn Stepputat eds., *Sovereign Bodies: Citizens, Migrants, and States in the Postcolonial World,* Ch.7, pp.169-191, New Jersey: Princeton University Press.

Hardin, Garett (1968) "The Tragedy of the Commons," *Science,*162, pp.1243-1248.

Harvey, David (1996) *Justice, Nature, and the Geography of Difference.* Oxford: Blackwell.

He, Chunyang, Zhifeng Liu, Jianguo Wu, Xinhao Pan, Zihang Fang, Jingwei Li and Brett A. Bryan (2021) "Future Global Urban Water Scarcity and Potential Solutions," *Natural Communications* 12: 4667

Hedström, Peter and Richard Swedberg (1998) "Social Mechanisms: n Introductory Essay," in Peter Hedström and Richard Swedberg eds., *Social Mechanisms: An Analytical Approach to Social Theory,* Ch.1, pp.1-31. Cambridge: Cambridge University Press.

Heynen, Nik, Maria Kaika and Erik Swyngedouw (2006) *In the Nature of Cities-Urban Political Ecology and The Politics of Urban Metabolism.* New York: Routledge.

Huetz de Lemps, Xavier (2001) "Waters in Nineteenth Century Manila," *Philippine Studies,* 49 (4), pp.488-517.

Hussain, Nazia (2016) "Tracing Order in Seeming Chaos: Understanding the Informal and Violent Political Order of Karachi," PhD, Schar School of Policy and Government, George Mason University.

Hussain, Nazia and Carmeli Chaves (2021) "Going Beyond the Metrics: Making Sense of Water (In) formality in Metro Manila," *Working Paper.*

Intergovernmental Panel on Climate Change (IPCC) (2021) *AR6 Climate Change 2021: the Physical Science Basis. Contribution of Working Group I to the Sixth Assessment Report of the Intergovernmental Panel on Climate Change,* [V. Masson-Delmotte, P. Zhai, A. Pirani, S. L. Connors, C. Péan and S. Berger et al. eds.] Cambridge University Press. In Press

Kalyvas, Stathis N. (2015) "How Civil Wars Help Explain Organized Crime:and How They Do Not," *Journal of Conflict Resolution,* 59 (8), pp.1517-1540.

Kalyvas, Stathis N., Ian Shapiro and Tarek Masoud (2008) *Order, Conflict, and Violence,* Cambridge: Cambridge University Press.

Kooy, Michelle and Karen Bakker (2008) "Splintered Networks: the Colonial and Contemporary Waters of Jakarta," *Geoforum,* 39 (6), pp.1843-1858.

Kruks-Wisner, Gabrielle (2018) *Claiming the State: Active Citizenship and Social Welfare in Rural India,* Cambridge and New York: Cambridge University Press.

Kusaka, Wataru (2017) *Moral Politics in the Philippines: Inequality, Democracy and the Urban Poor,* Singapore: NUS Press in Association with Kyoto University Press.

Lawhon, Mary, Henrik Ernstson and Jonathan Silver (2014) "Provincializing Urban Political Ecology: Towards a Situated UPE Through African Urbanism," *Antipode,* (46), pp.497–516.

Lee, Halim, Son Jaewon, Joo Dayoon, Ha Jinhyeok, Yun Seongreal, Lim Chul-Hee and Lee Woo-Kyun (2020) "Sustainable Water Security Based on the SDG Framework: a Case Study of the 2019 Metro Manila Water Crisis," *Sustainability,* 12 (17), 6860.

Lund, Christian (2006) "Twilight Institutions: An Introduction," *Development and Change,*37 (4), pp.673–684.

Magno, Christopher N. and Philip C. Parnell (2015) "The Imperialism of Race: Class, Rights and Patronage in the Philippine City," *Race and Class,* 56 (3), pp.69–85.

Mahoney, James (2001) "Beyond Correlational Analysis: Recent Innovations in Theory and Method," Sociological Forum.

Malthus, Thomas R. (1992) *An Essay on the Principle of Population* (*selected and introduced by D. Winch*), Cambridge: Cambridge University Press.

Maus, Louis Mervin (1911) *An Army Officer on Leave in Japan: Including a Sketch of Manila and Environment, Philippine Insurrection of 1896-7, Dewey's Battle of Manila Bay and a Description of Formosa* Chicago, Illinois: A.C. McClurg.

McAdam, Doug, Sidney Tarrow and Charles Tilly (1996) "To Map Contentious Politics," *Mobilization: An International Journal,* 1 (1), pp.17–34.

McAdam, Doug, Sidney Tarrow and Charles Tilly (2001) *Dynamics of Contention. Social Movement Studies,* Cambridge: Cambridge University Press.

McDonald, Robert I., Katherine Weber, Julie Padowski, Martina Flörke and Christof Schneider et al. (2014) "Water on an Urban Planet: Urbanization and the Reach of Urban Water Infrastructure," *Global Environmental Change,* 27, pp.96–105.

Meadows, Donella H., Dennis L. Meadows, Jorgen Randers and William W. Behrens III (1972) *The Limits to Growth: A Report for the Club of Rome's Project on the Predicament of Mankind,* New York: Universe Books.

Merton, Robert (1968) *Social Theory and Social Structure,* New York: The Free Press.

Migo, Veronica. P., Marlo D. Mendoza, Catalina G. Alfafara and Juan M. Pulhin (2018) "Industrial Water Use and the Associated Pollution and Disposal Problems in the Philippines," in Agnes C. Rola, Juan M. Pulhin and Rosalie A. Hall eds. *Water Policy in the Philippines: Issues, Initiatives, and Prospects,*Vol.8, Ch.3. pp.87–116. Springer International Publishing.

Mitlin, Diana (2018) "Beyond Contention: Urban Social Movements and Their Multiple Approaches to Secure Transformation," *Environment and Urbanization,* 30 (2), pp.557–574.

Müller, Markus-Michael (2018) "Governing Crime and Violence in Latin America," *Global Crime,* 19 (3–4), pp.171–191.

Ostrom, Eleanor (2009) "A General Framework for Analyzing Sustainability of Social-Ecological Systems," *Science,* 325 (5939), pp.419–422.

Paller, Jeffrey (2019) *Democracy in Ghana: Everyday Politics in Urban Africa,* New York: Cambridge University Press.

Perera, Nihal (2009) "People's Spaces: Familiarization, Subject Formation and Emergent

Spaces in Colombo," *Planning Theory*, 8 (1), pp.51–75.

Pieterse, Edgar (2008) *City Futures: Confronting the Crisis of Urban Development*, London, Zed Books.

Pulhin, Juan M., Rhodella A. Ibabao, Agnes C. Rola and Rex Victor (2018) "Water Supply and Demand and the Drivers of Change," in Agnes C. Rola, Juan M. Pulhin and Rosalie A. Hall eds., *Water Policy in the Philippines:Issues, Initiatives, and Prospect*, Vol.8, Ch.2, pp.15–40, Springer International Publishing.

Ribot, Jesse (2010) "Vulnerability Does not Fall from the Sky: Toward Multiscale, Pro-Poor Climate Policy," in Robin Mearns and Andrew Norton eds., *Social Dimensions of Climate Change: Equity and Vulnerability in a Warming World*, Ch.2, pp.47–74, Washington DC: The World Bank.

Risse, Thomas, Tanja A. B. Börzel and Anke Draude (2018) *Oxford Handbook of Governance and Limited Statehood*, Oxford: Oxford University Press.

Robbins, Paul (2012) *Political Ecology: A Critical Introduction*, New York, John Wiley & Sons.

Sayer, Andrew (2000) *Realism and Social Science*, London: Sage.

Schedler, Andreas (2013) "Mexico's Civil War Democracy," Paper Prepared for Presentation at the 109th Annual Meeting of the American Political Science Association (APSA), Chicago.

Schultze-Kraft, Markus (2019) *Crimilegal Orders, Governance and Armed Conflict*. Palgrave Macmillan.

Schultze-Kraft, Markus., Fernando A. Chinchilla and Marcelo Moriconi (2018) "New Perspectives on Crime, Violence and Insecurity in Latin America," *Crime, Law and Social Change*, 69, pp.465–473.

Scott, James C. 1990. *Domination and the Arts of Resistance: Hidden Transcripts*, New Haven & London: Yale University Press.

Sen, Amartya (1981) *Poverty and Famines: an Essay on Entitlement and Deprivation*, Oxford: Oxford University Press.

Simone, AbdouMaliq (2004) "People as Infrastructure: Intersecting Fragments in Johannesburg," *Public Culture*, 16 (3), pp.407–429.

Simone, AbdouMaliq (2021) "Ritornello: "People as Infrastructure"," *Urban Geography*, pp. 1–9.

Sultana, Farhana and Alex Loftus eds. (2020) *Water Politics: Governance, Justice and the Right to Water*, London and New York: Routledge.

Swyngedouw, Erik (2006) "Circulations and Metabolisms: (Hybrid) Natures and (Cyborg) Cities," *Science as Culture*, 15 (2), pp.105–121.

Tarrow, Sidney (2007) "Inside Insurgencies: Politics and Violence in an Age of Civil War," *Perspectives on Politics*, 5 (3), pp.587–600.

Tilly, Charles (2005) *Identities, Boundaries, and Social Ties*, New York, Paradigm Publishers.

Zwarteveen, Margreet Z and Rutgerd Boelens (2014) "Defining, Researching and Struggling for Water Justice: Some Conceptual Building Blocks for Research and Action," *Water International*, 39 (2), pp.143–158.

第10章

紛争地域における気候リスクと政治変動

インド、ジャンムー・カシミール州の事例から

永野 和茂

— ヘルメットに水没する街並み —

出典：Kanth and Ghosh（2015）

スリナガルを拠点とするNPOが公表しているカシミール洪水（2014）に関する報告書の表紙。洪水が示した「占領下の災害」の現実を示すように、軍用ヘルメットの中に浸水したカシミールの街並みが象徴的に描かれている。

本章の目的は気候変動による自然の衝撃が政治や社会にどのようなストレスをもたらすかを解明することである。カシミール紛争における安全保障の議論や、「災害政治」に関する先行研究を踏まえつつ、インド、ジャンムー・カシミール州における2014年９月の洪水およびその後の州政治の変動過程を事例に、異常気象による自然災害という「新たなリスク」の観点を通して近年のカシミール紛争を再検討する。

1 はじめに

近年、地球環境に対する関心が高まるにつれ、自然科学のみならず社会科学分野においても気候変動に関する研究が求められている。それは、環境と政治がいかに相互作用するかという説明の必要性を認識させるものである。社会学者アンソニー・ギデンズ（Anthony Giddens）は、自然科学の対象としての気候変動だけでなく「気候変動の政治学」の重要性を強調したが、それはこうした問題関心の大きさを反映しているといえよう（Giddens 2011）。

本章の目的は、気候変動に起因する自然災害が政治や社会の領域にいかなるストレスをもたらすかを解明することである。さらに、既存の紛争地域において、自然災害から生じたストレスがどのような過程を経て、社会の不安定化、政治変動、武力紛争などのさらなるリスクを引き起こす要因となるのかについて検討する。既存の政治プロセスに対して気候変動が及ぼす影響を理解することは、「脆弱」な地位に置かれた紛争地域の住民が直面する多様な課題の理解に貢献する。こうした問題の分析のため、本章では、2014年9月にインドのジャンムー・カシミール[1)]（Jammu and Kashmir: JK）州で発生した洪水の事例を取り上げる。さらに、洪水後に起こった州政権交代と、その後の州内の中長期的な政治変動の過程にも着目する。

気候変動がもたらす多様なリスクは、その直接的な被害のみならず、国境紛争を抱える周辺国の安全保障問題に関わる可能性がある。例えば、印パ間の係争地であるカシミールに暮らす一般市民は、2014年の洪水のような異常気象による自然災害が発生しても、領土問題が阻害要因となって十分な援助を受けられないことがある。これは、既存の紛争問題の次元に、異常気象による災害発生という

1）英領インド帝国を構成する藩王国の1つであったジャンムー・カシミール（JK）藩王国は、印パ分離独立過程で政治的帰属が定まらず、歴史的に印パ間の係争地となっている。1954年にインド側のJK制憲議会がインド憲法の条項の適用に同意する決議を行うと、以降、JKはインドの行政制度へと組み込まれた。特殊な歴史的経緯からJK州にはインド憲法で特別の自治権が認められてきたが、インド政府は2019年8月にこれらの憲法条項を改正し、州を撤廃した。本章では、扱う事例の年代を鑑み、基本的にJK州という呼称を用いる。なお、カシミールの語は、紛争問題全般を示す意味で旧JK藩王国領土を含む地域を指して用いるが、その他の場合には都度説明を加える。

「新たなリスク」が複合的に絡み合うことの深刻さを示している。

以下第2節では、カシミール紛争の既存の安全保障の問題について概観する。第3節では、気候変動に起因する自然災害の「新たなリスク」が既存の紛争問題に加わることで政治的な変動が生じる可能性について、先行研究を検討しつつ論じる。第4節では、2014年のJK州洪水を事例に、自然災害が紛争構造下の政治社会に対して具体的にどのようなストレスを与え、影響したかについて分析する。第5節では、洪水後のJK州議会選挙から2019年のインド政府によるJK州廃止決定までの一連の州政治動向を概観し、気候リスクが地域の政治にもたらした中長期的影響を検討する。最後に、本章で検討した事例から、紛争地域における気候リスクが誘発する複雑な効果について考察する。

2 カシミール紛争における伝統的／非伝統的安全保障問題

2.1 カシミールと伝統的安全保障

カシミール地域は印パ間または中印間で領土主権が争われ、武力紛争が繰り返されてきた歴史がある。印パ関係では、分離独立直後の1947-48年の第1次印パ戦争をはじめとして、1965年の第2次印パ戦争、1971年の第3次印パ戦争（バングラデシュ独立問題に起因したが、カシミール地域で印パ両軍が実際に戦火を交え、講和条約のシムラー協定でカシミールの「管轄ライン」（Line of Control: LoC）が合意されるきっかけとなった）と、3度の戦争が勃発した。そのほか、1980年代にはカシミール・ヒマラヤのシアチン氷河において、1999年にはLoC付近のカールギルにおいて武力衝突が生じた。近年では、インド軍による2016年の「局地空爆」や、2019年の印パ両空軍機による戦闘がカシミール地域において実行された。

中印関係に目を向けると、1962年にカシミール北東部のアクサイチン地域をめぐる中印国境紛争が勃発している。それ以来、アクサイチン地域は「実効支配線」（Actual Line of Control: ALC）を挟んで中国の事実上の統治下にある。2020年6月には、ALC付近で中印兵士による乱闘事件が発生し、双方に死傷者を出した。さらに同年9月には、1975年以来となる「威嚇発砲」事件へと事態が進展した。

まさしく「終わりなき紛争」「継続的ライバル関係」と称されるような伝統的

な国家安全保障としての紛争の歴史が、当地域をめぐる周辺国の国際的な緊張関係の下で展開されてきた（Ganguly 2002; Diehl et al. 2005）。こうした国家間の対立は伝統的な安全保障問題と見なされるものの、上述のように、現状のカシミールの国際情勢から見てそれは必ずしも「古い」問題であるとは言えない。

2.2 カシミールと非伝統的安全保障

JK州の市民生活を脅かしてきたのは伝統的な安全保障問題だけではない。JK州ではその歴史的経緯から、カシミールの政治的帰属を決定するための「住民投票」（plebiscite）を要求する比較的穏健な政治運動が存在してきた。しかし、インド中央政府による度重なる州自治権の切り崩しや、住民の不満を代弁してきた州政府が中央政府との協力姿勢をとったことなどを背景に、1989年以降カシミール独立を掲げる組織の武装闘争が頻発するようになった（Ganguly 1997; Behera 2000; Widmalm 2002）。

しかし1990年代半ばまでに、アフガニスタンでソ連軍に対抗していた「ムジャーヒディーン」（聖戦士）勢力の一部が、ソ連の撤退後にパキスタン経由でカシミール地域へと流入するようになった。彼らは一般に「アラブ・アフガン」と呼ばれた（山根 2012; 広瀬 2005）。この時期、域外勢力を中心とした越境する武装組織が州内で活動し、一般市民の生活圏を巻き込みながらゲリラ戦術を展開していった（Ganguly and Kapur 2010; 井上 2005）。

2000年代以降、アメリカ主導の「対テロ戦争」に呼応したパキスタン政府がこれらの武装組織を非合法化したこと、またインド当局の苛烈な取り締まりにより、州内の武装闘争の規模は徐々に縮小した。しかし武装組織と治安部隊の板挟みとなり、犯罪被害や人権侵害に脅かされる一般住民の生活環境の悪化と政治的疎外という状況は依然として残る。紛争構造下の社会における過度なセキュリタイゼーションによって暴力的な状況に晒される人々の苦悩、無力感、政府に対する怒りの感情はなお色濃い（桜木 2008; 廣瀬 2011）。

例えば、2009年、スリナガル南部のショピアン地区で発生したレイプ殺人と警察の杜撰な捜査に対する抗議の波が巻き起こった（Mattoo 2009; Duschinski and Hoffman 2011）。2010年には、クプワラ郊外のマチル地区で、一般市民が武装組織の一員とされて治安部隊に殺害された「フェイク・エンカウンター」事件が発生した。事件を発端としてカシミール渓谷では若者を中心とした民衆抗議が巻き起こり、これに対抗する治安当局との間で緊張が再び高まった。また2016年、地元の過激派組織ヒズブル・ムジャーヒディーン（Hizb-ul-Mujahideen）の青年リーダーであったブルハン・ワニ（Burhan Wani）が治安部隊との戦闘で殺害されると、渓谷での大規模な葬儀と民衆抗議へとつながった。治安当局に対して、一部の人々による投石の「抗議」も発生し、双方の衝突は90人以上の死者と数千人以上の負傷者を出した。治安部隊が使用したペレット弾により、巻き込まれた多くの市民が失明したという問題も指摘されている（Jamwal 2016）。

先述した国家間の戦争や紛争とは異なり、これらの州内の暴力の形態は国家主体と非国家主体が入り乱れる非伝統的な安全保障の問題であり、また普通のカシミール市民にとっては紛れもなく「人間の安全保障」に関わる問題である。それはまさしく「人間的なニーズ」が剥奪されている状況ゆえに生じる「長期化された社会紛争」の特徴を有している（Azar 1990; Mahapatra 2018）。

以上にみたように、カシミール社会には伝統的、非伝統的な二重の安全保障問題が存在してきた。そして2014年洪水の政治を理解するための前提となるのは、まさしくこの構造である。ヴェヌゴーパルとヤシールが正しく指摘するように、「自然災害によって引き起こされた突然の危機は、長引く既存の政治危機の上に重なっていた」のである（Venugopal and Yasir 2017, p.425）。

3　先行研究：気候、災害、そして政治

3.1　環境安全保障から気候安全保障へ

環境の観点から安全保障概念の拡大を目指す試みは、以前から専門家の間で提起されてきた。例えば、ノルウェーの平和学者ヨハン・ガルトゥング（Johan Galtung）は環境と安全保障の分野を分断するような伝統的な安全保障論の思考を批判した。彼によれば、環境（生態系の均衡）、発展（社会・人間開発）、軍事（戦争の抑止）という３つのシステムの相互作用はそもそも安全保障の原理に矛盾しない。なぜなら「人間界は生態圏に依存しており、それなしでは消滅してしまう」からである（Galtung 1982, p.16, 99–101）。環境科学の専門家マイケル・レナー（Renner Michaer）も同様に、「通常、環境の悪化や枯渇は一連のストレス要素の１つであり、それは複雑な因果関係の中で暴力的対立の引き金に結び付いたり、既存の深刻な紛争のさらなる悪化につながる可能性がある」として、環境

問題と安全保障の関係性について論じている（Renner 1996, p.75）。

近年、環境安全保障の考え方にも変化が見られるようになった。イギリスの元外相マーガレット・ベケット（Margaret Mary Beckett）は、イギリス外交政策の柱に環境問題を据えた人物である。彼女は、外相就任後の2006年10月に行った演説で「気候安全保障」という政策概念を打ち出し、地球温暖化問題を国際的な安全保障の新しい形のアジェンダとして提起した。2007年４月、国連安保理議長としてベケットが取り上げた気候変動と安全保障の自由討議では、55の諸国がこの問題に対する意見を表明した。その後、国連総会において議論が蓄積される中、2009年６月の総会で「気候変動とその安全保障への影響の可能性」が決議されると、これを受けて国連事務総局は９月に同名の報告書を公開した（米本 2011, pp.169-175）。

気候変動の国際的議論に関わる重要組織の１つとして、世界気象機関と国連環境計画によって1988年に設立された「気候変動に関する政府間パネル」（Intergovernmental Panel on Climate Change: IPCC）がある。IPCC は各国から様々な専門家が多数参加し、気候変動の自然科学的根拠（第１作業部会）、社会的影響・適応・脆弱性の評価（第２作業部会）、緩和のための方策（第３作業部会）、温室効果ガスの国別報告書（インベントリー・タスクフォース）に関する学術的知見や政策指針を包括的に評価する国際組織である。IPCC は数年毎に「統合報告書」を公表し、2007年にはノーベル平和賞を受賞している[2)]。2014年に公表された第５次評価報告書・第２作業部会（気候変動の影響・適応・脆弱性）報告書は、気候に関連するリスク評価を議論するための主要コンセプトについて、次の（図10-1）のように示した。

図10-1の表現によれば、気候システムおよび社会経済プロセスの両方の変化は、「ハザード」「曝露」「脆弱性」の要因となり、気候に関連するリスクはそれらの相互作用から生じる[3)]。

本章の問題関心においては、このようなリスクのメカニズムが、紛争地域、特

2）IPCC による最新の第６次評価報告書の「統合報告書」は2022年後半から2023年前半に公開予定である。それに先立ち、３つの各作業部会から報告書が作成される。第１作業部会（自然科学的根拠）は2021年８月、第２作業部会（影響・適用・脆弱性）は2022年２月、第３作業部会（緩和）は2022年４月にそれぞれ報告書を公表した。

図10-1 「気候関連ハザード」「人間および自然システムの脆弱性」「曝露」の相互作用の図解

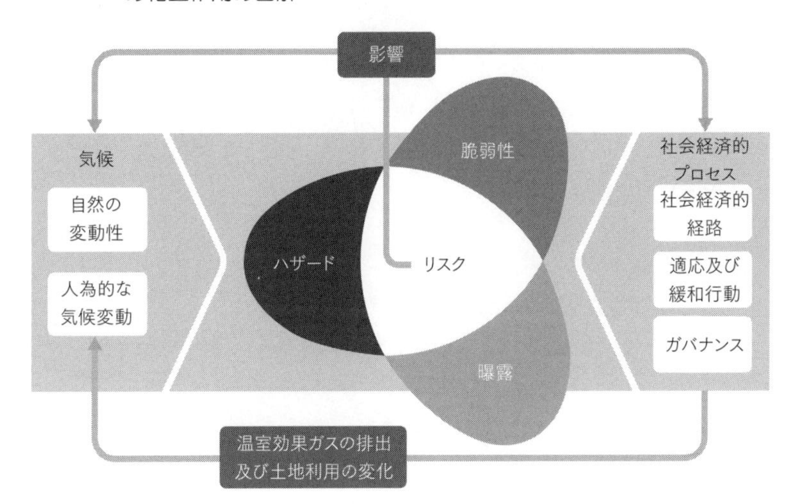

出典：IPCC 第2作業部会報告書（2014, p.3）より筆者編集

にカシミール地域の政治社会に対していかなる影響を及ぼすか、ということが重要な点となる。

3.2 カシミール・ヒマラヤの気候変動に関する研究

近年、カシミール・ヒマラヤにおける気候変動が注目されつつある。この峻厳な山岳地帯は複雑な地形を有し、膨大な氷河や氷河湖が存在する。複数の地学の専門家たちが、気温の上昇傾向、高地の生態系と生物多様性の脆弱性、インダス川の水文学的特性を形成する水資源とその社会経済的影響の点から、カシミール・ヒマラヤを気候変動リスクの「ホット・スポット」の1つであると報告している（Bhutiyani et al. 2007, 2010; Rashid et al. 2015; Sharma et al. 2013）。

3）気候変動や災害研究の分野では「ハザード」「暴露」「脆弱性」という用語がしばしば用いられるが、その定義は様々である。本章では定義の議論には立ち入らないが、一般的な理解として次の説明を採用したい。ハザードとは、突発的または慢性的な環境変化の結果もたらされる脅威のことをいう。曝露とは、社会がハザードに曝される程度を指す。また、曝露の程度が高くかつ社会の対処能力が低いときに、脆弱性が高いと考えられる。これらの概念の整理と定義に関する議論は（塩崎・加藤 2012）を参照のこと。

図10-2 カシミール渓谷の年間平均気温の推移（1961-2005）

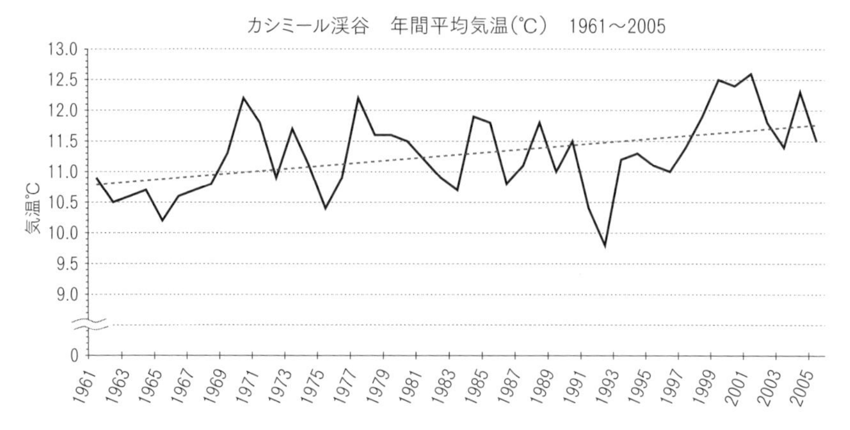

出典：Islam and Rao（2013, p.38）の数値を基に筆者作成

カシミール渓谷では長期的な傾向として温暖化が指摘されている（Bhutiyani et al. 2007）。他の研究においても、1961年から2005年までの渓谷全体の年間平均気温は上昇傾向にあると指摘されている（図10-2）。特に、1961年から1990年までの30年間で年間平均気温が11度以上を記録した事例が16件であったのに対し、1991年から2005年までの15年間には同様の記録が13件も発生しており、調査地域における憂慮すべき気温上昇を示すと結論付けた（Islam and Rao 2013）。

カシミール渓谷における過去の降水量の長期的な変動も報告されている。いくつかの統計学的研究によれば、カシミール渓谷の年間降水量は、山岳地帯、丘陵地帯、氾濫原などの異なる地形帯を含み、全体として減少傾向にあることが指摘されている（Shafiq et al. 2019a; Bhutiyani et al. 2010）。その一方で、IPCC報告書で示された今後に想定される温室効果ガス排出量別の「代表濃度経路」（Representative Concentration Pathway: RCP）の複数のシナリオを基にして、カシミール・ヒマラヤ地域における将来的な降水量の予測変化を分析した研究では、それぞれのRCPシナリオにおいて年間降水量の増加が予測され、その中でも秋季の増加率が最も高いとする予測もある（Shafiq et al. 2019b）。

カシミール・ヒマラヤの降水パターンが将来に向けてどのような変動過程にあるかについては予断を許さない。しかし、降水パターンの変化自体は、少なくとも、この地域の水循環や生態系に対する多様な影響を意味し、それは突発的な洪水といったリスクにつながる恐れもある。鉄砲水や氷河湖決壊洪水（Glacial Lake Outburst Floods）の流量は、直接的な命の危険や土壌浸食という点で深刻な被害を引き起こし、カシミール渓谷の資産、農地、重要なインフラに対しても損害を与える。雪解け水やモンスーンの激化は、ヒマラヤ山脈の洪水災害の一因であると指摘されている（Majaw 2020, p.180)。

3.3「災害政治」(disaster politics)

気候安全保障への関心が高まってきている点はすでに言及した。ところで、自然災害と政治の関係は、災害研究の分野においてしばしば注目されてきた。こうした研究では、「災害とは本質的に社会的な出来事であり、単なる物理的な出来事ではない」との指摘がなされている（Tierney 2019, p.4)。環境社会学の専門家ジョン・ハニガン（John Hannigan）の整理によれば、政治と災害の因果関係の程度をどこまで認めるかという論争はあるものの、現在の災害研究においては、「災害とは、単一の出来事ではなくプロセスを構成し、主に慢性的な貧困、不平等、汚職、政府の不作為によって引き起こされた「脆弱性」に帰することができる」という考え方が主流となってきている（Hannigan 2012, p.16)。したがって、自然災害による社会・経済・政治的帰結の大部分は「都市の経済および政治形態の災害前の特徴によって形作られる」のである（Pelling 2003, p.45)。

さらに、社会的な出来事としての災害は「権力関係を体現する既存の価値観および組織形態に対する挑戦という独特な瞬間」を生み出す「転換点」となることがある（Pelling 2011, p.95)。こうした出来事は、「血縁や他の同盟関係の結び付きや回復力など、社会の社会的構造の性質を明らかにする。それは、分裂した対立線に沿って紛争を引き起こすだけでなく、社会的単位の団結と結束も引き起こす」（Oliver-Smith 2002, p.9)。このような「災害政治」のあり方は、異なる地域の異なる状況によって様々に展開される。そのため、災害によって生じた危機的状況が、敵対的な社会集団間の分裂を埋め合わせるのに役立つような政治的ないし人道的行動を促進する契機になる可能性はある。しかしながら、そうした政治的打開のシナリオは必ずしも一般的ではなく、大抵の場合には暴力はエスカレートする（Klitzsch 2014)。

したがって、多くの場合には、「災害は政治的および社会的紛争を引き起こす種々の方法で動員され、構築される」（Siddiqi 2018, p.S168)。例えば、1970年に東パキスタン（現バングラデシュ）を襲った20世紀最悪とされるサイクロン災害では、当時の統一パキスタン政府による救援活動の遅れにより被害の拡大につながったことから、東パキスタンの人々の不満と怒りを招き、それが東西パキスタンの政治的分断を深める１つの背景となった。その後、政治的動乱と独立運動を経て、最終的には新国家バングラデシュが独立した（外川 2020)。もっと端的に言えば、「災害は、政治を理解するための主要なイベント」と考えられるのである（Guggenheim 2014, p.7)。

以上の点を踏まえ、次節では2014年カシミール洪水の事例を検討していきたい。

4 2014年カシミール洪水と「災害政治」

2014年９月２日から６日にかけて、モンスーンの影響により非常に激しい降雨が続いたため、カシミール渓谷で地滑りと広範囲にわたる洪水が発生した。中心都市スリナガルを含む多くの低地では堤防が決壊し、インダス川支流のジェーラム川、チェナブ川などの河川が氾濫した。スリナガル近郊のダル湖周辺地域では合計52. 47％（42. 50km^2）もの範囲が浸水した（Ahmad et al. 2020)。９月４日以降の２日間で、多くの場所で１日の降雨量が100mm を超え、局地的には200mm を超えた（Ray et al. 2015)。120万人以上が洪水の直接的な影響を受け、死者・行方不明者数は約300人に達した（Pandit 2014)。

洪水は「長期化された社会紛争」地域としての JK 州の国内的緊張を反映する「災害政治」の瞬間を浮き彫りにした。洪水直後に行われた聞き取り調査では、早期警報システムの欠如や準備不足、政府の救援活動の不在、軍隊への反感、救援の地域内格差の認識と不公平感、全国メディア報道に対する地元住民の怒り、一方で地元の若者による自主的な互助組織への評価が記録されている（Venugopal and Yasir 2017)。さらに、後述するように、これまで JK 州で越境テロ攻撃を実行してきた武装組織の関係者が、パキスタンの被災地域で活発な救援活動を指揮すると同時に、反インド・プロパガンダを拡散するという行動も見られた。被災住民に対する国際的援助の欠如という側面を伴いながら、カシミール地域をめぐる印パ間の国際的緊張を深く反映する場面が散見された。ここで明らかになっているのは、歴史的なカシミール紛争の伝統的・非伝統的な安全保障問題の構図に、自然災害という「新たなリスク」が加わる場合の複合的な危機の現実である。

災害計画や事前準備の欠如は、洪水直後の州政府の機能不全に象徴されていた。実際、当時のオマル・アブドゥッラー州首相も認めたように「事務局、警察本部、管制室、消防署、病院、すべてのインフラが水没していた」ため、州政府による迅速な救援活動は困難であった（Ghosh 2014）。州政府の対応が後手にまわったことで、救助を待つ住民の多くが避難した屋上に数日間取り残されたままになるという惨状であった。州全体に向けて洪水警報が出された9月4日までに、南部のいくつかの地区はすでに浸水被害に襲われていた。携帯電話などの通信サービスも影響を受け、人々が連絡を取り合うことも難しかった。州首相がソーシャル・メディアを通じて「慌てないでください、我々はあなたに手を差し伸べ（reach）ます、約束します」と救助を待つように呼びかけたとき、皮肉なことにその約束は被災者の多くに「届いて」いなかったのである（Varma 2021, p.62）。

州の行政機能が麻痺していた最中、現場の救援活動は、一方でオマル・アブドゥッラー（Omar Abdullah）州首相が中央政府に要請したインド軍や国家災害対応部隊（NDRF）が、他方で多くの部分を地元の青年ボランティアが担っていた。歴史的に抑圧され深く分裂したカシミール社会の政治情勢では、これらの2つの救援隊は他の状況であれば日常の紛争において互いに対峙する陣営であった。1990年代以来のカシミールの典型的な「怒れる若い男」はインドの治安部隊に対する抵抗の象徴的なイメージとして描かれてきた。しかし地元の青年ボランティアの活動は、その背景にある地域的なアイデンティティやネットワークを含め、救助や支援に最も積極的であるとして多くの避難民に広く受け入れられ、認められていた（Venugopal and Yasir 2017）。

こうした社会的な感情を背景に、救援活動中の軍の兵士に対する「投石事件」も一部で発生した。この象徴的な出来事が極限の被災状況下で遅々として進まない救助に不満を覚えての行動であったのか、あるいはカシミール紛争の歴史を背景とした政治と抵抗の交錯から生じた行動であったのかにかかわらず、「世界で最も軍事化された地域」としばしば称されるJK州で日常を送る住民感情の文脈を無視することは適切ではない。なぜなら、依然として複雑なリスクに晒され、それゆえ困難な立場にいっそう追いやられているのは、他ならぬこの地域に暮らす一般の人々だからである。

9月7日、状況視察のためにJK州を訪れたインドのナレンドラ・モディ

(Narendra Modi) 首相は、事態を「国家」災害と称し、追加の資金援助と救援活動の強化を命じた。また、被災地域はインド側カシミール地域だけではなかったため、モディ首相はパキスタンのナワズ・シャリフ (Nawaz Sharif) 首相にパキスタン側カシミール地域への越境的な支援を提案した。他方、シャリフ首相も同様にインド側地域への支援活動を提案した。しかし結論から言えば、カシミール地域の安全保障上の問題から救援活動における両国間の国境を越えた協力は実現されなかった。ミール・ファティマ・カント (Mir Fatimah Kanth) とシュリモイー・ナンディニ・ゴーシュ (Shrimoyee Nandini Ghosh) は、紛争地域としてのカシミール社会が抱えるリスクを次のように指摘する。

> インドは一方で、カシミール洪水直後の国際的人道援助の必要性を否定し、人道支援と救援隊員の立ち入りを制限し、人道危機の規模を軽視した。他方で、グジャラート州地震 (2001年) 後、インドは国連開発計画 (UNDP) を含む国際援助を歓迎し、破壊されたブージの町だけでも300の国際組織が拠点を置いた。これらの災害に対するインド国家とメディアの反応の劇的な違いは、領土のある地域での災害危機が、なぜ他の地域よりも重大な真剣さと懸念を持って扱われるのかという疑問を投げかけ、そして、政治的に反乱を起こした者の生活と人権が、国家中心の政治的想像の内側でさらに限界に追いやられるあり方について問題を提起する (Kanth and Ghosh 2015, p.10)。

被災地域において国家の統治能力が弱い場合、武装組織や反政府勢力がコミュニティ内で一定レベルの安定と秩序を提供する可能性があることが報告されている (Walch 2018)。ハフィズ・サイード (Hafiz Saeed) が率いる慈善団体ジャマート・ウッダワ (Jamaat-ud-Dawa: JuD) もそうした勢力の一例であった。サイードは、カシミールのパキスタン帰属を掲げた強硬派の武装組織ラシュカレ・トイバ (Lashkar-e-Taiba: LeT, 1990年代以降 JK 州における多数の越境テロ活動のほか、2008年11月ムンバイ同時多発テロ事件を実行) の共同設立者であり、JuD は LeT のフロント組織と目されている。JuD は2014年洪水の影響を受けたパキスタン側のインダス川下流地域で独自の避難キャンプを設置し、救援活動を実施した。その一方で、サイードは、水害をパキスタンに対するインドの攻撃であると一方的に断定し、ソーシャル・メディア上で「インドの水テロ」「インドの新たな戦争兵器」と呼称した[4)]。既存の政治的な対立構図が、災害を契機として様々な形で表面化し、刺激され得る可能性を示す一例であった。

2014年カシミール洪水の事例では、大雨や洪水などの極端な自然現象、政府の失策に対する住民の怒り、軍の活動に対する軋轢、武装組織による救援活動とプロパガンダ、国際的な救援協力の制限などの出来事が観察された。これらが示すのはカシミール社会における複合的なリスクの現実であった。それはカシミールの人々にとって、既存の安全保障問題の上に気候変動と災害という異なる次元の「新たなリスク」が加わって生じた「災害政治」の短期的な現れであった。

20世紀以降のカシミール紛争史を振り返ると、紛争状況を左右し、その後の政治的経路を形成するような重大事件が複数存在してきた。1947年の印パ分離独立に始まり、複数の戦争や武力紛争、1990年代のカシミール渓谷における武装闘争、そして2019年にはインドのJK州が撤廃された。その意味では、カシミール紛争にはいくつもの「転換点」があった。確かに、2014年の洪水自体は、これらの「転換点」とは質的に異なる部分も多い。しかし、次節で検討するように、洪水後の州政治の展開を考慮すると、2014年の出来事はやはりカシミール紛争史の中で無視できない一種の節目であったと考えられるだろう。自然災害がカシミール紛争にもたらした複合的なリスクは、この観点から理解される必要がある。

5　州政治の動揺：州政権交代から中央政府による政治的統制の進展へ

5.1 2014年 JK 州議会選挙

洪水発生からわずか2か月後の2014年11月から12月にかけて、当初の予定通りJK州議会選挙が実施された。多くの政治的グループが災害の経験を政治的に構築しようとした。洪水はすでに選挙戦の舞台となっていた。当時野党であったJK人民民主党（Peoples Democratic Party: PDP）とインド人民党（Bharatiya Janata Party: BJP）は、JK民族協議会（National Conference: NC）とインド国民

4）サイードのツイッター・アカウントは現在凍結されており、投稿された本文は、過去のウェブ上のデジタル情報を記録するNPOが提供するサービスであるWayback Machineを参照した。'Hafiz Saeed's tweet on 16 September 2014,'（https://web.archive.org/web/20140916194351/https://mobile.twitter.com/HafizSaeedJUD, 2021年1月30日最終アクセス)。

図10-3 2008年と2014年のJK州議会選挙の獲得議席数比較

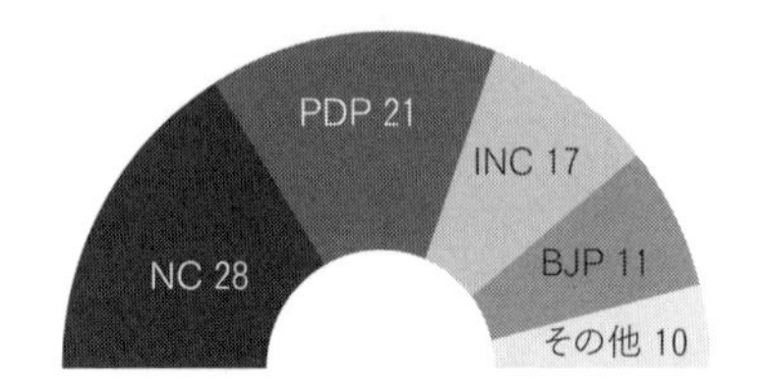

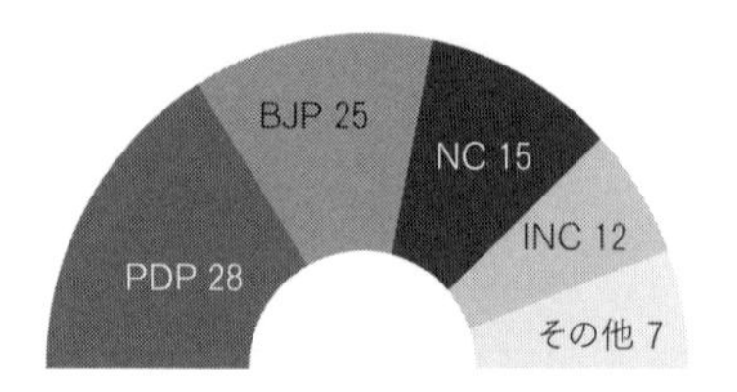

出典：筆者作成

会議派（Indian National Congress: INC）による政策、特にNCのオマル・アブドゥッラー州首相の災害対策、救援体制の不備を鋭く批判した。

全体としてムスリムが多数派を占め、また地域的な性格の強い同州の政党政治の歴史において、ヒンドゥー・ナショナリストの全国政党であるBJPはこれまで強い存在感を発揮することはなかった。しかし、直近の2014年5月に実施されたインド総選挙の勝利に勢いを得たBJPは、同州の選挙戦においても積極的なキャンペーンを展開した。BJPはヒンドゥー教徒が優勢なジャンムー地域と、仏教徒が多いラダック地域の有権者の動員を優先的に試み、それと同時に、スンニ派とシーア派の緊張を展開させることでカシミール渓谷に支配的なムスリム票の分断を図った（スウェンデン 2015, p.232）。

災害への不十分な対応を背景に争われた全87議席のうち、現職のオマル・アブドゥッラー州首相率いるNCは獲得議席数を15議席（前回2008年選挙から13議席減）に減らし、第3党へと転落した。INCの獲得議席数も12議席（5議席減）と伸び悩んだ。代わりに、PDPが28議席（7議席増）を獲得して第1党となり、BJPも25議席（14議席増）を獲得して第2党へと躍進した（図10-3）。選挙結果から見れば、洪水によって生じた有権者の怒りや政治的なうねりが州の政権交代に一定の影響を及ぼしたものと考えられる。

12月の選挙の結果、主要政党のいずれも単独過半数の議席数は獲得できなかった。連立政権の組閣交渉は難航したが、2015年3月にPDPのベテラン政治家ムフティ・サイード（Mufti Mohammad Sayeed）を首班とするPDP-BJP連立州政権が発足した。BJPが州議会の第2党へと躍進し、さらに連立政権を担うのは州の歴史上初の出来事であった。中央と州で影響力を獲得したモディ首相率いる

BJP 政権は、これ以降 JK 州への政治的な統制を徐々に強めていった。

5.2 知事統治と大統領統治：JK 州の「分割」へ

BJP はインド憲法で認められた JK 州の特別な自治権の撤廃を長らく主張しており、実際にモディ政権下の2019年8月にインド憲法第370条と第35条 A の撤廃が決議されると、JK 州は2つの連邦直轄領へと「分割」された[5)]。カシミール史の「転換点」といえる中央政府の決定までの期間、州内政治は大きく動揺してきた。

上述のように、2014年州選挙を経てサイードを州首相とする形で PDP-BJP 連立政権が発足したが、2016年1月にサイードが病死すると、政策的立場がもともと異なる両党で連立継続の合意が得られない状況が続いた。そうした状況下で、J K 州に知事統治（Governor's rule）が適用された。知事統治とは州憲法第92条に独自に規定される制度であり、州行政が憲法条項に則って実施できない状況が発生したと認められる場合に州政府の機能を一時的（最大6か月）に州知事へ付与する制度である。この規定は JK 州の政治においてしばしば適用され、例えば、2014年州選挙後に組閣協議が長引いた際にも適用されていた。2016年4月、サイード前州首相の娘であり PDP 政治家のメーブーバ・ムフティ（Mehbooba Mufti）が州首相に就任すると、再び PDP-BJP 連立政権が継続された。しかし、7月に地元の過激派組織の若きリーダーであったブルハン・ワニが治安当局との戦闘で殺害された後の大規模民衆抗議への対処をめぐり、両党の方針はさらに乖離していった。

5）インド憲法は1950年1月26日に施行された。他の諸条項とは異なり、インド憲法第370条（草案段階では306A 条）は1949年5月から10月にかけてネルー（Jawaharlal Nehru）首相とシェイク・アブドゥッラー（Sheikh Abdullah）首相を中心に議論され、10月17日に制憲議会が承認した。JK 州はインド連邦への参加条件を「交渉」した唯一の州である。第370条は、外交、防衛、通信分野を除く他の条項について州に一定の自治権を認め、さらに独自の州憲法も導入された。1954年の大統領令によって導入された憲法付録1の第35A 条は、州外のインド人による州公職就任、不動産購入、奨学金獲得などを制限してきた（Noorani 2011）。なお、第370条、第35条 A 廃止には、十分な議論や政治的合意が不在のままの実施に批判がある。しかし BJP 政権のモディ首相はこれらの条項が州内の分離主義や縁故主義の源泉であると強調し、撤廃により中央主導の地域発展につながるとして決定を自己正当化した（Press Information Bureau 2019）。

2018年6月、BJP が州連立政権からの撤退を明らかにすると、PDP のメーブーバ州首相は辞任を表明し、同州には再び知事統治が適用されることとなった。その後、同年8月にはモディ首相率いるBJP 中央政権が、BJP 政治家のサトヤ・パル・マリク（Satya Pal Malik）を第13代 JK 州知事に任命した。州政権や州議会が混乱した際に介入する権限を有する州知事には政治色の薄い人物を任命するのが通例であっただけに、この人事は物議を醸した。11月21日、マリク州知事は PDP による次期連立政権の組閣の訴えを退け、州議会を解散した。マリク州知事から JK 州への大統領統治を推奨する報告を受けたモディ首相は、6か月間の知事統治の終了後、今度は大統領統治（President's rule）の適用を決定した。大統領統治とは、州政府が憲法規定に従って実行できない状況が発生した場合に、州知事からの報告またはその他の方法を受けて大統領が布告によって州政府の機能を引き継ぎ、また連邦議会の権限の下で州議会の権限を行使できると定めたインド憲法356条の規定である。つまり、州における政治的決定を中央政権が統制し肩代わりするという構図になる。そして新たな選挙が宣言されない場合、その期間は最大3年まで延長される。大統領統治の適用はカシミール渓谷で武装闘争が過激化していた1996年以来のことであった。

2019年5月のインド総選挙で再び大勝した第2期モディ政権は、同年8月5日、JK 州へ特別な自治権を保証してきたインド憲法第370条および付録の第35A 条を撤廃すると突如として発表した。そして BJP の重鎮アミット・シャー（Amit Shah）内相によって「ジャンムー・カシミール再編法案」が連邦上下両院で提出され決議された。その後、大統領の認証手続きを経て JK 州の地位と自治権は2019年10月31日付で解消され、同州は2つの新たな連邦直轄領（Union Territory）へと「分割」された。

一連の出来事は地域に深刻な混乱をもたらした。カシミールの政治的「ロックダウン」の状況下で政治家や人権活動家など地元の指導者が多数拘束され、オマル・アブドゥッラー、メーブーバ・ムフティといった州首相経験者までもが長期間の拘束や自宅軟禁を強制される事態となった。また、インド政府の決定は周辺国との国際的緊張を誘発し、地域の不安定性を高めている。中国とパキスタンはカシミールの政治的地位を一方的に変更するインド政府の決定に反発しており、第2節で触れたように、2020年にはカシミール北東部の ALC（実効支配線）付近で中印紛争が再燃した。

6 おわりに

本章では、国家間の領土紛争と州内の「長期化された社会紛争」という既存の安全保障問題を抱えるカシミール社会にとって、気候変動に起因する自然災害という「新たなリスク」が加わることで複合的な政治的危機が引き起こされるという点を確認した。さらに、それらの気候リスクが既存の紛争構造や政治的危機とどのように反響するかを分析するため、インド政府によるJK州解体までの州政治の中長期的な過程を検討し、気候リスクが紛争地域の政治社会に重大な政治変動をもたらす可能性がある点について検証した。

気候変動が何らかの自然災害を介して政治的なストレスを生み出し、安全保障上のリスクを発生させる可能性は高い。とはいえ、紛争地が抱える問題は気候変動のみによって引き起こされるわけではない。様々に異なる政治社会の諸状況を土台に、災害を発生させるような気候条件が重なるとき、それらの問題は複合的に派生し進展していく。したがって「気候イベントが安全保障上の重要な結果へ及ぼす影響は、その影響を受ける地域の社会、政治、経済、環境の様々な具体的条件に左右される」のである（National Research Council 2013, p.135）。

それでもなお、気候変動それ自体の影響を無視したり過小評価することは問題の描出をかえって不正確にしてしまうだろう。JK州の事例では、2014年の洪水は確かに州政治に変動をもたらした。カシミール紛争とは、戦争、テロリズム、人権抑圧に関わる個々の事件のハイライトであると同時に、それ自体がプロセスを構成してきた。それは直接的あるいは構造的な暴力によって市民生活が追いやられてきた「脆弱性」の歴史でもある。幾度の印パ戦争、1990年代以降の武装闘争、2019年の州自治権剥奪という数々の大事件をカシミール紛争史全体における重大な「転換点」であったと考えるなら、2014年の洪水による「災害政治」もまたカシミール政治における節目の瞬間であったと見なせるだろう。それは、紛争問題の経路に作用するような歴史的局面であった。

気候変動と既存の政治プロセスとの関係は複雑であり、安全保障上の帰結を一般化したり総合的に予測したりする作業には困難が伴う。しかしながら、紛争地域の個別の社会における政治的脆弱性と気候リスクの相互作用に注目することは、紛争予防や政策研究の観点からも重要な課題である。そのためにも、気候変動と紛争問題との連結に関わる理解は、政治的、社会的、経済的メカニズムとの具体的なつながりを含む、より複合的な分析を通じて深められる必要がある。

■参考文献

井上あえか（2005）「カシミール問題」国際問題研究所編『南アジアの安全保障』第4章1節、pp.142-165、日本評論社。

桜木武史（2008）『戦場ジャーナリストへの道――カシミールで見た「戦闘」と「報道」の真実』彩流社。

塩崎由人・加藤孝明（2012）「自然災害と関連分野におけるレジリエンス、脆弱性の定義について」『生産研究』第64巻4号、pp.643-646。

スウェンデン、ウィルフリード、永野和茂訳（2015）「領域管理とその限界――インドの事例研究」、山田徹編『経済危機下の分権改革――「再国家化」と「脱国家化」の間で』第9章、pp.215-242、公人社。

外川昌彦（2020）「バングラデシュの環境問題――グローバルな課題への挑戦」、豊田知世・濱田泰弘・福原裕二・吉村慎太郎編『現代アジアと環境問題――多様性とダイナミズム』第8章、pp.186-201、花伝社。

廣瀬和司（2011）『カシミール／キルド・イン・ヴァレイ――インド・パキスタンの狭間で』現代企画室。

広瀬崇子（2005）「印パ対立の構造」国際問題研究所編『南アジアの安全保障』第2章2節、pp.38-65、日本評論社。

山根聡（2012）「対テロ戦争によるパキスタンにおける社会変容」『現代インド研究』第2号、pp.35-57。

米本昌平（2011）『地球変動のポリティクス――温暖化という脅威』弘文堂。

Ahmad, Tauseef, Arvind Chandra Pandey and Amit Kumar（2020）“Impact of 2014 Kashmir Flood on Land Use/Land Cover Transformation in Dal Lake and Its Surroundings, Kashmir valley,” *SN Applied Sciences*, 2（4）, pp.1-13.
doi: 10.1007/s42452-020-2434-8

Azar, Edward E.（1990）*The Management of Protracted Social Conflict: Theory and Cases*, Hampshire: Dartmouth.

Behera, Navnita Chadha（2000）*State, Identity and Violence: Jammu, Kashmir and Ladakh*, New Delhi: Manohar.

Bhutiyani, Mahendra R., Vishwas S. Kale and Namdeo J. Pawar（2007）“Long-term Trends in Maximum, Minimum and Mean Annual Air Temperatures across the Northwestern Himalaya during the Twentieth Century,” *Climatic Change*, 85（1-2）, pp.159-177.

Bhutiyani, Mahendra R., Vishwas S. Kale and Namdeo J. Pawar（2010）“Climate Change and the Precipitation Variations in the Northwestern Himalaya: 1866-2006,” *International Journal of Climatology*, 30（4）, pp.535-548.

Diehl, Paul F., Gary Goertz and Daniel Saeedi（2005）“Theoretical Specifications of Enduring Rivalries: Applications to the India-Pakistan Case,” in T. V. Paul ed., *The India-Pakistan*

Conflict: An Enduring Rivalry, Cambridge: Cambridge University Press, pp.27-53.

Duschinski, Haley and Bruce Hoffman（2011）"Everyday Violence, Institutional Denial, and Struggles for Justice in Kashmir," *Race and Class,* 52（4）, pp.44-70.

Galtung, Johan（1982）*Environment, Development and Military Activity: Towards Alternative Security Doctrines,* Oslo: Universitetsforlaget.

Ganguly, Sumit（1997）*The Crisis in Kashmir: Portents of War, Hopes of Peace,* New York: Cambridge University Press.

Ganguly, Sumit（2002）*Conflict Unending: India-Pakistan Tensions since 1947,* New Delhi: Oxford University Press.

Ganguly, Sumit and S. Paul Kapur（2010）"The Sorcerer's Apprentice: Islamist Militancy in South Asia," *The Washington Quarterly,* 33（1）, pp.47-59.

Ghosh, Deepshikha（2014）"Jammu and Kashmir Floods: 'I Had No Government', Omar Abdullah Tells NDTV," *NDTV,* 11 September 2014
https://www.ndtv.com/india-news/jammu-and-kashmir-floods-i-had-no-government-omar-abdullah-tells-ndtv-662622（最終アクセス 2021/1/30）

Giddens, Anthony（2011）*The Politics of Climate Change,* Second Edition, Revised and Updated, Cambridge: Polity Press.

Guggenheim, Michael（2014）"Introduction: Disasters as Politics - Politics as Disasters," *The Sociological Review,* 62（S1）, pp.1-16.

Hannigan, John（2012）*Disasters without Borders: The International Politics of Natural Disasters,* Cambridge: Polity.

Intergovernmental Panel on Climate Change（IPCC）（2014）*Climate Change 2014: Impacts, Adaptation, and Vulnerability, Part A: Global and Sectoral Aspects, Contribution of Working Group II to the Fifth Assessment Report of the Intergovernmental Panel on Climate Change,*［C. B. Field, V.R. Barros, D.J. Dokken, K.J. Mach, M.D. Mastrandrea and T.E. Bilir et al. eds.］Cambridge: Cambridge University Press.

Islam, Zahoor Ul and Liaqat Ali Khan Rao（2013）"Climate Change Scenario in Kashmir Valley, India, based on Seasonal and Annual Average Temperature Trends," *Disaster Advances,* 6（4）, pp.30-40.

Jamwal, Anuradha Bhasin（2016）"Buruhan Wani and Beyond: India's Denial, Kashmir's Defiance," *Economic and Political Weekly,* 51（30）,（26 Jul. 2016）.
https://www.epw.in/journal/2016/30/web-exclusives/burhan-wani-and-beyond-indias-denial-kashmirs-defiance.html（最終アクセス2021/1/30）

Kanth, Mir Fatimah and Shrimoyee Nandini Ghosh（2015）*Occupational Hazard: The Jammu and Kashmir Floods of September 2014,* Srinagar: Jammu Kashmir Coalition of Civil Society.

Klitzsch, Nicole（2014）"Disaster Politics or Disaster of Politics? Post-Tsunami Conflict Transformation in Sri Lanka and Aceh, Indonesia," *Cooperation and Conflict,* 49（4）, pp. 554-573.

Mahapatra, Debidatta Aurobinda（2018）*Conflict Management in Kashmir: State-People Relations and Peace,* Cambridge: Cambridge University Press.

Majaw, Baniateilang（2020）*Climate Change in South Asia: Politics, Policies and the SAARC,* Oxon: Routledge.

Mattoo, Amitabh（2009）“Kashmir after Shopian,” *Economic and Political Weekly,* 44（28), pp.39–43.

National Research Council（2013), *Climate and Social Stress: Implications for Security Analysis,* Washington, DC: The National Academies Press.

Noorani, A.G.（2011）*Article 370: A Constitutional History of Jammu and Kashmir,* New Delhi: Oxford University Press.

Oliver-Smith, Anthony and Susanna M. Hoffman（2002）“Introduction: Why Anthropologists should Study Disasters,” in Susanna M. Hoffman and Anthony Oliver-Smith eds., *Catastrophe and Culture: The Anthropology of Disaster,* Ch.1, pp.3–22, Santa Fe: School of American Research Press.

Pandit, M. Saleem（2014）“281 Dead, 29 Missing in Floods: J&K Govt,” *The Times of India*（30 September 2014).
https://timesofindia.indiatimes.com/india/281-dead-29-missing-in-floods-JK-govt/articleshow/43854622.cms（最終アクセス 2021/1/30）

Pelling, Mark（2003）*The Vulnerability of Cities: Natural Disasters and Social Resilience,* New York: Earthscan.

Pelling, Mark（2011）*Adaptation to Climate Change: From Resilience to Transformation,* Oxon: Routledge.

Press Information Bureau, Government of India（2019）*English rendering of PM's address to the Nation*（8 August 2019).
https://pib.gov.in/PressReleseDetail.aspx?PRID=1581598（最終アクセス2019/8/10）

Rashid, I., S. A. Romshoo, R.K. Chaturvedi, N. H. Ravindranath, Raman Sukumar, Mathangi Jayaraman, Thatiparthi Vijaya Lakshmi and Jagmohan Sharm（2015）“Projected Climate Change Impacts on Vegetation Distribution over Kashmir Himalayas,” *Climatic Change,* 132（4), pp.601–613.

Ray, Kamaljit, S. C. Bhan and B. K. Bandopadhyay（2015）“The Catastrophe over Jammu and Kashmir in September 2014: A Meteorological Observational Analysis,” Current Science, 109（3), pp.580–591.

Renner, Michael（1996）*Fighting for Survival: Environmental Decline, Social Conflict, and New Age of Insecurity,* New York: W.W. Norton.

Shafiq, Mifta Ul, Zahoor Ul Islam, Abida, Wani Suhail Ahmad, Mohammad Shafi Bhat and Pervez Ahmed（2019a）“Recent Trends in Precipitation Regime of Kashmir Valley, India,” *Disaster Advances,* 12（4), pp.1–11.

Shafiq, Mifta Ul, Shazia Ramzan, Pervez Ahmed, Rashid Mahmood and A. P. Dimri（2019b）“Assessment of Present and Future Climate Change over Kashmir Himalayas, India,” *Theoretical Applied Climatology,* 137（3–4), pp.3183–3195.

Sharma, Vaibhav, Varunendra Dutta, Mishra and Pawan Kumar Joshi（2013）“Implications of Climate Change on Streamflow of a Snow-fed River System of the Northwest Himalaya,”

Journal of Mountain Science, 10 (4), pp.574-587.
Siddiqi, Ayesha (2018) "Disasters in Conflict Areas: Finding the Politics," *Disasters,* 42 (S2), pp.S161-S172.
Tierney, Kathleen (2019) *Disasters: A Sociological Approach,* Cambridge: Polity.
Varma, Saiba (2021) "Affective Governance, Disaster, and the Unfinished Colonial Project," in Sugata Bose and Ayesha Jalal eds., *Kashmir and the Future of South Asia,* Oxon: Routledge, pp.53-70.
Venugopal, Rajesh and Sameer Yasir (2017) "The Politics of Natural Disasters in Protracted Conflict: The 2014 Flood in Kashmir," *Oxford development Studies,* 45 (4), pp.424-442.
Walch, Colin (2018) "Disaster Risk Reduction Amidst Armed Conflict: Informal Institutions, Rebel Groups, and Wartime Political Orders," *Disasters,* 42 (S2), pp.S239-S264.
Widmalm, Sten (2002) *Kashmir in Comparative Perspective: Democracy and Violent Separatism in India,* London: Routledge Curzon.

第11章

気候変動がもたらす中印水紛争への影響

ヤルンツァンポ-ブラマプトラ川の事例から

ヴィンドゥ・マイ・チョタニ

（監訳：華井和代）

ブラマプトラ川の位置

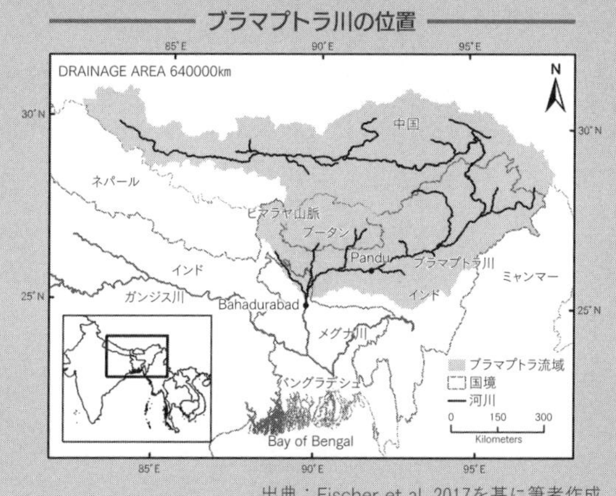

出典：Fischer et al. 2017を基に筆者作成

チベットに水源を持ち、バングラデシュでガンジス川と合流してベンガル湾に注ぐ本河川は、チベットではヤルンツァンポ川、インドではブラマプトラ川、バングラデシュではジャムナ川とよばれる。

中国とインドの水不足が深刻化する中、ヤルンツァンポ（ブラマプトラ）川をはじめとする共有水資源をめぐる対立の激化が予想される。本章では、インドと中国の状況からして、水不安そのものから武力紛争につながることはないと論じる。ただし、国内および二国間の他の要因と相まって、紛争の可能性が大幅に高まる可能性はある。本章ではまず、気候変動の影響と紛争との相関関係に関する既存の文献を評価する。次に、水の安全保障と中印間の潜在的な紛争とを関連付ける重要な問題を取り上げる。最後に、流域での協力関係を強化するために、主要な利害関係者が検討すべき事柄を提言する。

1 はじめに

国際関係学の分野では、水、紛争、平和の相関関係が非常に重要な研究テーマとなっている。このような水戦争の考え方をとる学者や水の専門家が増えている。例えばArthur H. Westingは、「限りのある淡水をめぐる争いは、深刻な政治的緊張をもたらし、時には戦争にまで発展する」と指摘している（Westing 1986）。Jon Martin Trolldalenは、「地域レベルでの共有水の質と量をめぐる争いが、しばしば国際的な水紛争につながる」と考えている（Trolldalen 1992）。

世界人口の約66％、40億人以上が深刻な水不足の地域に住んでいるが、インドと中国というアジアの主要2か国を見ると、問題の深刻さが一層際立つ。この40億人のうち、10億人がインドに、9億人が中国に住んでいる。すなわち、両国の人口の大半が水不足の深刻な地域に住んでいる（Mekonnen and Hoekstra 2016）。水不足に関する世界銀行の2006年のワーキングペーパーは、「中国は近い将来、東アジアと東南アジアで最も水不足の深刻な国になるだろう」と報告し、この問題をさらに強調した（Zmarak 2006）。

その結果、水の国家主義が高まり、数々の越境水（transboundary water）をめぐる論争が国家間の不信感を強め、政治的関係を悪化させているのは確かである。この傾向は、河川流域管理能力が「不十分」なヤルンツァンポ（ブラマプトラ）流域でとりわけ顕著である。実際、ブラマプトラ川では2040年までに、河川開発プロジェクトをめぐって流域国の不和が続き、食料安全保障や水力発電能力が低下することが予想されている（U.S. Office of the Director of National Intelligence 2012）。

インドと中国の国内問題や二国間問題を勘案すると、紛争の可能性は高くなる。水管理に関する二国間または多国間の協定あるいは水共有条約がないことに懸念がある。さらに、この川が流れるアルナーチャル・プラデーシュ州をめぐり、両国は何十年にもわたって国境紛争を繰り返してきた。また、中国によるダム建設や南水北調プロジェクト（South-North Water Diversion Project：SNWDP）などの問題も、紛争の可能性を高めている。

このような背景から、本章では手始めに、気候変動の影響によってブラマプトラ川の政治的・社会的脆弱性がいかに悪化しているかを評価し、さらに、気候変動による影響と紛争との相関関係を検証する。次に、水の安全保障と中印間の潜在的な紛争とを関連付ける重要な問題を取り上げる。最後に、流域での協力関係を強化するために、主要な利害関係者が検討すべき事柄を提言する。

なぜブラマプトラ川なのか

地理的に、4か国58万平方キロメートルの広がりを持つブラマプトラ流域は（World Bank SAWI）、チベット高原、中国とインドにまたがるヒマラヤ帯、インドとバングラデシュにまたがる氾濫原という3つの地形帯に分けられる（Samarranayake et al. 2018）。

この川から生じる緊張関係の分析・研究は、いくつかの理由から重要である。第一に、南アジアでは、インダス流域とガンジス流域が河川系研究の中心に据えられてきた。それに比べると、ブラマプトラ流域はあまり研究が進んでいない。

第二に、気候変動の影響は、「人口が多く、灌漑農業と雪解け水への依存度が高い」ために、インダス川とブラマプトラ川の流域で最も大きくなるという研究結果がある（Immerzeel et al. 2010）。この研究はまた、6,000万人の食料安全保障が脅かされる可能性があると推定している。

第三に、他の重要な越境河川では、ナイル流域イニシアティブやアマゾン協力条約機構などの流域協定が結ばれているが、ブラマプトラ流域は、世界第5位の流量を持つ河川でありながら（Sumit et al. 2019）、水協定が結ばれていない。

2　気候変動がブラマプトラ川に及ぼす影響と、水の安全保障と紛争との関連性

本研究はそもそも、ブラマプトラ流域の水の利用可能性や気候変動の影響に関する科学的な研究を目指すものではない。しかし本研究では、気候変動が他の社会的、経済的、政治的な変動要因と相互作用すると、それらの要因を悪化させ、緊張を著しく高める可能性があることが一層明確になっていると認識している。そこでまず、気候変動がブラマプトラ流域にどの程度影響を与えているかに着目して既存の文献を調べ、次に、水不足や水不安と紛争との相関関係を明らかにしていく。

気候変動がどの程度ブラマプトラ川に影響を及ぼすかを理解するために、いくつかの研究を検証することができる。まず、Flugel et al.（2008）や Immerzeel

(2008) の研究によると、過去50年にわたって平均気温と季節気温が一貫して上昇しており、今後も気温が上昇し続けると予想される。

欧州委員会の別の調査によると、今後、洪水はより頻繁に発生し、その規模もより深刻になる可能性がある (Khaled et al. 2017)[1)]。この点に関して、過去10年間に当地域が歴史上最も破壊的な洪水に見舞われたことに疑いの余地はない。2009年の洪水では、100万人近くが被災し、200人以上が死亡した (Sphere India 2009)。2012年には、モンスーン降雨により広い地域が浸水し、少なくとも124人が死亡し、220万人が避難を余儀なくされた (Indian Red Cross Society 2012)。

また、これらの地域に住む人々の政治的、社会経済的安定にも直接的な影響が及んでいる。例えば、インドと中国は、「水不足、氷河の融解、降水パターンの乱れ、洪水、砂漠化、汚染、土壌浸食などの累積的影響」により、2050年までに米や小麦の収量が30〜50%減少するといわれている (Strategic Foresight Group 2010)。

気候変動が河川にどのような影響を及ぼすかについてはまだ学術的に判断がついていない段階であるが、表11-1は気候変動がブラマプトラ川流域の水文に及ぼす影響について予測した主要な研究と出版物をまとめたものであり、概要をよく表している。

次に、中国とインドが対立する可能性について考察する。そのためには、水の安全保障と紛争との間の相関性に関する文献を調べることが重要である。

既存研究を検証すると、水不安が戦争の原因になることを示唆する研究が増えているのは明らかである。Gleick (1991) は、冷戦後の時代には、国際的な議論の中で環境安全保障の問題がより中心的な位置付けになると論じている。その主張によれば、急速な人口増加、移住の増加、環境資源への需要の高まり、および将来の気候変動により、共有の淡水資源をめぐる国際的緊張が高まるという。

Lowe and Silvester (2014) は、世界の安全保障を脅かす水不足に関する報告で、他の不安定要因がすでに存在する場合、水が紛争の火種になりうると主張し、「水不足に政情不安、資源需要の増加、気候変動が重なると、紛争が起きる『破滅的な状況』が生じる可能性がある」と述べた。Chellaney (2013) も同様に論

---

1) さらに、Sharmaの研究によると、氷河の後退と降水パターンの変化によって鉄砲水や洪水が増え、その影響で流域の氾濫と河岸浸食が拡大している (Sharma et al. 2010)。

表11-1　気候変動がブラマプトラ流域の水文に与える影響予測

河川流域	影響	出版物
ブラマプトラ川	上流の水供給が20%減少する可能性がある	Immerzeel et al. (2010)
ブラマプトラ川	蒸発水量の増加により、水利用量が平均して減少する可能性がある。シナリオによって規模が異なる。降雪量が減少する。	Prasch (2010)
ブラマプトラ川	氷河の融解は2040年まで加速し、それ以降は減少する	Prasch et al. (2010)
ブラマプトラ川	GCMに基づく平均ピーク流量の大幅な増加	Monirul Qader Mirza (2002)
ブラマプトラ川	A2シナリオにおけるピーク流量と洪水波の継続時間の増加	Ghosh & Dutta (2012)
ブラマプトラ川	降水量の増加と氷河融解流出の加速により2050年まで総流出量が増加	Lutz et al. (2014)
ブラマプトラ川下流域	洪水が著しく増加する	Gain et al. (2011)

出典：Nepal and Shrestha（2015）を基に筆者作成

じ、水は戦争の原因になりうるが、それだけで戦争の理由になることはないはずだとし、「第二次世界大戦後の多くの顕著な争いがそうであったように、領土問題が水の争いと重なるとき、水は通常、紛争のあからさまな扇動因子ではなく、伏在的な促進因子である」と述べた。

中東の水不足に関する著名な学者であるMiriam Lowiは、国境を越えた河川系における国家の地理的位置も水の分配をめぐる協力の度合いに影響を与えると主張し、上流国は、下流国の必要性を無視して一方的に水を利用できるので、明らかに有利であると述べている（Lowi 1993）。

したがって、水利用をめぐる協力の証拠があるにもかかわらず、水不足と武力紛争を結び付ける議論が数多くなされている。国家が水へのアクセスのみをめぐって戦ったことはないが、水不足の深刻化が、領土問題、上流と下流の位置関係、主権との関連、政情不安など他の要因と組み合わさったとき、戦争につながる可能性がある。これらの要因は、水の安全保障や水不足と、中印間の戦争の可能性とを結び付ける主要な促進因子を検証する上で基礎となる。

3 水の安全保障と中印間の潜在的な対立とを関連付ける重要な問題

3.1 水に関する条約の欠如と一方向のアプローチ

国境にまたがる協定がないため、河川沿いのそれぞれの国が河川を管理している。中国はインドとの水共有協定を望んでいないようであり、中国の地元メディアはそのような協定は「屈辱的」であるとの考えを示している（Holslag 2011）。一方、インドは、パキスタンやバングラデシュと結んでいるような水共有協定を、中国と結ぶことを望んでいる。しかし、これまでインドは、越境河川に関しては、主に二国間のアプローチを追求してきた。

中印関係に影響を与える政策の観点では、越境河川に関する中国の政策が不明確である。2010年、中国の温家宝首相はインドの指導者に対し、中国は下流国に影響を与えるようなプロジェクトは行わないことを確約した。同様に、中国外交部の報道官はインドに対し、「現時点では、ヤルンツァンポ川の水力発電所は…下流の水位に大きな変化をもたらさず、下流国の水力利用にも影響を与えない」と述べている（Gray 2011）。

さらに、中国側の透明性の欠如に懸念がある。例えば、インドと中国は2002年に覚書を交わし、それを2008年、2013年、2018年に更新している。その狙いは、中国がインドに、洪水期のブラマプトラ川の水文情報を提供することであった（Government of India ウェブサイト）。しかし2017年、ドクラム地域でインドと中国が73日間にらみ合った後、中国がこの依存関係を利用し、上流国だけが入手できる水文データの提供を保留する事態が発生した。BBC は、中国が協定に反してブラマプトラ川とサトレジ川の水文データを提供せず、アッサム州とウッタル・プラデーシュ州で洪水が起きたと報じた（Khadka 2017）。中国側はこれを技術的な問題によるものと説明したが、バングラデシュの当局者は、中国からブラマプトラ川の水位と流出量のデータを引き続き受け取っていると述べた（Khadka 2017）。

このことは、両国間の信頼関係の欠如をさらに助長している。例えば、インド議会の水資源常任委員会は最近、「中国が実施している『流れ込み式水力』プロジェクトは、それ自体は分水につながらないかもしれないが、水を池に貯め、タービンを回すために流出させる可能性が十分にあり、下流の流量に一定の日変動

表11-2　ヒマラヤを横断する支流にある中国のダム

ダム	状況	規模
藏木（Zangmu）	2014 年に稼働	510 MW
大古（Dagu）	認可済み 2013 年の第 12 次 5 カ年計画	640 MW
加査（Jiacha）	認可済み 2013 年の第 12 次 5 カ年計画	320 MW
街需（Jiexu）	認可済み 2013 年の第 12 次 5 カ年計画	560 MW
墨脱（Medog/Metok）プロジェクト	2021 年の第 14 次 5 カ年計画で発表	60 GW

出典：筆者作成

をもたらし、結果としてブラマプトラ川の水流に影響を与え、この地域の水資源を活用しようとするインドの取り組みに影響を与えるのではないか」との懸念を表明した（Sharma 2021）。

同委員会は、「インドは中国の行動を常に監視し、ブラマプトラ川への大規模な介入によってインドの国益が損なわれることのないようにすべきである」と勧告している（Sharma 2021）。

3.2 中国のダム建設が二国間関係に与える影響

中国は、世界の他の国々の合計よりも多くのダムを自国の川に建設している（Chellaney and Tellis 2011）。中国は2000年に「西部大開発」キャンペーンを開始した（Goodman 2004）。この取り組みでは、中国西部を経済的に発展させるための水力発電開発が重要な要素であると同国は主張している。

中国は2013年の第12次 5 カ年計画で、チベットのブラマプトラ川沿いに 3 つのダムを建設する計画を発表した（表11-2）。2015年には、別のダムである藏木ダムが稼働を開始した。2021年に発表された中国の最新の第14次 5 カ年計画では、ブラマプトラ川下流のメトク県でのダム建設（メトク・プロジェクト）が想定されており（Keerthana 2021）、最大60ギガワットの発電容量を生むのに貢献するとされている。

下流国のインドやバングラデシュが懸念を表明しているのに対し、中国は、「これらの国の利益を念頭に置いている」と述べ、不安を軽視している。それでも、インドはいくつかの点で影響を受ける可能性がある。河川を堰き止めると、川の流れに影響が出る。インドは、中国に現存するダムが、すでにブラマプトラ川に影響を及ぼしていると考えている。アルナーチャル・プラデーシュ州では、中国のダムのせいでブラマプトラ川が干上がりそうになったとの主張があった(Economic Times 2012)。もしそうであれば、流量の減少がインド北東部の経済や環境に悪影響を及ぼすことになる。

さらに、進行中の藏木ダム建設プロジェクトは、貯水と分水が必要な「洪水調節および灌漑」に使われる可能性があるとされ、このダムがブラマプトラ川の流量を減らし、中国が主張する以上にインドに影響を及ぼす可能性が示唆される(Gupta 2010)。

ダムがブラマプトラ川の流量に大きな影響を与えないとしても、水力発電用のダムは、タービンの障害となる沈泥を、ダムに流入する前に川から取り除くことにより、下流の生態系に影響を与える。この沈泥は栄養分に富み、インドやバングラデシュの農業に欠かせないものである。ブラマプトラ流域に住む人々の多くは農民であるため（Gupta 2010)、沈泥が失われると農業に悪影響が及び、特にブラマプトラ川の水量が減少すると、インドの食料安全保障に懸念が生じる。

さらに、ダム建設による汚染は下流にも波及し、農地への影響や魚資源の枯渇など、食料安全保障上の懸念も加わる（Jha 2011a)。食料不足の大きな可能性があるため、インド社会が不安定になる恐れがある（Jha 2011b)。最後に、これらのダムは地質学的なリスクがあり、特に大屈曲部に建設されるダムは地震活動を引き起こす可能性が懸念されている（Lan 2012)。最悪のシナリオでは、ダムが崩壊して巨大な波が発生し、流路沿いのあらゆるものを破壊し、下流のダムも破壊するドミノ効果が起こり（ENS 2012)、アルナーチャル・プラデーシュ州に壊滅的な被害を与える可能性がある。

3.3 南水北調プロジェクト（SNWDP）

南北間の大規模な分水状況を改善するため、中国国務院は2002年、年間380～480億立方メートルの水を移動させる大規模な南水北調プロジェクトを立ち上げた（Water Technology ウェブサイト)。このプロジェクトの3番目の水路、すなわち西部水路は、もっとも議論が多く、インドへの影響が最も大きい。なぜならば、中国の分水計画では、ヤルンツァンポ川がインドに流入してブラマプト

図11-1　SNWDP の西部水路

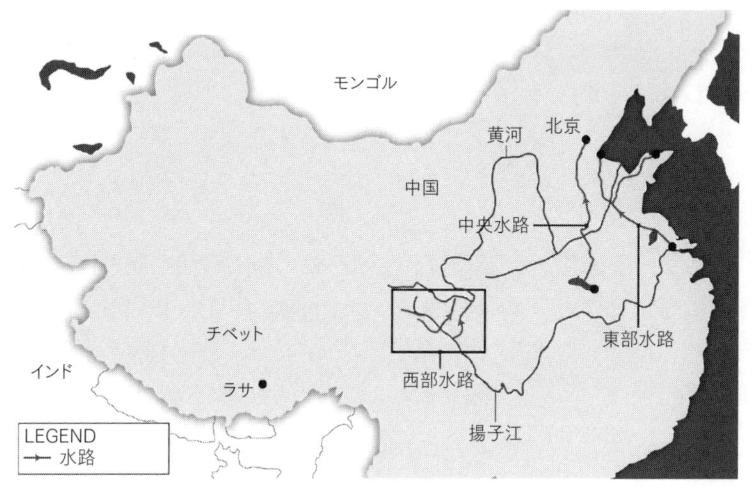

出典：*Geodata* のウェブページより筆者作成

ラ川となる直前のいわゆる「大屈曲部」(Shuomatan Point) で引水するからである (図11-1参照) (Freeman 2011)。

水量が減少すると、インドとバングラデシュの両国で何百万人もの人々が影響を受けることになる。インドの指導者たちは、中国の水インフラ・プロジェクトによって河川水量の制御力が高まり、中国がインドに対して影響力を持つことを懸念している (Ramachandran 2008)。さらに、中国側の透明性の欠如や情報共有への消極性から、この水路が建設される可能性を判断するのが難しいことも、議論を呼んでいる。

インドの懸念に対し、中国政府はツァンポ川の分水を検討していることを否定し、中国の水資源担当大臣は、同川の分水は「不要、実行不可能、非科学的」であると述べている (Jha 2011a, para.12)。しかし、政府に近い当局者は、この水路は建設される予定であり、中国の第12次５カ年計画で承認されていると述べている (Schneider et al. 2011)。実際、最近では2021年５月に、中国の習近平国家主席は、世界最大の分水プロジェクトを推進すると発表している (Zhang and Donnellon-May 2021)。

ただし中国は、不安定な地質条件、凍結温度、建設の技術的な難しさ、分水による下流で実施されている水力発電プロジェクトの能力・運用への妨げ、大規模な集落移転などの問題があるため（Lan 2012, para.17）、最大の水輸送の可能性を有するこの西部水路（Malhotra-A. 2011）についてはコストと工学的な困難を勘案しなければならない。すなわち、中国がプロジェクトを推し進めれば、インドとの緊張が高まることになる。ブラマプトラ川と国家主権の関係を考えると、このような状況は一層憂慮される。

3.4 アルナーチャル・プラデーシュ州をめぐる中印領土紛争

歴史的に見ても、中印は緊張関係にある（Holslag 2011）。1950年に中国がチベットを併合し、中印は国境で接するようになった。それ以来インドは、チベットは独立であるべきだという立場をとり、それは中国共産党にとって好ましくない見解であった（Sikri 2011）。チベット高原は、ブラマプトラ川など多くの河川の源流があり、影響が大きく、中印関係にとって重要であり続ける。

チベット占領後、インドとチベットの国境について合意するために、中印の外交交渉が必要になった。インドは、1914年にイギリス、インド、チベット、中国の間で結ばれたシムラ協定で定められたマクマホンラインが国境であると主張した。しかし中国は、マクマホンラインを認めると、何世紀にもわたって主張してきたチベットに対する支配権の正当性に疑問が生じ、正当性が損なわれることになるため、マクマホンラインを認めなかった。このため、アルナーチャル・プラデーシュ州は現在もインドと中国の双方が領有権を主張し、頻繁に緊張が生じる地域であり（Bajpaee 2010）、新たな軍事衝突の引き金となる可能性がある。

近年、両国間で不信感が高まっている。このことは、国境の両側での軍備増強、積極的なパトロール、国境侵犯が常態化していることに現れている。例えば、インド政府は、2012年から2015年にかけて中国兵が中印国境沿いの紛争地域に600回侵入していると報告している（Dutta 2008）。

また、国境紛争を抱える下流側のインドが懸念を抱いている一方で、意外にも、インドの上流に位置する中国も懸念を抱いている。Wuthnow の研究によると、インドが下流側に水力発電ダムを建設すれば、アルナーチャル・プラデーシュ州、すなわち中国が「南チベット」とみなす地域に対するインド政府の「実効支配」がさらに強まる可能性があるという（Samaranayake et al. 2016）。この問題によって国境交渉が複雑になり、領土を取り戻そうとする中国政府の望みがより薄くなる可能性がある。

したがって、この地域の水争いは、すでに緊張が高まっている領土に関するより広範な争いに発展しやすい。すなわち、この地域の小さな争いが、本格的な紛争に発展する可能性が高くなる。

4 協力可能な分野

絶対主権を政策とする中国は（Economy 2012）、河川を共有するどの国とも水の共有に関する協定や条約を結んでいない。中国は、1997年の「国際水路の非航行的利用に関する国連条約」にも署名しておらず（Malhotra-A. 2011）、水共有協定に参加する可能性は低いままである。そこで、本節では、中印間で水共有協定が結ばれていない状況を補うために、何ができるかを考えてみる。

4.1 安全保障からの水資源の切り離し

第一に、紛争の可能性や、水がインドに対する政治的武器として使われる可能性を抑えるために、水資源を安全保障から切り離すことが重要なステップとなる。そのためには、河川に関する対話を、軍事的、政治的な懸念から切り離す必要がある。インドは、政治的に機微ではなく相互に利益のある問題で中国との協力を追求できるとSvenssonは主張し、例えば、農業部門での水利用の改善について協力することで、より議論の多い水問題での協力につながることが期待できるという（Svensson 2012）。

4.2 多国間枠組みの模索

中国とインドは二国間主義を好むため、これまで、多国間で水資源管理に取り組むことにほとんど関心を示してこなかった。しかし、両国とも多国間の取り組みに反対はしていない。両国政府が、ブラマプトラ川について近隣諸国を交えて革新的な取り組みを追求した前例があり、それを試みる余地がある。

インドは、カザフスタンが中国と共有の河川をめぐって取り決めを交わした事例を参考にできるであろう。中国は1990年代からエルティシ川からの分水を行っており、2020年までに分水量を倍増させる計画であった。川の分水により、カザフスタンでは流量が減り、汚染が進み、両国間に緊張が生じた。ロシアとカザフスタンは2007年に、上海協力機構フォーラムで国際河川の水利用や権利を議題にすることに成功し、最終的には、2011年に「越境河川の水質に関する協定」が締結された（Economy 2012）。2017年、インドは上海協力機構のオブザーバーからメンバーに格上げされ、その新しい立場を利用して、別の国際フォーラムで水共有問題を提起し、中国に協定締結を迫ることができるようになった。

また、ブラマプトラ川の3つの流域国が対等な立場でメンバーとなっている地域的な多国間枠組みとして唯一のものは、バングラデシュ・中国・インド・ミャンマー（BCIM）構想である。BCIMは、インフラや資源への投資などにより、地域のつながりを拡大することを目指している。この既存の枠組みは、ブラマプトラ川の問題で協力するための既成の機会を提供する。

4.3 他の流域国

インドの立場からすれば、この地域での中国との関わりにバングラデシュを含めることは、長期的な解決策を見出す上で非常に重要である。バングラデシュの水不足はインドへの移住を引き起こす可能性が高いため、バングラデシュの利益を守ることはインドにとって有益である。バングラデシュが除外されれば、同国は主権が脅かされたと感じ、将来の紛争の可能性が高まることになる。中国は、洪水時期の水文データをバングラデシュに提供する協定を結んでいるので、バングラデシュに権利がないと断じることはできない。これらの分野で協力すれば、より友好的な政治環境が創出され、合意形成の可能性が高まることになる（Svensson 2012）。

5 おわりに

本章では、今日世界が直面している最たる問題の1つである「水不安」を、それに関連する問題で脆弱性が高まっている地域を対象にして取り上げた。その際にまず、気候変動が水へのアクセスと利用可能性にどのように影響するか、また、その結果生じる破壊や問題によって住民の社会経済的および政治的脆弱性がどのように増大するかについて、理解することから始めた。

このような対立を引き起こす可能性がある重要な地域の1つに、ヤルンツァンポ（ブラマプトラ）川がある。この川は流域の国々にとって重要であり、インドと中国というアジアの核保有国の国境にまたがることから、ホット・スポットとなっている。本章では、気候変動それ自体が紛争を引き起こすことはないだろうと認識しつつも、気候に関わる緊張関係を潜在的な紛争にエスカレートさせる可能性がある特定の要因を明らかにし、分析した。水共有に関する一方的なアプローチと水共有協定の欠如、ダム建設の政治的駆け引き、国境沿いの領土問題は、いずれも緊張を悪化させ、有害な紛争につながる可能性がある。

最後に、インドと中国は水の共有に関する協定を結んでいないことに鑑みて、気候による影響が紛争の可能性を高めないよう、他の様々なメカニズムを見つけることが重要であることを詳しく説明した。その際に、多国間イニシアティブを通じた関与の重要性、水を安全保障から切り離す必要性、バングラデシュのような他の流域国との協力の必要性を論じた。

■参考文献

Bajpaee, Chietigj（2010）“China-Indian Relations: Regional Rivalry Takes the World Stage,” *China Security*, 6（2）, pp.3–20.

Chellaney, Brahma（2013）*Water, Peace, and War. Confronting the Global Water Crisis*, Maryland: Rowman & Littlefield Publishers, Incorporated.

Chellaney, Brahma and Ashley J. Tellis（2011）“A Crisis to Come? China, India and Water Rivalry,” *Carnegie Endowment for International Peace*.
http://carnegieendowment.org/2011/09/13/crisis-to-come-china-india-and-water-rivalry/54wg

Dutta, Sujit（2008）“Revisiting China's Territorial Claims on Arunachal,” *Strategic Analysis*, 32（4）, pp.559–581.

Economic Times（2012）“China Claims Brahmaputra Dam Not Affecting Water Flow to India.”
https://economictimes.indiatimes.com/news/politics-and-nation/china-claims-brahmaputra-dam-not-affecting-water-flow-to-india/articleshow/12113849.cms?from=mdr

Economy C. Elizabeth（2012）“China's Global Quest for Resources and Implications for the United States,” *Council on Foreign Relations*.
https://www.cfr.org/report/chinas-global-quest-resources-and-implications-united-states

ENS（2012）“China Builds Scores of Dams in Earthquake Hazard Zones.”
https://ens-newswire.com/china-builds-scores-of-dams-in-earthquake-hazard-zones/

Fischer, Sandra, Jan Pietron, Arvid Bring, Josefin Thorslun and Jerker Jarsjo（2017）“Present to Future Sediment Transport of the Brahmaputra River: Reducing Uncertainty in Predictions and Management,” *Regional Environmental Change* 17, pp.515–526.
https://link.springer.com/article/10.1007/s10113-016-1039-7

Flugel, Wolfgang-Albert, Jörg Pechstedt, Klaus Bongartz, Anita Bartosch, Matts Eriksson and

Mike Clark (2008) "Analysis of climate change trend and possible impacts in the Upper Brahmaputra River Basin:the BRAHMATWINN Project," 13th IWRA World Water Congress 2008, Montpelier, France.

Freeman, Carla (2011) "Quenching the Dragon's Thirst. The South-North Water Transfer Project: Old Plumbing for New China?."
https://www.wilsoncenter.org/sites/default/files/media/documents/publication/Quenching%20the%20Dragon%25E2%2580%2599s%20Thirst.pdf

Gleick, Peter H. (1991) "Environment and Security: The Clear Connections," *Bulletin of the Atomic Scientists,* 47 (3), pp.17-21.

Goodman, David S.G. (2004) "The Campaign to 'Open Up The West': National, Provincial, and Local-Level Perspectives," *The China Quarterly*, 178, pp.317-334.

Gray, Denis D. (2011) "Water wars, Thirty, Energy-short China stirs fear?," *NBC News.*
https://www.nbcnews.com/id/wbna42630131

Gupta, Joydeep (2010) "Nervous Neighbours," *China Dialogue.*
http://www.chinadialogue.net/article/show/single/en/3959

Holslag, Jonathan (2011) "Assessing the Sino-Indian Water Dispute," *Journal of International Affairs*, 64 (2), pp.19-36.

Immerzeel, Walter W. (2008) "Historical Trends and Future Predictions of Climate Variability in the Brahmaputra Basin," *International Journal of Climatology*, 28, pp.243-254.

Immerzeel Walter W., Ludovicus P. H. van Beek and Marc F. P. Bierkens (2010) "Climate Change Will Affect the Asian Water Towers," *Science*, 328, pp.1382-1385.

Indian Red Cross Society (2012) "Assam Floods 2012."
http://www.indianredcross.org/press-rel23-july2012.htm

Keerthana, R. (2021) "Why is China's New Dam a Concern for India?" *The Hindu.*
https://www.thehindu.com/children/why-is-chinas-new-dam-a-concern-for-india/article33707992.ece

Khadka Navin S. (2017) "China and India Water 'Dispute' after Border Stand-off," BBC.
https://www.bbc.com/news/world-asia-41303082

Khaled, Mohammed, Saiful Islam, Tarekul Islam, Lorenzo Alfieri, Sujit Kumar Bala and Jamal Uddin Khan (2017) "Impact of High-End Climate Change on Floods and Low Flows of the Brahmaputra River," *Journal of Hydrological Engineering*, 22 (10),04017041.

Jha Hari B. (2011a) "Diversion of the Brahmaputra: Myth or Reality?" *Institute for Defence Studies and Analysis*: New Delhi.

Jha Hari B. (2011b) "Tibetan Waters: A Source of Cooperation or Conflict," *Institute for Defence Studies and Analysis*: New Delhi.
https://www.idsa.in/idsacomments/TibetanWatersASourceofCooperationorConflict_hbjha_300911

Lan, Mu (2012) "Geological Expert Yang Yong on the Challenges Facing China's Most Controversial Dam Projects," Probe International.
http://journal.probeinternational.org/2012/01/05/geology-expert-yang-yong-on-the-challenges-

facing-chinas-most-controversial-dam-projects/

Lowe, Rebecca and Silvester Emily (2014) "Water Shortages Threaten Global Security," *International Bar Association Global Insight,* 68 (4), pp.40–52.

Lowi, Miriam R. (1993) *Water and Power: The Politics of a Scarce Resource in the Jordan River Basin,* NY: Cambridge University Press.

Malhotra-Arora, Pia (2011) "Sino-Indian Water Wars?" in Vajpeyi. D. ed., *Water Resource Conflicts and International Security: A Global Perspective,* Ch. 5, pp. 139–159, Plymouth: Lexington Books.

Mekonnen, Mesfin M and Arjen Y. Hoekstra (2016) "Four Billion People Facing Severe Water Scarcity," *Science Advances,* 2 (2), pp.1–6.

Nepal, Santosh and Arun Bhakta Shrestha (2015) "Impact of Climate Change on the Hydrological Regime of the Indus, Ganges and Brahmaputra River Basins: A Review of the Literature," *International Journal of Water Resources Development* 31 (2), pp.201–218. DOI: 10. 1080/07900627. 2015. 1030494

Ramachandran, Sudha (2008) "India Quakes over China Water Plan," *Asia Times.* https://archive.internationalrivers.org/resources/india-quakes-over-china-water-plan-2855

Samaranayake, Nilanthi, Satu Limaye and Joel Wuthnow (2016) "Water Resource Competition in the Brahmaputra River Basin: China, India, and Bangladesh" *CNA Analysis and Solutions.* https://www.cna.org/cna_files/pdf/CNA-Brahmaputra-Study-2016.pdf

Samaranayake, Nilanthi, Satu Limaye and Joel Wuthnow (2018) "Raging Waters: China, India, Bangladesh, and Brahmaputra River Politics" *Marine Corps University Press.* https://www.usmcu.edu/Portals/218/RagingWatersWeb.pdf?ver=2019-01-02-115044-200

Schneider, Keith, Jennifer L. Turner, Aron Jaffe and Nadya Ivanona (2011) "Choke Point China: Confronting Water Scarcity and Energy Demand in the World's Largest Country," *Vermont Journal of Environmental Law,* 12 (3), pp.713–734.

Sankhua R. N., Nayan Sharma, A. D. Pandey and P. K. Garg (2006) "Topological Indices for Study of Spatio-Temporal Changes in the Planform of the Brahmaputra River," *Journal of Indian Water Resources Society,* 26 (1–2), pp.24–29.

Sharma, Harikishan (2021) "Monitor Chinese Actions so that Interventions on Brahmaputra Don't Affect our Interests: Panel," *The Indian Express.*
https://indianexpress.com/article/india/monitor-chinese-actions-so-that-interventions-on-brahmaputra-dont-affect-our-interests-panel-7440596/

Sharma, Nayan, Fiifi Amoako Johnson, Craig Hutton and Michael J. Clark (2010) "Hazard, Vulnerability and Risk on the Brahmapatra Basin: A Case Study of River Bank Erosion," *OHJ* 4, pp.211–226.

Sikri, Rajiv (2011) "The Tibet Factor in India-China Relations," *Journal of International Affairs,* 64 (2), pp.55–71.

Sphere India (2009) "Sphere India Unified Response Strategy, 2009. Assam Floods Situation Report."
https://reliefweb.int/sites/reliefweb.int/files/resources/4F1D357235998756052575E8006F51A

B-Full_report.pdf
Sumit, Vij, Jeroen F. Warner, Robbert Biesbroek and Annemarie Groot（2019）"Non-decisions Are also Decisions: Power Interplay between Bangladesh and India over the Brahmaputra River," *Water International,* 5（4）, pp.254-274.
Svensson, Jesper（2012）"Managing the Rise of a Hydro-Hedgemon in Asia: China's Strategic Interest in the Yarlung-Tsangpo River," *Institute for Defence Studies and Analysis, Occasional Paper No.23,* New Delhi.
https://idsa.in/system/files/OP_ChinaYarlungRiver.pdf
Strategic Foresight Group（2010）"The Himalayan Challenge: Water Security in Emerging Asia," Mumbai.
Trolldalen, Jon Martin（1992）"International River Systems," *International Environmental Conflict Resolution: The Role of the United Nations,* Ch.5, pp.61-91, Oslo and Washington DC: World Foundation for Environment and Development.
U.S. Office of the Director of National Intelligence（2012）*Global Water Security.*
https://www.dni.gov/files/documents/Special%20Report_ICA%20Global%20Water%20Security.pdf
Water Technology "South-to-North Water Diversion Project."
https://www.water-technology.net/projects/south_north/（最終アクセス2022/3/29）
Westing, Arthur H. ed.（1986）*Global Resources and International Conflict: Environmental Factors in Strategic Policy and Action,* New York: Oxford University Press.
Zmarak, Shalizi（2006）"Addressing China's Growing Water Shortages and Associated Social and Environmental Consequences," *World Bank Policy Research Working Paper* -Vol.3895, Washington, DC: The World Bank.
Zhang, Hongzhou and Genevieve Donnellon-May（2021）"To Build or Not to Build: Western Route of China's South-North Water Diversion Project," *New Security Beat.*
https://www.newsecuritybeat.org/2021/08/build-build-western-route-chinas-south-north-water-diversion-project/

■ウェブサイト

Geodata, "South-North Water Diversion Project-Western Route-Tunnel T4."
https://www.geodata.it/en/sectors/portfolio-hydro/item/south-north-water-diversion-project-western-route-tunnel-t4.html（最終アクセス2022/3/29）
Government of India, "India-China Cooperation," Ministry of Jal Shakti, Department of Water Resources, River Development and Ganga Rejuvenation, Government of India.
http://jalshakti-dowr.gov.in/international-cooperation/bilateral-cooperation-with-neighbouring-countries/india-china-cooperation（最終アクセス2022/1/23）
World Bank, "South Asia Water Initiative（SAWI）."
https://www.worldbank.org/en/programs/sawi（最終アクセス2022/1/23）

第12章

気候変動と民主主義

インド・ビハール州における洪水とその政治的含意

中溝 和弥

インドにおける洪水頻発地域

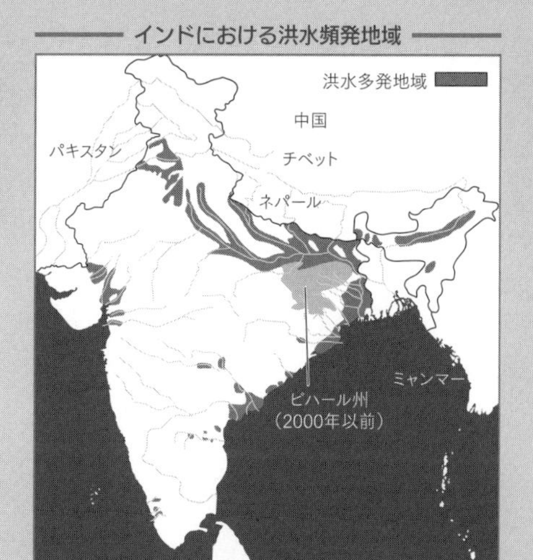

出典：Das et al. 2007, p.181 Figure: Flood-prone areas

本章が扱うビハール州が、インド有数の洪水頻発地帯であることを示している。

民主主義は気候変動を解決できるだろうか。本章では、インド北部のビハール州における洪水とこれをめぐる民主政治を対象として、歴史的経緯を踏まえた上で現地調査に基づいた検証を行う。先行研究が指摘するように、民主政治において、選挙での勝利を睨んだ汚職が効果的な治水事業を妨げる事例は存在する。その一方で、汚職を正し、よりよい治水事業を要求する人々の運動、政治的選択を可能にするのも民主主義である。検証の結果、民主主義が気候変動問題を解決するための場を少なくとも提供することがわかった。

1 はじめに

民主主義は気候変動問題を解決できるだろうか。この問いは、これまで検証が進められてきた民主主義と環境問題の関係の文脈で捉えることができる。民主主義が環境問題の解決に果たす役割については、対照的な2つの立場の間で議論が交わされてきた（Povitkina 2018）。

第一が、民主主義は環境問題の解決に貢献するという議論である。ロジャー・ペイン（Rodger A. Payne）によれば、5つの要因を考えることができる（Payne 1995）。第一に、民主主義は個人の権利と思想・情報の自由な流通を可能にするため、環境問題が起こった際に、個々人の問題意識を高め、政府に対して対策を取るよう働きかけることを可能にする。第二に、政府の対応力である。政府が選挙によって作られる以上、政府は世論に配慮せざるを得ない。環境問題に対する世論の関心が高まるほど、政府は経済界の反対を抑え込み環境問題に取り組む傾向がある。第三に、政治的な学習である。民主主義においては、政府も市民も他国の環境問題への取り組みをより積極的に学びやすいことが想定される。第四が、国際主義である。民主的な政府の方が、環境問題に対する国際的な取り組みにより積極的に参加する傾向がある。最後に、自由な市場である。環境問題に対する意識が高まるにつれ、環境関連ビジネスが発展することが想定され、その効果は規制による環境問題の解決よりも、より効果的な力を持つ、という議論である。

ペインの議論は、民主化の過程で環境破壊が間接的に引き起こされるものの、民主主義が環境破壊を直接引き起こす人間の活動の程度を減少させる効果を持つという説（Li and Reuveny 2006）や、民主主義が実際に気候変動問題を解決できるかどうかは曖昧であるものの、少なくとも問題を解決するための政策を決定することには貢献するという説（Bättig and Bernauer 2009）などによって、気候変動問題にも敷衍され継承されている。アフリカの漁業問題を事例として検証したSjöstedt and Jagers（2014）も、混乱期や急速な政治的変化の時期を除くという留保はつけているものの、民主的になるほど環境問題の解決に資すると結論づけている。

第二が、これとは反対に、民主主義は環境問題を悪化させる、もしくはそこまで強い主張とはならないまでも、民主主義の貢献は明瞭ではない、とする見解である。前者の議論の代表として多くの研究があげるのが、ギャレット・ハーディン（Garrett Hardin）によるいわゆる「コモンズの悲劇（The Tragedy of the Commons）」の議論である（Hardin 1968）。ハーディンの議論は、「コモンズ」を守るためには人口問題を解決する必要があると主張するものであり、直接には環境問題と民主主義の関係を論じたものではない。しかし、「コモンズ」を守るためには個人の権利の制限が必要であると主張していることから、個人の権利を尊重する民主主義とは相容れないと解釈されてきた（Midlarsky 1998; Arvin and Lew 2011; Sjöstedt and Jagers 2014）。

この議論の延長上にあるのが、民主主義、とりわけ「未熟な民主主義（Young Democracy）」と公共財の関係を説いたフィリップ・キーファー（Philip Keefer）の議論である（Keefer 2007）。彼によれば、政治家に対する信頼が乏しい「未熟な民主主義」においては、政治家が力を注ぐのは票にならない公共財への投資ではなく、政治家の支持者に対する個別具体的な便益の供与である。このような汚職は、有権者の政治全般への関心が低い状況では看過される傾向にあり、その結果として公共財への投資が重視されないことになる。いわば民主主義体制におけるパトロン－クライアント関係の温存が、公共財の提供を阻害することになる。この議論が、環境問題にも敷衍されて理解されてきた（Povitkina 2018）。より産業化が進んだ社会の文脈では、産業界による環境規制への強力な抵抗が、環境問題の解決を阻害すると理解されてきた（Midlarsky 1998, p.344）。

民主主義の影響を否定的に捉えないまでも、関係は明瞭ではないとする研究もある。例えば、Midlarsky（1998）は、環境指標を6つ特定して検証した結果、民主主義と環境問題の間に一定の関係は認められないとする。森林破壊、二酸化炭素排出、水害による土壌浸食は、むしろ民主主義体制の下で悪化したとする。途上国の民主主義に焦点を当てたArvin and Lew（2011）も、途上国の民主主義が環境問題の改善に貢献するものの、改善の評価は対象とする環境問題の測定方法により異なり、全体としては民主主義と環境問題の解決の間に一定の関係を認められないとした。

民主主義と環境問題をめぐって上述のように議論が展開されるなか、Povitkina（2018）は、民主主義国家における二酸化炭素排出のレヴェルを決めるのは、腐敗の程度であるという議論を立てた。1970年から2011年にかけての144か国の各国比較を行う中で、より民主的になるほど二酸化炭素排出のレヴェルが下がる傾向にあるものの、排出のレヴェルを確かに下げるためには、比較的腐敗していない官僚機構、政府、議会、司法の存在が必要であると結論づけた。

以上紹介した学説の多くは、いずれも一般的な理論を導くために、実証として計量分析を採用している。本章では、これらの議論を参考にしながら、気候変動の政治の現場で何が起こってきたのか、インド北部のビハール州におけるフィールドワークに基づいて検証したい。対象とする事象は、気候変動が生み出す水の問題であり、これをめぐる治水問題に焦点を当てる。次の第2節では、気候変動が南アジアに及ぼしてきた影響を、インドを中心として英領インド期から現在に至るまで概観する。第3節では、インド有数の洪水多発地域であるビハール州を対象に、洪水被害の状況を俯瞰した上で、2008年コシ河大洪水の事例を取り上げ、これをめぐる民主政治を検証する。最後の第4節では、これらの分析を踏まえ、民主主義が気候変動問題解決の場を少なくとも提供していることを示す。

2 気候変動と南アジア

地球温暖化がもたらす災害は、世界各地で報告されている。2021年に発表されたIPCCの第6次報告書においても、人間が引き起こした気候変動が、異常な熱波、豪雨、干ばつ、熱帯サイクロンなどの異常気象となって現れていることが明記されている（IPCC 2021, p.10）。気候変動は世界各地で起こっているものの、最も顕著な影響を受けている地域の1つが、南アジアである。インド亜大陸は北に世界最高峰のヒマーラヤ山脈を仰ぎ、三方をインド洋に囲まれる独特の地形から構成されている。夏にはインド洋の南西から吹くモンスーンがヒマーラヤ山脈に衝突して大量の降雨をもたらし、冬には中国大陸を源とする北東のモンスーンが吹き荒れる。近年の研究は、このアジア・モンスーンが地球の大気循環に大きな影響を及ぼしていることを明らかにしており、アジア・モンスーンの将来の動きが、地球規模の気候変動に大きな影響を与えるといえる（アムリス 2021, p. 39）。インド亜大陸はアジア・モンスーンの最も活発な活動領域であり、南アジアの気候変動問題を検証することは、世界規模の気候変動問題を考察することにつながる[1)]。

歴史学者のスニール・アムリス（Sunil Amrith）は、『水の大陸　アジア』（2021［2018］）において、アジア・モンスーンが生み出す水問題との格闘が、いかにアジアの歴史を型作って来たかという洞察に富む視点から、南アジア、インドを中心とした近年200年の歴史を描いた。本節においては、彼の著作に主に依拠しながら、インドにおける治水をめぐる国家—社会関係の歴史的展開を概観したい。

2.1 英領植民地期

アジア・モンスーンの特徴は、豊かな恵みの雨が人々の生活を支える一方で、訪れる時期、場所、雨量ともに不安定かつ偏りがある点にある（Das et al. 2007）。天水に頼る農業にとっては、まさにこの点が死活問題となった。19世紀後半には、干ばつに伴う大飢饉が頻発するようになり、イギリス植民地支配の正当性を揺るがすこととなる。

最初に大問題となったのが、1876年から79年にかけてインド南西部のデカン高原とインドの北西一帯を襲った大飢饉である（アムリス 2021, pp.105-137）。その後、1896年と97年にもインド中央部が深刻な干ばつによる飢饉に襲われ、1899年と1900年にも同地域で干ばつに伴う飢饉が発生した。何百万人という途方もない数の人々が犠牲になった。

ちょうどこの時期は、インド人による民族主義運動の勃興期に重なる。1857年のインド大反乱後、インドの都市部を中心として、インド人による政治団体が出現し始めた。例えば、プネー民衆協会（1870年）、マドラス大衆協会（1884年）、ボンベイ管区協会（1885年）などである（サルカール 1993, p.122）。これらの中でも1870年代の飢饉に関し積極的な活動を行ったのが、裁判官で民族主義者のマハーデヴ・ゴーヴィンド・ラーナデー（Mahadev Govind Ranade）が主導するプネー民衆協会であった。同協会はインドで初めてとなる社会調査を実施し、1876年後半には飢饉の拡大をボンベイ政府に報告すると同時に、「穀物を買い集め、無償で提供すべき」と飢饉対策を提言した（アムリス 2021, pp.108-109）。

しかし、イギリス植民地政府は、飢饉対策に失敗する。対策に必要とされる膨大な費用を負担する意思がなかったためである。1877年には大量の降雨を記録したが、溜池の管理・維持に予算を割かなかったため、貴重な水は失われていった。

1）南アジアでは、今後数十年の間に、より多くの異常な降雨、より高い平均気温、インド洋水温の上昇、海水面の上昇、アラビア海におけるサイクロンの頻発と大規模化が予測されている。Dhara and Koll（2021）を参照のこと。

フローレンス・ナイチンゲール（Florence Nightingale）も、州政府の経費を削減するため「公共事業を中止する命令が出されていた」と指摘し、それ故、「何百万トンもの貴重な水が無駄」となったと政府の対応を批判した（アムリス 2021, p.121）。

灌漑用水が無駄になったとしても、プネー民衆協会が提案したように、食糧支援を行えば、飢饉を救済することはできたはずである。ところがインド政庁は、支援を行うどころか、マドラス州政府が用意した救済策の規模を徹底的に切り詰めた。担当者に任ぜられたのはリチャード・テンプル（Richard Temple）で、この76年～78年飢饉の直前に起きた1873～74年のビハール飢饉で迅速な食糧支援を行い、飢饉の被害を最小限に食い止めることに成功していた。ところがイギリス本国政府は、テンプルのビハール飢饉救済策を非難する。さらに匿名で「経済に大惨事をもたらし、浪費と無秩序の最たるものである」とまで攻撃されたテンプルは、自身の栄達のため、76～78年飢饉では徹底的に経費を切り詰めた。救済事業に関わる者に支払う賃金さえ容赦なく切り詰め、後に悪名高い「テンプルの賃金」として知られるようになった（アムリス 2021, pp.124-125）。

餓死者が急増するにつれ、インド人による批判は否応なしに高まった。「富の流出論」で知られる経済学者で民族主義者のダーダーバーイー・ナオロジー（Dadabhai Naoroji）は、大飢饉のさなかの1878年に主著となる『インドの貧困（Poverty of India）』を公刊し、辛辣にイギリスを次のように批判した。

> 膨大な数のインド人が「貧しい生活を送っており」、「飢饉ともなれば、どれほど軽微な飢饉でも何十万もの人間の命が奪われる」。それにもかかわらず、インドの小作人は地税という「押しつぶされそうな」重荷を抱えている。インドは属国にされたうえに、「家賃」という形でその代償を支払っているようなもので、支払った金は毎年イギリスに送られていく。「インドのコメは最後の一粒まで激しい飢えにさらされているインド人のもの」で、「“ほんのわずかなコメ”で命をつないでいる彼らから奪い取られたものだ」。インドの苦しみにおかまいなく、イギリス政府は、みずから定めた方針に反しながら、「誤った方向、不自然で自滅的な方向に進んでいる」（アムリス 2021, p.122）。

ナオロジーの「富の流出論」は、独立運動を支える経済学的議論として、以後、強い影響力を持ち続けた。

前述のように、この大飢饉を経ても、干ばつに伴う飢饉は繰り返された。1890年代の飢饉は、飢饉法が各州で独自に定められたことから、1870年代ほどの犠牲は生まなかったものの、少なくとも100万人 が命を落とした（アムリス 2021, pp. 132-133）。独立前の最後の大飢饉は、日本軍が英領ビルマに侵攻し、英領インド国境に迫ったことを受けてイギリスが実施した拒絶作戦に起因するベンガル大飢饉である（中里 2007）。1942年から43年にかけて起こったこの飢饉は、日本軍の英領ビルマ占領に伴うビルマ産コメ輸入の途絶、42年冬のサイクロンによる壊滅的被害、イギリスの拒絶作戦、すなわち日本軍の侵入を阻止するため船舶などの輸送手段の接収と橋などのインフラを破壊する作戦に伴う輸送ルートの遮断、イギリス本国政府による救済措置の遅延、などが相俟って推定300万人とされる途方もない餓死者を生み出した（中里 2007、アムリス 2021, pp.236-240）。独立前の最後の大規模な民衆運動となったクイット・インディア運動開始直後に逮捕されたジャワーハルラール・ネルー（Jawaharlal Nehru）は獄中にあり、「この飢饉は人災によって引き起こされた。飢饉を予想し、避けることはできたはずだ」、「民主主義国家やある程度民主化された国なら、このような厄災を招いた政府は例外なく一掃されていただろう」（アムリス 2021, p.238）とイギリスの対応を厳しく非難した。ネルーやナオロジー、モーハンダース・カラムチャンド・ガーンディー（Mohandas Karamchand Gandhi）をはじめとする独立運動の指導者、そして運動の参加者が看破したように、イギリス植民地支配の本質はインドからの収奪であった。これに対するインド人の反撥と抵抗が、独立運動の展開とその帰結としての独立であった。アジア・モンスーンがもたらす災害を克服しようとする希望は、独立運動、そして民主主義に託された。

2.2 独立後の展開

政治的な独立を果たしても、経済的に自立しなければ真の独立とは言えない。ネルー首相が率いたインド国民会議派政権の経済政策は自助と自立をいかに達成するかという観点から練られていった（中溝 2012a）。急速な工業化を達成するために国家が重工業を担う社会主義的な政策が導入される一方で、飢饉を二度と招くことのない安定的な食糧供給を実現するために、治水事業として大規模なダム、そして堤防の建設が重視された。ネルー首相のダム建設に対する熱意はつとに知られており、1956年に中国の周恩来首相が訪印した際には、インド北西部のパンジャーブ州に建設中のバークラ・ダムをともに視察し、「この施設は私が崇めるインドの新しい寺院だ」と紹介した（アムリス 2021, p.274）。

このように巨大ダムの建設が進む一方で、犠牲となる人々の数も加速度的に増えていった。独立から約70年間で、およそ4000万もの人々が立ち退かざるを得なかったと推計されている（アムリス 2021, p.293）。インドの人口規模の大きさを勘案しても、途方もない人数である。ダムが建設される山間部には、山の民である先住民が多く居住しており、立ち退かされた者の多くは彼らであった[2)]。

彼らの生活を守るために、ダム建設に反対する運動が1980年代から盛り上がり始める。象徴となったのが、インド中部を流れるナルマダ河開発計画に反対する「ナルマダを救う運動」であり、世界銀行、そして日本政府の融資を止めることに成功した。ただし、インド政府は開発計画を独自に進め、2017年秋に計画の一環としてインド西部グジャラート州のサルダール・サロバー・ダムが完成した暁には、ナレーンドラ・モーディー（Narendra Modi）首相が、「環境活動家は『反開発主義者』で、『でっち上げたニュースを振りまく』輩だと非難し、『世界銀行の融資の有無にかかわらず、われわれはこれだけの巨大事業を自分の手で成し遂げたのだ』とさえ言い放った」（アムリス 2021, pp.395–397）。巨大公共事業によって治水を図るインド政府の基本方針は、現在に至るまで変わっていない。

3 洪水と民主政治：ビハール州の事例

3.1 独立インドの洪水被害

それでは、大規模なダムや堤防を建設して治水を行うというインド政府の試みは成功しただろうか。本節ではヒマーラヤ水系の河川を多く有し、地球温暖化の影響を最も受けやすい州の１つと考えられるビハール州を事例として、民主主義と気候変動の関係について考えてみたい。

ビハールについて検討する前に、インド全体の傾向を押えておきたい。まず、洪水・豪雨により影響を受けた面積であるが、国立リモートセンシング機関（National Remote Sensing Centre）のデータによれば（National Remote Sensing

2）彼らは、インド社会の最下層に位置付けられたため、憲法でアファーマティブ・アクションの対象となり、指定部族として留保制度の適用を受けた。

図12-1　洪水、豪雨による穀物・家屋・公共施設の被害総額（全インド：1953～2016年）

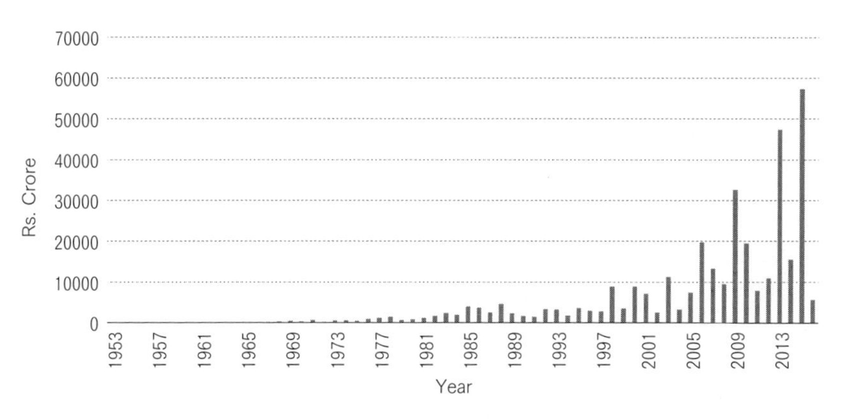

出典：National Remote Sensing Centre（2020), Table 1, p.2-3
注：Crore は、1000万ルピーを意味する。

Centre 2020, pp.2-3, Table 1)、1953年から2016年の期間において、大まかな傾向としては減少する傾向にあるものの、微減といった方が的確である。これに対し、洪水・豪雨により影響を受けた人数は、増加する傾向にある。さらに、穀物、住居、公共施設の被害総額という観点からは、とりわけ2000年代以降、被害総額が顕著に増加している（図12-1参照)。地球温暖化の影響が巨大公共事業による治水の成果をどの程度相殺してきたか、という点を測定するには更なる分析が必要だが、少なくとも、インド政府が独立以来推進してきた巨大公共事業による治水が、地球温暖化に伴う水害に十分に対処できていないことは確かであろう。

3.2 ビハール州における洪水被害

それでは、ビハール州の状況はどうだろうか。ビハール州は、北インドに位置し、ネパールと国境を接する州である。1965年から66年にかけて北インドを中心に大干ばつが襲った際には、独立後のインドで初めて飢饉が宣言され、インドの農業政策が緑の革命へと舵を切る大きな契機となった（中溝 2012b, p.124)。現在でもなお人口の約89%が農村部に居住する農業州であり、そのため、治水は、生活を支えていく上で死活的な重要性を持つ。

ビハール州は、図12-2が示すように、中央部を流れるガンジス河以北にはヒマ

図12-2 ビハール州を流れる河川

出典：Maps of India（https://www.mapsofindia.com/maps/bihar/rivers/）

ーラヤ山系から流れる河川を多数擁しており、これら河川の貯水域の65％は、ネパールとチベット高原に存在する（National Remote Sensing Centre 2020, p.18）。これらの河川は、世界最高峰の急峻な山々を一気に下りガンジス川に流れ込むことから、ビハール州は独立後も頻発する洪水に悩まされてきた。本章冒頭の地図が示すように、ビハールは、現在においてもなお全国の洪水多発地域の17.2％を占め、ヒマーラヤ水系河川の直接の影響を受ける北ビハールの人口の76％は、洪水の被害に直面する危険性を有している（National Remote Sensing Centre 2020, p.17）。

被害状況の経時的な変化について、1953年から2019年までのデータを検証してみよう（National Remote Sensing Centre 2020, Table 5, pp.18-19）。まず洪水による被害を受けた面積は、増加傾向にある。さらに、被害を受けた人数も増加傾向にある。最後に被害総額も、全インドの傾向と同様に、2000年代に入って以降、顕著な増加を示している（図12-3）。ビハールにおいても、全インド的な傾向と同様に、独立後展開されてきた大規模な公共工事が地球温暖化に伴う洪水被害に

図12-3 洪水、豪雨による穀物・家屋・公共施設の被害総額（ビハール州：1953〜2019年）

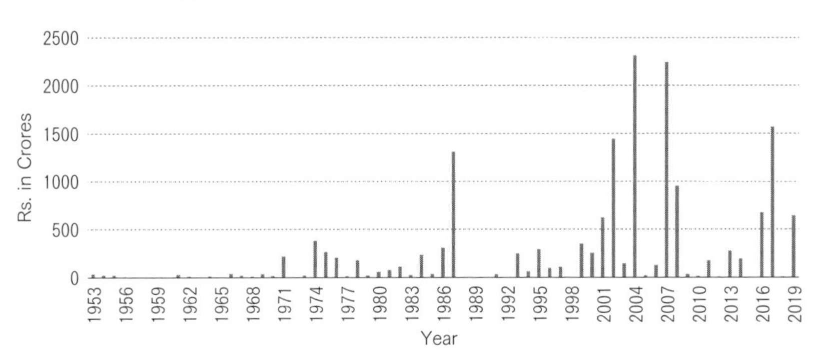

出典：National Remote Sensing Centre 2020, Table 5, pp.18-19.
注：Crore は、1000万ルピー。1988〜90年のデータは欠損のため計上していない。

十分に対応できていないことは確かだろう。とりわけ、1990年代以降の30年間は洪水が頻発しており、1998年、2004年、2007年、2008年、2012年、2013年、2016年、2017年、2018年、2019年と大規模な洪水を経験した。2016年以降は、ほぼ毎年発生している状況である。

本章では北部ビハールの中でも暴れ川として知られ、「ビハールの悲哀（Sorrow of Bihar)」と形容されるコシ河（River Kosi）をめぐる政治を次に取り上げたい。

3.3 2008年コシ河大洪水をめぐる政治

コシ河は、インドの中でも最も治水が難しいとされてきた歴史ある古い河川である。世界最高峰のチョモランマ（エベレスト）と第3位のカンチェンジュンガを源流にいただき、約8000m を超える高低差を約300km の流路で一気に下ってくる流れの激しい河川である（Palanichamy 2020)。

その過程で、膨大な量の沈泥（silt）を運び、その量は世界最大規模とされる (Centre for Science and Environment 1991, p.99)。沈泥の堆積は河床を高くし、洪水の度に頻繁な流路変更を生み出してきた。図12-4が示すように、18世紀から独立後の堤防の建設によって流路が固定されるまでの約200年間で、約120km 西に移動した。現在では、コシ河がかつて流れていた流域をコシ地域と呼び、サハル

図12-4　コシ河の流路変遷

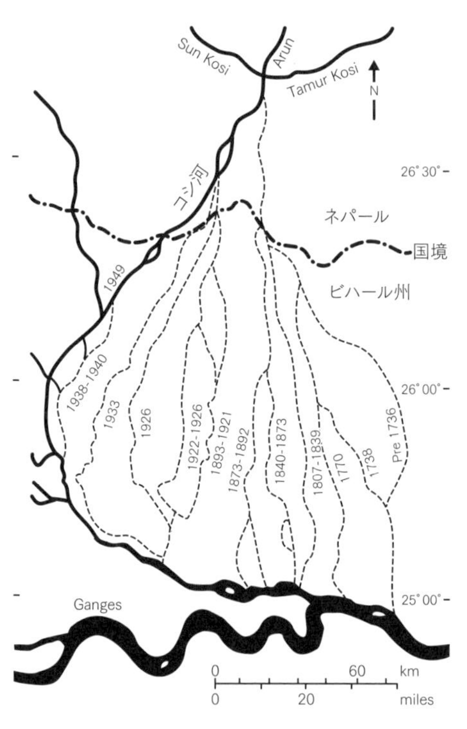

注：元の出典は、The Koshi Deluge of 2008 and the aftermath: Aparajita Chttapadhyay
出典：Palanichamy（2020）

サー、スポール、マデプラーの三県が主に該当する。

コシ地域は、頻発する洪水の影響で、植民地期から独立当初にかけてコレラなどの疫病の蔓延と貧困に苦しんだという[3)]。しかし、イギリス植民地政府は、土壌を豊かにする沈泥を運ぶ洪水はむしろ「必要悪」であるとし、対策を取らなかった。1896年から97年にかけて、堤防建設の是非に関する会議が当時の英領インドの首都であったカルカッタで開催され、コシ河もその対象となったが、「堤防は効率的な観点から疑わしいと考えられ、かつ、短い堤防によって洪水の被害を

3）ビハール州マデプラー県ムルホ村でのプラバーシュ・チャンドラ・マンダル（Prabhash Chandra Mandal）教授に対するインタビュー。2004年２月15日。

受ける一部の地域を守ることはできるかもしれないが、数多くの支流と広大かつ高い河床をもつこのような大きな河川の流路をコントロールすることは、実現可能性がない」と却下された。1937年にも、堤防建設は、問題をある地域から他の地域に移すだけでむしろ有害である、とこの方針が繰り返された（Centre for Science and Environment 1991, pp.103–104）。流路が固定されるのは独立後のことであり、インド政府とネパール政府の間のコシ合意によってネパール領に建設されたコシ堰（Kosi barrage）が1963年に完成し、ビハールにおける堤防の建設が進んでからであった（eGov Magazine 2008）。

ただし、コシ・プロジェクトは独立後の水害が示すように、洪水を防げなかった。環境問題に関するインド有数のシンクタンクである科学・環境センター（Centre for Science and Environment）の報告書は、端的に失敗であった、と断じている（Centre for Science and Environment 1991, pp.98–99）。１つは、先述のように、コシ河が世界でも有数の沈泥を運ぶことにより河床が上昇すること、第二が、堤防が低く構造自体に問題がある上に、十分な管理が行われていないためである。ここには汚職も関係しており、意図的に十分な補修を行わないことで堤防の決壊を引き起こし、建設業者は更なる利益を得ると同時に、政治家もより大きな公共事業によって選挙を有利に進めることができるという事情が指摘されている（Centre for Science and Environment 1991, pp.122–125）。腐敗が直接の原因となったかどうかは不明だが、この懸念が的中したのが、2008年８月の堤防決壊に伴う大洪水であった。

2008年大洪水は、８月18日にネパール領内の堤防が決壊したことにより発生した。被害はコシ地域を中心に、これを超えたプルニア、カティハール、カガリア、アラリア各県に及んだ。最も被害が大きかったのが、マデプラー県とスポール県である。

政府の反応は遅かった。決壊から数時間後にはインド領への浸水が始まったが、時のジャナター・ダル（統一派）－インド人民党連立政権を率いていたニティーシュ・クマール（Nitish Kumar）州首相が視察を行ったのは、２日後の８月20日であった。この段階では、軍による救援はまだ始まっていない（The Hindu 2008a）。ニティーシュ・クマール州首相が中央政府のマンモーハン・シン（Manmohan Singh）首相と面会して中央政府の支援を求めるのは、決壊から10日経過した８月27日のことであり（The Hindu 2008b）、シン首相がインド国民会議派総裁のソニア・ガーンディー（Sonia Gandhi）らと現地を視察し、「全国的災害（National Calamity）」と宣言して101億ルピーの支援策を発表したのは、翌28日のことであった（Balchand 2008a）。軍による救済活動も本格化したが、支援は十分には行き届かず、8月31日には公式発表で90名の死亡が発表された（Balchand 2008b）。遅々として進まない救援活動に被害者の不満は募り、農民が州の担当大臣（水資源開発大臣）を訴えた事例が報告されている（Balchand 2008c）。

救援活動が進まない一方で、政治的な非難の応酬は繰り広げられた。ビハール州野党で、中央政府与党の民族ジャナター・ダルに所属する中央政府の水資源開発担当副大臣は、ニティーシュ州政権が洪水対策を行っていれば災害は防ぐことができたはずだ、と州政府の責任であることを強調した（The Hindu 2008c）。同じく民族ジャナター・ダルに属する中央政府の農村開発大臣もニティーシュ州政権は救済活動に真剣に取り組んでいないと非難した（The Hindu 2008d）。これらの非難に対し、ニティーシュ政権の水資源開発大臣は、「悲劇にかこつけて汚い政治を展開している」と応酬したが（The Hindu 2008e）、救援活動は進まなかった。最終的には、被害を受けた人数は300万人から350万人と推計され、少なくとも493名が犠牲となり、3500名が行方不明になったと報じられた[4)]。

3.4 2010年州議会選挙：マデプラー州議会選挙区の事例

コシ地域の政治

疫病が蔓延し、全国で最も貧しい州の1つであるビハール州の中でも開発が遅れた貧しいコシ地域は[5)]、政治的には野党であった社会主義政党が強い地域であ

4）影響を受けた人数についての推計はKrishnakumar（2008）, *eGov Magazine*（2008）を参照のこと。犠牲になった人数については、Government of Bihar et al.（2010）, p.2を参照のこと。同報告は公式発表で330万人が影響を受けたとしている。

5）先述のP.C.マンダル教授に対するインタビューに加え、マデプラ市におけるサッチダナンド・ヤーダヴ（Sachchidanand Yadav）教授（2004年2月4日）、シャヤマル・キショール・ヤーダヴ（Shyamal Kishor Yadav）教授（2004年2月5日）に対するインタビュー。近年でも状況に大きな変化はなく、Pandey（2020, p.15）, Table 4によると、1999－2000年度から2011－2012年度の一人あたり県民総生産の平均は、サハルサー県は40県中11位であるものの、マデプラー県は30位、スポール県も30位である。

った（中溝 2012b, pp.102-109)。人口的には後進カーストの比率が高く、なかでもマデプラー県は、ビハールの中でも最も後進カーストの比率が高い県である。1962年下院選挙では、サハルサー選挙区において、コシ・プロジェクトを請負い財をなしたとされる与党国民会議派の大物政治家ラリット・ナーラーヤン・ミシュラ（Lalit Narayan Mishra）を社会党のブペンドラ・ナーラーヤン・マンダル（Bhupendra Narayan Mandal）が破り[6)]、社会主義勢力の強さの象徴となった。1967年総選挙では、マデプラー下院選挙区からビンデシュワーリー・プラサード・マンダル（Bindeshwari Prasad Mandal: B.P.Mandal）が統一社会党候補として当選し、1968年にはビハール州において初の後進カースト出身の州首相になるなど、後進カーストの政治的台頭の象徴となった（中溝 2012b, pp.86-92)。1974年から始まる反会議派運動であるJP運動では運動の中心地の1つとなり、1977年州議会選挙以降、現在に至るまで、社会主義政党系の政党が競合しながら議席を占め続けている。

2008年コシ河大洪水をめぐる政治

2008年コシ河大洪水で、マデプラー県が最も大きな被害を受けたことは前述した。大惨事に際し、地元の政治家はどのように動き、それを有権者はどのように評価したか、検討してみよう。

取り上げるのは、マデプラー県の中心であるマデプラー州議会選挙区である。大洪水が発生した当時、現職の州議会議員は、州政権与党であったジャナター・ダル（統一派）に所属するマニンドラ・クマール・マンダル（Manindra Kumar Mandal）であった。M.K.マンダルは、後進カーストの大物政治家であった前述のB.P.マンダルの三男であり、B.P.マンダルが政界を引退した後、後継者として選挙を戦った。しかし、出馬した1980年州議会選挙、1990年州議会選挙のいずれでも敗北し、2005年の州議会選挙でようやく念願の初当選を果たしていた。父親から地盤を継承して、25年が経過していた。

6）L.N.ミシュラとコシ・プロジェクトの関係については、Centre for Science and Environment（1991, p.123）を参照のこと。L.N.ミシュラは後にインディラ・ガーンディー政権で重要ポストである鉄道相に上り詰めるが、1975年に暗殺される。地盤は弟のジャガンナート・ミシュラ（Jagannath Mishra）が引き継ぎ、1970年代から80年代にかけて3度州首相を務めるなど、ビハール政界で強い影響力を持った。

M.K.マンダル、そして父のB.P.マンダルが生まれたマンダル家は、英領時代は大ザミンダールであり、伝統的な支配エリートであった（中溝 2012b, pp. 58-66）。B.P.マンダルが独立後最初の州議会選挙にインド国民会議派から出馬し当選したときは、伝統的支配の制度化という側面を持っていた。マンダル家の本家があるムルホ村の村民も、B.P.マンダルを支持したが、M.K.マンダルに代替わりすると支持は離れていく。2005年州議会選挙の当選は、彼自身に対する支持というよりは、ライバル政党である民族ジャナター・ダル候補者の不人気に支えられた側面が強かった（中溝 2012b, pp.299-304）。2008年の大洪水は、このような状況の中で起こった。

2010年州議会選挙時に筆者がムルホ村民にインタビュー調査を行った際には、2008年大洪水時のM.K.マンダルの対応は厳しく批判されていた。要すれば、洪水が起こった際に何ら救援活動を行わず、一目散に安全な州都パトナーに避難したというものである。洪水が引き、M.K.マンダルが自宅に戻る際には、村人は道路を封鎖してM.K.マンダルに抗議し、補償金を要求したという[7)]。筆者がM.K.マンダル本人にインタビューした際には、洪水で浸水したマデプラー商店街をボートに乗って視察する写真が掲載されたミニパンフレットを手渡してくれたことから、少なくとも、何もせずに一目散に逃走したというのは誤解であろう[8)]。しかし、村人の認識では、先頭に立って救援活動を行うべき現職議員がその責任を果たさなかったということになっており、非難は直接M.K.マンダルに向けられた。結局のところ、2010年州議会選挙で、M.K.マンダルはジャナター・ダル（統一派）の公認を得ることができず、政界を引退する。当選したのは、ライバル政党である民族ジャナター・ダルの候補者であった。

4 おわりに：気候変動と民主主義

冒頭で、民主主義が気候変動を解決できるか、という問いを提示した。これま

7）ビハール州マデプラー県ムルホ村においてヤーダヴ農民に対するインタビュー（2010年10月23日）。

8）ビハール州マデプラー県ムルホ村のM.K.マンダル氏自宅におけるインタビュー（2010年10月21日）。

での学説は、対立する２つの見解を軸に、民主主義の効果について様々な説を展開してきた。本章では、英領インドから現代に至る歴史的展開、さらにインド・ビハール州におけるコシ・プロジェクトとこれをめぐる民主政治を検討した結果、民主主義は気候変動問題を解決する場を少なくとも提供するという結論に至った。

インドからの収奪を本質としたイギリスの植民地支配は、不安定なモンスーンに起因する治水の問題に抜本的に取り組むことはついぞなかった。繰り返される飢饉に反撥したインド人は、独立運動を展開してイギリスを追放する。独立が目指した目標は治水の問題に限られない豊かな内容を持っていたことは言うまでもないが、治水による飢餓の克服が重要な目標の１つであったことは確かである。まさに民主化によって、治水の問題を解決する試みであった。

独立後、民主主義国家として誕生したインド政府は、近代的な技術こそ治水の問題、ひいては食糧問題を解決できると信じ、大規模ダムや堤防を建設する公共事業に邁進していく。しかし、本章のデータが示すように、洪水の被害地域面積はほとんど減少しない一方で、被害人数は上昇し、被害総額は2000年代に入って急増した。ヒマーラヤ水系の河川をいくつも抱えるビハール州に至っては、被害面積、被害人数、被害総額のいずれも上昇を続けた。

大規模公共事業の効果が疑わしい中で、ダム建設に伴う立ち退きを余儀なくされた人々は、山の民である指定部族の人々を中心に約4000万人に上った。1980年代以降、彼らの生活を守り、大規模ダム建設に反対する環境運動が活発化する。彼らの運動は、例えばナルマダ河開発計画反対運動として一定の成果を生み、モーディー首相によって「反開発主義者」、「でっち上げたニュースを振りまく」輩だと非難されても、現在に至るまで続いている。民主主義が彼らの活動を可能にしていることは確かである。

2008年コシ河大洪水に際しても、州政権は厳しく批判され、十分な救済策を講じなかった州議会議員は、抗議の直接の対象となった。ニティーシュ・クマール政権は、2010年州議会選挙に勝利するものの、大洪水の被害を直接受けたマデプラー州議会選挙区の現職議員は、政界引退を余儀なくされた。政治指導者が危機に際して対処を誤った場合に、選挙で罰せられる１つの好例であろう。ここにも民主主義の機能の１つを見いだすことができる。

キーファーが指摘するように、民主主義体制下で、パトロン－クライアント関係に伴う汚職により治水政策が効果的に実施できない、という問題はインドにも存在する。同時に、その結果生じた水害に対し、異議を申し立てる機会をインド民主主義は確保している。地球温暖化が一層進展していく今後において、洪水もさらに増えていくだろう。これを防止し、かつ、迅速な救援を求める手立てを用意するのは、やはり民主主義が提供する場である。この意味で、民主主義は気候変動問題を解決する可能性を持っている。

■付記

本章の執筆に当たっては、南アジア環境史を専門とするローハン・デスーザ教授（Prof. Rohan D'Souza、京都大学大学院アジア・アフリカ地域研究研究科）より貴重なご助言をいただきました。この場を借りて御礼申し上げます。

■参考文献

アムリス、スニール著、秋山勝訳（2021）『水の大陸　アジア――ヒマラヤ水系・大河・海洋・モンスーンとアジアの近現代』草思社。（Amrith, Sunil（2018）*Unruly Waters:How Rains, Rivers, Coasts, and Seas have shaped Asia's History,* New York: Basic Books.）

サルカール、スミット著、長崎暢子・臼田雅之・中里成章・粟屋利江訳（1993）『新しいインド近代史Ⅰ・Ⅱ――下からの歴史の試み』研文出版。（Sarkar, Sumit（1983）*Modern India 1885–1947,* New Delhi: Macmillan India.）

中里成章（2007）「日本軍の南方作戦とインド――ベンガルにおける拒絶作戦（1942～43年）を中心に」『東洋文化研究所紀要』第151巻、pp.149-217。

中溝和弥（2012a）「インドにおける経済政策と民主主義の展開」堀本武功・三輪博樹編『現代南アジアの政治』第3章、pp.44-59、放送大学教育振興会。

中溝和弥（2012b）『インド　暴力と民主主義――一党優位支配の崩壊とアイデンティティの政治』東京大学出版会。

Arvin, B. Mak and Byron Lew（2011）"Does Democracy Affect Environmental Quality in Developing Countries?," *Applied Economics,* 43, pp.1151-1160.

Balchand, K（2008a）"Rs.1, 010-Crore Flood Relief Package for Bihar," *The Hindu,* August 29, 2008.
https://www.thehindu.com/todays-paper/Rs.-1010-crore-flood-relief-package-for-Bihar/article15291691.ece（最終アクセス2021/8/17）

Balchand, K（2008b）"No Let-Up in Flood Situation," *The Hindu,* August 31, 2008.
https://www.thehindu.com/todays-paper/No-let-up-in-flood-situation/article15293037.ece（最終アクセス2021/8/17）

Balchand, K（2008c）"Flood Situation Deteriorates in North Bihar, Lower Assam Districts," *The Hindu,* September 1, 2008.
https://www.thehindu.com/todays-paper/Flood-situation-deteriorates-in-north-Bihar-Lower-Assam-districts/article15295091.ece（最終アクセス2021/8/17）

Bättig, Michèle B. and Thomas Bernauer（2009）“National Institutions and Global Public Goods: Are Democracies More Cooperative in Climate Change Policy?,” *International Organization*, 63, pp.281-308.

Centre for Science and Environment（1991）*Floods, Flood Plains and Environmental Myths*, New Delhi: Centre for Science and Environment.

Das, S. K., Ramesh Kumar Gupta and Harish Kumar Varma（2007）“Flood and Drought Management through Water Resources Development in India,” *WMO Bulletin*, 56（3）, pp. 179-188.

Dhara, Chirag and Roxy Mathew Koll（2021）“How and Why India's Climate Will Change in the Coming Decades,” *The India Forum*（23 Jul. 2021）,
https://www.theindiaforum.in/article/how-and-why-india-s-climate-will-change-coming-decades（最終アクセス2021/8/17）

eGov Magazine（2008）“The Sorrow of Bihar,”（October 1, 2008）.
https://egov.eletsonline.com/2008/10/the-sorrow-of-bihar/（最終アクセス2021/8/16）

Government of Bihar, World Bank and Global Facility for Disaster Reduction & Recovery（2010）, *Bihar Kosi Flood（2008）Needs Assessment Report*.
https://www.gfdrr.org/sites/default/files/publication/pda-2010-india.pdf（最終アクセス2022/05/25）

Hardin, Garrett（1968）“The Tragedy of the Commons,” *Science*, 162, pp.1243-1248.

Intergovernmental Panel on Climate Change（IPCC）（2021）*Summary for Policymakers. Climate Change 2021: The Physical Science Basis. Contribution of Working Group I to the Sixth Assessment Report of the Intergovernmental Panel on Climate Change*［V. Masson-Delmotte, P. Zhai, A. Pirani, S. L.Connors, C. Péan and S. Berger et al. eds.］Cambridge University Press. In Press.

Keefer, Philip（2007）“Clientelism, Credibility, and the Policy Choices of Young Democracies,” *American Journal of Political Science*, 51（4）, pp.804-821.

Krishnakumar, R（2008）“A Snake in Knots,” *Frontline*, September 26, 2008, pp.113-118.

Li, Quan and Rafael Reuveny（2006）“Democracy and Environmental Degradation,” *International Studies Quarterly*, 50, pp.935-956.

Midlarsky, Manus I.（1998）“Democracy and the Environment: An Empirical Assessment,” *Journal of Peace Research*, 35（3）, pp.341-361.

National Remote Sensing Centre, Indian Space Research Organization, Dept. of Space, Govt. of India（2020）*Flood Hazard Atlas-Bihar: A Geospatial Approach, version 2.0*.

Pandey, Aviral（2020）“Inequality in Bihar: A District-Level Analysis,” ZBW-Leibniz Information Centre for Economics, Kiel, Hamburg.

Palanichamy, Raj Bhagat（2020）“A Story in Images: Why Does Bihar's Koshi River Change Course So Often?” *Science The Wire*（1 Jul. 2020）.
https://science.thewire.in/environment/koshi-river-avulsion-sedimentation-embankments-bihar-floods/（最終アクセス2021/7/10）

Payne, Rodger A.（1995）“Freedom and the Environment,” *Journal of Democracy*, 6（3）, pp.

41-55.

Povitkina, Marina (2018) "The Limits of Democracy in Tackling Climate Change," *Environmental Politics*, 23 (3), pp.411-432.

Sjöstedt, Martin and Sverker C. Jagers (2014) "Democracy and the Environment Revisited: The Case of African Fisheries," *Marine Policy*, 43, pp.143-148.

The Hindu (2008a) "Army to Join Flood Relief Operations," (August 21, 2008).
https://www.thehindu.com/todays-paper/tp-national/tp-otherstates/Army-to-join-flood-relief-operations/article15286358.ece（最終アクセス2021/8/17）

The Hindu (2008b) "Nitish Seeks Central Aid," (August 28, 2008).
https://www.thehindu.com/todays-paper/tp-national/Nitish-seeks-Central-aid/article15290810.ece（最終アクセス 2021/8/17）

The Hindu (2008c) "Centre Blames Bihar Govt. for flood Miseries," (August 22, 2008).
https://www.thehindu.com/todays-paper/tp-national/tp-otherstates/Centre-blames-Bihar-Govt.-for-flood-miseries/article15287101.ece（最終アクセス2021/8/17）

The Hindu (2008d) "Declare Floods as Calamity: BJP," (August 27, 2008).
https://www.thehindu.com/todays-paper/tp-national/Declare-floods-as-calamity-BJP/article15290392.ece（最終アクセス2021/8/17）

The Hindu (2008e) "Bihar Rejects Union Minister's Allegation over Kosi Breach," (September 1, 2008).
https://www.thehindu.com/todays-paper/tp-national/tp-otherstates/Bihar-rejects-Union-Ministerrsquos-allegation-over-Kosi-breach/article15294760.ece（最終アクセス2021/8/17）

第13章

干ばつと戦禍のアフガニスタンから国際政治を見る

中村哲・「命の水」灌漑プロジェクトが照らす人道支援の方途

清水 展

― ガンベリ砂漠を耕地に変えるマルワリード用水路の通水 ―

写真提供：PMS・ペシャワール会

24.8kmの用水路の完成によって「これで食って行ける！家族と一緒に故郷で暮らせる」と喜ぶ作業員たち。2009年8月。

1984年、38才のときにペシャワール・ミッション病院に派遣されて以来2019年に暗殺されるまで、中村哲医師はパキスタン北西辺境州都にある同病院を拠点にしてアフガニスタンでの医療活動と人道支援、灌漑プロジェクトに人生を捧げた。35年に及ぶ活動はソ連の軍事侵攻・支配の後半からアメリカの軍事介入期間と重なる。中村医師は現地の現場から、大国の勘違いと身勝手を批判し続けた。私たちを取り巻く「世界」の在りようは、誰の眼差しに身を寄せて何処から見るかによって異なった様相で姿を現す。本章は中村医師の現地での活動と見聞、それに基づく報告を通して、大干ばつと戦禍に苦しむアフガン農民・難民の視点から国際政治を見直し、開発援助と平和構築のオルタナティブな方途を見出そうとする試みの第一歩である。

1 はじめに：中村哲医師による貧者の一灯

本章は、1984年から2019年に凶弾に倒れるまで、アフガニスタン東北部で医療活動と灌漑事業のプロジェクトを推進した中村哲医師の活動と、その国際政治における意義を考察する。氏が派遣された当初は、病院の医療器具も粗末であり十分な診療ができなかった。そのため氏の福岡高校や九州大学医学部時代の友人知人らが中心となり、活動を支援するためのNGOペシャワール会を組織した[1)]。以来、ソ連軍の侵攻（1979～1989年）やアメリカ軍の空爆と軍事介入（2001～2021年）という緊迫したアフガニスタンの現地で、中村医師は人道支援の活動を続けた。副題の「命の水」は、氏の活動を表すキーワードであり、ペシャワール会が編集したドキュメンタリーDVD「アフガンに命の水を――ペシャワール会26年目の闘い」(2009) から借用した。

2001年の9.11同時多発テロの衝撃でアメリカがアフガンへの空爆を開始したことでマスメディアが一斉に対タリバーン戦争の報道を始め、世界中の関心がアフガニスタンに集まった。日本では中村医師の活動と発言が大きく紹介されるようになり、ペシャワール会の会員数や寄付金が格段に増えた。中村医師の活動はもっぱらペシャワール会の会費や寄付金でまかなわれており、しかも会の運営は無給のボランティアによってなされ、予算の90％以上が現地での実際の活動費に充てられた。国際的に有名なNGOの多くが、予算の半分ほどを組織の運営費（スタッフ人件費、事務所や車両の賃借料、通信・広報費）に用いている。それらと比べると、中村医師の活動は良心的ではあるが予算もスタッフも限られており、「大海の一滴」にすぎないように見える。

しかし「長者の万灯より貧者の一灯」（貧しい者の心の込もった寄付は、裕福な人の虚栄のための寄付にまさる）ともいう[2)]。本章は中村医師の言動を通して、21世紀の初頭以来、大干ばつと戦禍に苦しめられてきたアフガニスタンをめぐる国際関係を、今までとは違った視点から見直そうとする試みである。かつて中村

1）中村哲医師が日本キリスト教海外医療協会（JOCS）からパキスタンのペシャワール・ミッション病院に派遣されたのは1984年5月であった。たまたま私はその翌年1985年4月に九州大学教養部の助教授として着任した。早々に知人から中村医師とペシャワール会のことを教えられ、会員になるとともに、それ以降は文化人類学者として中村医師の現地での活動と現地からの発信に大きな示唆と刺激を受けてきた。清水（2007, 2020）参照。

図13-1　中村医師の著書『アフガン・緑の大地計画』

左は『アフガン・緑の大地計画』の改訂新装版（中村 2018a）の表紙。右はそれをさらに充実させた内容で、PMS（Peace Japan Medical Service）による灌漑事業（堰・用水路建設）のノウハウを現地で普及させるために製作されたパシュトゥン語版（2022）の表紙。JICA の協力によって日本語・英語・ダリ語・パシュトゥ語に翻訳されて出版された。PMS の灌漑事業はアフガニスタン政府からも現場の実情に即した開発プロジェクトと高く評価されている。
出典：PMS・ペシャワール会提供

医師の言動を考察した拙稿（2007）に「辺境から中心を撃つ礫」との副題を付した。その意図は旧約聖書のなかで小柄な少年ダビデが放った礫が巨人サムソンの額に命中して倒した挿話をふまえている。つまり空爆に始まるブッシュ政権のアフガン介入（さらには続くイラク侵攻）というアメリカの独善と自己中心主義に対する中村の厳しく的確な批判の矢は、ブッシュ政権の軍事行動の不当さと無効さを、倫理的かつ政治・軍事的な観点からも的を射ていた[3)]。そして実際、中村医師の指摘と予測の通り、アメリカは当初の目的（タリバーン政権の打倒）を達成することなく20年後に完全撤退を余儀なくされた。

中村医師の活動の成果は図13-1の写真が一目瞭然に示している。結果が素晴ら

2）アメリカ政府の監察官の報告書によると、アフガニスタンでの20年間の軍事作戦で犠牲になった市民は４万8000人以上、この間にアメリカ政府が投じた戦費はブラウン大学の研究所の試算で２兆3000億ドル余り、日本円でおよそ253兆円に上るという。（NHK News Web 2021/8/31, https://www3.nhk.or.jp/news/html/20210831/k10013234051000.html, 2021/10/20にアクセス）

図13-2　用水路の掘削工事

マルワリード取水口から400m 地点 A 区で、人力を最大活用して用水路の掘削工事を行う。用水路の建設は農業の復活による生活再建の基盤整備になり地元民の雇用創出事業ともなるので大歓迎された（2003年12月11日、中村 2017, 口絵写真より)。また住民の「87％は水路掃除や営農において互いに助け合っており、86％は政府と地元住民との関係や協働が促進されたと感じ、93％は地域住民間の関係が良くなったとし、84％は治安が良くなったと答えている」（中村 2017, pp.190-191)。まとめると、PMS による事業は①「水を共有するという絆」を形成して地域社会の安定に大きく寄与し、②治安を安定させ、③国内外の避難民が地域に帰還し定着し、地域社会の自治システムを形成・維持するに様々な大きなプラスの影響を与えている」（中村 2017, p.192)。
出典：中村（2017）

しいが、同じくらいにその過程が特筆に値する。ペシャワール会医療サービス（Peace（Japan）Medical Services：PMS）による水資源開発・灌漑事業の工事では、熟練工や単純労働力および多くの技術者を含むほぼすべての工事従事者は地元住民と帰還難民であり、プロジェクトの実施によって彼らの収入が向上した（図13-2参照)。避難民であった人の避難年数は20年以上が42％、11年から15年が

3）中村の批判は、パールハーバー、ヒロシマ、9.11、イラクにおけるアメリカの軍事的対応が「戦争の文化」が生み出したものであったというジョン・ダワー（2021）の指摘と相通じている。すなわち先制攻撃への衝動、大国意識による傲慢、希望的観測、宗教的・人種的偏見、他者に対する想像力の欠落などが、現場と現実の正確な認識を妨げるのである。中村が現地での活動の原則とする他者と異文化に対する畏敬とは正反対の態度である。

36%であり、長期にわたる避難民が帰村していることがわかる。永田の報告によれば、事業後の JICA（2015）によるアンケート調査では対象者の11%が PMS による事業で働いたことがあると答えている。そして58%は灌漑農地が増えたとし、93%は十分な水提供を受けていると回答している。また80%は農業生産が増えて収入が増え満足していると答えており、その理由として、灌漑水量が増えて年２回の耕作が可能となり、営農研修により農業知識がつき、麦とトウモロコシ、多様な作物（米・野菜）を導入したため、と答えている。さらに77%は彼らの生活にプラスの変化が起こっていると答えている。（永田 2017a, p.187）[4)]。

2　ベトナムとアフガニスタン

2019年12月４日、中村哲医師は灌漑用水路の工事現場に向かう車の助手席に乗っていて、アフガニスタン東部要衝の都市ジャラバードの街角で待ち伏せ攻撃を受け、凶弾に倒れた。そして2021年９月末にアメリカ軍はアフガニスタンから全面的に撤退した。2001年の9.11同時多発テロに対する報復爆撃に始まるアメリカの軍事介入はオバマ政権時代（2009〜17年）に派兵軍の増強が進み、いっとき2011〜12年には10万人ほどの兵を派遣して軍事的な制圧を試みた。しかしその後10年におよぶ介入の後にほとんど何の成果を挙げることなく、アフガニスタンは以前の状況に戻った。

歴史を振り返ると、アフガニスタンへの西欧の大国の軍事侵攻という企ては常に頓挫し大きな痛手を負ってきた。大英帝国は第三次アフガン戦争（1919年）に敗れ、ソビエトは10年間の軍事介入（1979〜89年）によって国力を消耗し、共産党政権とソ連邦の崩壊へと至った。「帝国の墓場」とも俗称されるアフガニスタンにアメリカもまた足をすくわれたといえる。アフガニスタンの反政府武装勢力タリバーンは、2021年８月15日に首都カブールへと進攻し大統領府を掌握して暫

4）また、同じ JICA のアンケート調査によれば、調査対象者の37%は PMS による用水路管理集会に５回以上参加しており、80%は年に１〜４回は水路掃除に参加している。さらに戦争や干ばつのために離村した者たちの避難年数は、20年以上が42%、11年から15年が36%であり、長期にわたる避難生活の後に帰村していることがわかる。こうした調査結果にもとづき、永田は「PMS によって実施された地域重視型事業は大きな成功を収め、…一つの有効なモデル」であると結論している。（永田 2017a, pp.190-195）。

定政権を樹立した。ガニ大統領はその前に国外に退避し、政権は事実上崩壊していた。そして8月31日には最後のアメリカ兵がアフガニスタンを去った。

撤退の日、カブール空港から飛び立つ飛行機に乗ろうと殺到するアフガニスタンの人々のニュース映像は、1975年4月末にアメリカ軍がサイゴンから撤退する日の情景を私に思い起こさせた。半世紀近くを経た後にデジャ・ヴつまり強烈な既視感覚を覚えた。ベトナム戦争は、1964年7～8月のトンキン湾事件を機に議会からベトナム問題解決のための特別権限を得たジョンソン大統領が、翌65年2月にB-52による北ベトナム爆撃（北爆）を開始して以降、米軍の介入が本格化していった。67年末までには派遣兵力は50万を超え、加えて韓国ほかの参戦国から5万の兵力が派遣された。それでもアメリカはベトナム戦争に勝てなかった[5)]。その轍をアフガニスタンで再び繰り返したことになる。

2001年9月11日の同時多発テロの衝撃にアメリカはただちに反応し、首謀者のオサマ・ビン・ラディン容疑者の早期の引き渡しをタリバーン政府に求めた。それを拒まれたことから、タリバーン政権の打倒を目指した軍事作戦を翌月10月7日に開始した。背景には、アメリカ本土しかも経済の心臓部に当たるニューヨーク・マンハッタン島にあり富と力の象徴といえるツイン・タワー・ビルを攻撃され破壊されたことの衝撃や恐怖や怒りという市民感情があっただろう。テロの翌日にブッシュ大統領が「テロとの戦い」を宣言し、イギリス・フランス・カナダ・ドイツなどと有志連合を形成し、共同でアフガニスタン攻撃の準備を進めた。侵攻はミサイル攻撃と空爆から始まり、地上では北部地域を支配する地方軍閥（民族政治集団）の連合勢力を支援してカブール侵攻を後押しし、11月13日には北部同盟軍が首都を制圧した（小山 2002, pp.7-8）。

カブール制圧後に新たな政府を作り、治安の回復と戦災からの復興を図る上で、アメリカは当初より大きな問題を抱えていた。それは国家建設の主体となりうる

5）その理由について、ジャーナリストのデイヴィッド・ハルバースタム（David Halberstam）は詳細なインタビューと情報収集にもとづいて『ベスト & ブライテスト』（1983年）を著し、またドキュメンタリー監督のピーター・デイヴィス（Peter Davis）は『ハーツ・アンド・マインズ：ベトナム戦争の真実』（1974年、日本公開2010年）を制作した。いずれも優秀な知性による机上の作戦計画と彼我の軍事力の比較分析によれば必勝のはずが、ベトナム民衆・農民の心を理解しそこなったことが敗因であったと指摘している。それと同じ過ちをアメリカはアフガニスタンで繰り返したといえる。

安定した政治勢力が存在しなかったことである。アフガニスタンでは、地域ごとのまた民族ごとの違いによって異なる政治・武装集団（軍閥）が利害得失をめぐって互いに対立し、時に協力しながら棲み分けする危うい均衡を通して秩序が維持されていた。北部同盟にしても、その内実は呉越同舟の混成部隊であり、ラバニ前大統領が率いるタジク人主体のイスラム協会、ドスタム将軍率いるウズベク人のイスラム国民運動、ハザラ人主体のイスラム統一党の三派からなっていた。イスラム協会はスンナ派イスラム原理主義組織であり、イスラム国民運動は非イスラム原理主義の世俗組織であり、イスラム統一党はシーア派イスラム原理主義組織である。

これらの組織は、民族構成、宗教教理、政治思想において異なり、利害関係が必ずしも一致してはいなかった。これらの組織が呉越同舟の協力関係を結んだのは、タリバーンが台頭して1990年代の半ば頃から首都カブールをはじめ国土の90％近くを支配下に収めてゆくなかで、北東部に追い詰められ存亡の危機にあったからである。またタジク人で元国防相のマスード将軍が、カリスマ的な魅力と指導力で各派間の対立や抗争を仲裁して諸勢力間の危うい均衡を支えていた。しかし北部同盟を束ねる要と期待されていたマスードは、同時多発テロの2日前にジャーナリストを装ってインタビューに来た2名の自爆テロリスト（おそらくアルカイダの一員）によって暗殺された（小山 2002, p.9）。

そもそもタリバーン政府は地方ごとに異なる部族のゆるやかな連合体の性格を有しており、辺境の山岳地帯に身を潜め地域の有力者に庇護されているビン・ラディンの所在を中央政府が探索して身柄を確保することは難しかった[6)]。タリバーン後の受け皿となるべき政治主体が存在しない、または形成できないために復興と国家建設は順調に進まず、アメリカは当初の作戦終了と撤退の日程変更を何度も余儀なくされた。逆に2009年には10万人近い米兵をアフガニスタンに駐留させ治安の回復と政治の安定を図らなければならなかった。やっと2020年2月になってアメリカとタリバーンが初の和平合意を締結した[7)]。

6）アメリカにしても、1978年から1995年にかけて全米各地で現代科学技術に関わりのある人や場所をターゲットにして連続爆弾事件を起こし、FBI が多くの予算と人員を割いて捜索を続けた犯人（セオドア・カジンスキー、通称ユナボマー）を20年ほどかかって最終的に逮捕できたのは犯人の実兄からの通報によってであった。

9.11同時多発テロが起きた2001年の国際情勢を振り返ると、テロの3か月後の12月に中国が世界貿易機関（WTO）に正式加盟した。それを転機として中国は経済の好景気を迎え、2003～2006年には二桁の経済成長率を実現した。2000年に対して、2006年の国内総生産（GDP）の総額は2.1倍になり、一人当たり GDP も倍増した。好景気を支えたのは WTO 加盟による輸出入の拡大であり、この間の輸出入の増加率は2001年を除いて、20％以上であった。さらにリーマンショックによる不況に欧米諸国が苦しむなか、逆に中国は世界の工場として加速度的に経済成長を果たし、2019年の GDP は14兆ドルを超えた。ただし WTO 加盟の前1990年代から中国は加盟に向けて市場開放と市場経済改革を進めており、実質 GDP は1990年代の前半から10％を超える成長率を示し、それが2001年以降の成長へとつながった（童 2007, pp.1-2; 大木 2016, pp.64-73; 柯 2021, pp.111-112)。

他方、アメリカはアフガニスタンへの侵攻に続いて、イギリスやオーストラリアなどの有志連合とともに2003年3月20日にイラクへの侵攻を開始した。大量破壊兵器を保持するイラクの武装解除を名目とする『イラクの自由作戦』（第二次湾岸戦争）である。5月にはブッシュ大統領が「大規模戦闘終結宣言」を出し、12月13日には隠れ家にいたサダム・フセイン大統領を拘束した。正規軍同士の戦闘も2003年中に終了した。しかしアメリカが糾弾し侵攻の名目とした大量破壊兵器は発見されなかった。フセイン政権の崩壊後には政権を支えたスンニ派の軍幹部らの一部が脱出して、イラクとシリアの国境地帯を実効支配するイスラム国（IS）に合流した。イラク国内でも治安は悪化してアメリカ軍は戦闘を継続し、2010年8月31日にオバマ大統領により改めて「戦闘終結」と『イラクの自由作戦』の終了が宣言された。翌日からは米軍撤退後のイラク単独での治安維持に向

7）その合意にもとづき米軍は2021年4月までにアフガニタンから完全撤収する予定であると表明した。撤収後を見据えて、日米欧など70か国や国際機関はアフガニスタンの復興支援を話し合う国際会議を2020年11月23～24日にジュネーブを拠点にオンラインで開催し、2021年からの4年間で約120億ドル（約1兆2,500億円）の資金援助の継続を決めた（読売新聞 2020年11月25日)。他方アフガニスタン政府も2020年2月のアメリカとタリバーンとの和平合意後にタリバーンとの和解協議を始めたが進展はほとんどなく、逆に和平合意後にタリバーンが仕掛けた攻撃は約13,000回、政府軍側の死者は3,000人超になった。後知恵から見れば、アフガン介入・戦争の終わり方に関するアメリカの青写真は、情勢判断を誤り希望的な観測に基づいていた。

けた『新しい夜明け作戦』が始まった（嶋田 2013; 鈴木 2012)。

2001年の9.11同時多発テロに挑発されるように、アフガニスタンとイラクへの侵攻・戦争を始めたアメリカは、以後、今に至るまで20年ほどにわたって中東地域の政情不安に政治軍事的に深く関与し介入を続け、結果として国力を徐々に失っていった。中国が同年の WTO への加盟によって高度経済成長の軌道に乗り、政治・軍事大国への道を歩み始めたのとは対照的である。

3 地球温暖化と大干ばつ

アメリカがアフガニスタンの空爆を始めた頃、大量の爆弾を落とされた地上では、数年ごとに大きく振幅する気候変動の一方の極であるエルニーニョと呼ばれる現象の影響により大干ばつが生じていた（エルニーニョについては後述)。現地新聞である Afghanistan Times の2011年11月および12月の報道によれば、アフガニスタンでは2000年から2011年までの12年間に 8 回の「干ばつ・飢饉」を経験しており、なかでも2000年の干ばつは過去30年間で最悪であった。それは1979年のソ連軍の侵攻で引き起こされた戦乱によってすでに危機的状況にあった食糧供給をさらに悪化させた。このような干ばつと飢饉は農村を疲弊崩壊させて難民を生み出し、地域紛争を拡大させ、政府への不信を助長させていた。水資源の開発確保と灌漑こそがアフガニスタンでは農業開発のカギであり、農業生産の増大と安定および地域社会の治安確保に大きく寄与できる重要セクターなのである（永田 2017b, p.224)。

アフガニスタンは乾燥地域から半乾燥地域に属し、山岳地域が大部分を占めている。主な農耕地域（標高500～2, 000 m）の年間降水量は200～350 mm と少なく、そのほとんどは11月から 4 月の冬季に降る（JICA 2011)。天水農業は不安定で土地があっても耕作できない地域が多く、水資源がきわめて重要であり、農業生産高は灌漑用水の量に依存している。GDP に占める農業の割合は、2000年には57%、2013年には26% と徐々に減少しつつあるがアフガニスタンの全就業人口の 6 割は農業・牧畜の従事者であり、農業は、特に地域社会にあってはきわめて重要な産業である（ICON-Institute 2009)。また雇用機会を提供している軍閥の武装解除には新たな雇用創出が必要であり、それが可能なのは当面は農業部門しか存在しない（ナギザデ 2004)。すなわち、アフガニスタンの平和構築および復興と再建のためには農業部門、特に水資源セクターの整備がきわめて重要である(永田 2017b, p.224)。

気象の専門家である河野仁が1950年から2010年までの60年間の気象観測データと文献資料に基づいて分析したところによれば、アフガニスタンで起きている干ばつの増加と深刻化の背景には次の3つの要因がある。①地球温暖化の影響を受けた急激な気温上昇（1.8℃／60年）と春の降雪量減少に伴い標高450 m 以下の山の夏の残雪の喪失による渇水、②春の降雨減少による干ばつ、③気温上昇による蒸発散量の増加。ただし気候変動は地球全体の気温が一様に上昇するのではなく地域差が大きい点に留意する必要がある。特にアフガニスタンのように農業をする上で降水量が極端に少なく、山の雪解け水に頼って農業を行っている国では、急激な気温上昇によって夏の灌漑用水が欠乏し、農業が出来なくなる。その結果として大量の飢餓人口を出すなど非常に大きな影響が出ていることを指摘している（河野 2019）。

思い返すとアメリカがアフガニスタンに侵攻した2001年から10年が過ぎた2011年3月11日に大震災が東北三陸地方を中心に東日本を襲った。主として津波による死者は2万2千人に達した。東日本大震災をはじめ日本や台湾、フィリピン、インドネシアで繰り返される巨大地震や津波を生み出すのは、地球の内部、地下100km を超える深さで生じているマントルの対流運動である。地球の地殻の下にあるマントルはゆっくりと対流しており、特定の場所で上昇・移動・沈降を続けている。もっとも面積の広い太平洋プレートは、マントル対流の湧き出し口である東太平洋海膨で生まれ、西に向かって年間に約10cm の速度で進む。およそ1億年をかけてそれが太平洋プレートを東から西に運び、アジア大陸の東の縁のマリアナ海溝あたりでフィリピン海プレートの下にもぐり込ませている。両プレートの接触面で蓄えられた沈み込みによる歪みが限界に達し元に戻ろうとして一気に反発するエネルギーが巨大地震を引き起こす。

プレートと同じように、太平洋の海水も赤道から少し上のあたりを東から西へと動いている（以下の説明は清水（2012）からの抜粋である)。それが日本列島に達すると太平洋岸に沿って流れる黒潮となり、幅は100km から200km におよび、もっとも流れの強い個所では秒速2 m（時速7.2km）の早さをもつ。その流量は毎秒5,000万トンであり、日本で最も長い信濃川の流水量が毎秒530トンであるのと比べると9万倍以上の巨大さである。黒潮は日本の太平洋沿岸を北上し北緯40度付近まで達した後、右に曲がり北米大陸のカリフォルニア付近に向かって東進し北太平洋海流となる。そして北米大陸の西側の沿岸まで達すると、再び右に曲がってカリフォルニア海流として赤道方向へ南下し、北緯10度付近で西へと向きを変える。それが北赤道海流となって太平洋を西進してフィリピン沖に達し、台湾沖を通って黒潮となる。このように広大な北太平洋を広い範囲で時計回りに回っている海流を亜熱帯循環系という（田家 2011, pp.5-7）。

そうした太平洋の表層を循環する海流は、海面に吹く風（卓越風）が引き起こす摩擦運動により、海表面が同方向に引っ張られることから生じる。それとは別に、海中の深さ1,000m を超えるあたりでは、温度や塩分の密度が不均一であるために熱塩循環が引き起こされ、深層循環となって太平洋と大西洋を結んで流れている。これはグローバル・コンベアー・ベルトとも呼ばれ、一巡するのに千年以上もかかる長期的な循環であり、地球の気候に大きな影響を及ぼすとされている。

それが引き起こす短期的な気候変動としてはエルニーニョ現象が有名である。エルニーニョとはスペイン語で神の子という意味で、ペルーやエクアドルの沖合の太平洋で海面温度が数年に一度くらいの頻度で数℃高くなることによって引き起こされる。その原因は、海洋と大気との間に生じる複雑で連続した相互作用であると考えられている。エルニーニョ現象が発生すると、太平洋東部の海水温の上昇によって蒸発が盛んになり、海面上の空気を上昇させ、赤道沿いを東から西に吹く貿易風に変化を生じさせる。するとインド洋と太平洋西部では、海洋温度が通常よりも低くなり、オーストラリア北部からインドネシア、フィリピンにかけて干ばつが生じる。さらにエルニーニョの影響は、インド亜大陸からアフリカ大陸、そして北米大陸の気候にも大きな変動を引き起こす（カレン 2011）。アフガニスタンも、こうした地球規模での海水と大気の循環が引き起こす気候変動から直接の影響を受けている。

4　「命の水」プロジェクト現場から[8)]

中村哲医師は、1984年からパキスタンの北西辺境州（現パクトゥンクワ州）の

8）本節は２本の拙稿（2007, 2020）の一部を抜粋したり加筆改稿をした。

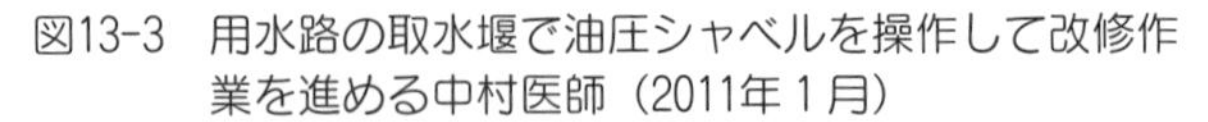
図13-3　用水路の取水堰で油圧シャベルを操作して改修作業を進める中村医師（2011年１月）

出典：PMS・ペシャワール会提供

州都ペシャワールで、1986年からはアフガニスタン東北部で、病人そして難民のための医療活動と灌漑事業を続けてきた。マグサイサイ賞（2003年）や福岡アジア文化賞大賞（2013年）その他の賞を数多く受賞している。主だったものだけでも20は超える。2019年12月４日に殺害された中村医師のご遺体を故郷の福岡に送り出す際には、ガニ大統領自らが空港で棺を肩にかつぎ飛行機まで運んだ。その３か月前には、アフガニスタン名誉市民賞のメダルを大統領から直接に授与されていた。没後には旭日小綬章を追贈された。

先に述べたように、2001年の9.11同時多発テロに衝撃を受け挑発されたブッシュ政権がアフガニスタンへの大規模空爆を行った頃、空からの爆弾が破裂する地上では、その前年頃から始まった大干ばつによって人々が水不足と飢えとに苦しんでいた。そこで医師でありながら中村は「100の診療所より１本の用水路」をスローガンとして、まず農村で井戸掘りを始めて1,600余本を設置し、30か所以上のカレーズ（地中に敷設した用水路）を修理復旧した。続く2003年からはガンベリ砂漠を灌漑して農地を回復するためにマルガリード用水路の新規建設に着手した。

用水路の建設のために自ら設計図を描き、時に油圧シャベルを運転した。2010

年に完成したマルワリード用水路（標高差17.2m、平均斜度 約0.0007）の全長は25km、推定灌漑可能面積は約3,000ha に達した。その後2011年に始まったJICA との共同事業による用水路の拡大整備と新たな堰の建設によって、シェイワ、ベスード、カマの３郡の総計で灌漑耕地面積は総計16,500ha に広がり、帰農した難民は家族も含め65万人に達すると推計される（中村 2017）[9]。

特筆に値するのは、JICA との共同事業が始まる前までは、ペシャワール会の年会費と篤志家の寄付による独自の資金のみによってマルワリード用水路を完成させたことである。しかも毎年の予算の大半、90％以上が現地の事業費に充てられた。国際的な大手 NGO では、予算のほぼ半分が事務局経費（スタッフ人件費、家屋・機器賃借費、通信費等）などに使われることが普通である。しかしペシャワール会では、事務局がある福岡のマンション一室の賃料（支援者から安価で提供）や通信費などの必要経費のほかは、中村も事務所スタッフも皆が無給である。JICA との共同事業が始まった2011年以降は、事務処理や様々な書類の作成のために専門のスタッフを２名雇用し、その人件費を支払うようになった。しかしそれでもペシャワール会本体の事業決算は、例えば2017年度の会計報告によれば総事業費（支出ベース）２億１千650万円のうち、現地協力費が１億９千440万円で約90％、事務局費が１千270万円（5.9％）、広報費が９千３百40万円（4.3％）である（中村 2018b, p.9)。

中村の活動の柱は、派遣された当初にはハンセン病患者の治療であったが、すぐに患者の多くが苦しめられる足裏傷（足底穿孔症）予防のためのサンダル工房の設置と運営（中村 1989）を含むものとなった。さらに最も辺境の地に住む者たちや社会的な弱者貧者の病人のための医療へと拡大し（中村 1993)、マラリア

9）福元によれば「27キロの用水路と９か所の取水口によって復興した田畑は16,500ヘクタール。およそ60万人の生存を確保することができる。工事には連日300〜500人ほどの作業員が従事したので、17年間で200万人の雇用が発生したことになる。用水路工事が無ければ難民になるか、軍閥や米軍の傭兵になるしかなかった人々である。用水路工事が巧まずして地域の治安の安定に寄与したのである。総工費は約30億円、主に会員の会費と支援者の寄付による」（福元満治氏提供・講演概要資料2021年版より)、それゆえ、このような事業が日本人への信頼につながり、結果として軍事によらない日本人の「安全保障」になる、とプロセスとしての開発援助の重要性を指摘している（中村 2006, pp. 393-394)。

大流行の対策に追われ（*ibid.*）、ペシャワール会医療サービス（PMS）基地病院の建設（1998）、そして一般の人々が自分たちの土地で生き延びてゆくための生存支援、すなわち井戸掘りや用水路建設などへと変わっていった（中村 2006）。それに伴い中村の仕事も、医師からサンダル工房の親方、病院の院長・経営者、食糧配布の手配師、さらには土木技師、時には重機のオペレーター、そして土建屋の社長兼現場監督へと目まぐるしく変わっていった。

アフガニスタンの現場での緊急性の高いニーズに応えるために中村は、そのときどきで必要とされる知識と技術を習得し、悪戦苦闘しながら、しかし端から見れば軽やかに（医者としての地位や役割に固執しないという意味で）自身の天職を変えていった。まさに七変化である。そうしたなかで一貫しているのは、現地の人々を主とし、自らを従として、彼らの真の必要を第一と考えて行動する姿勢であった。

彼の活動の特徴と偉大さは、干ばつに苦しむ農民がもっとも必要とする井戸を掘り用水路を建設するために自ら現場で汗を流して働くことであった。同時にそこでの自身の経験と見聞にもとづいて、干ばつと戦禍に苦しむ人々の生活の実情と喜怒哀楽、そして戦禍の実態の報告（ニュースレターと新聞、雑誌、著書による発信）を続けたことであった。その批判の矢はアメリカのアフガニスタン侵攻や外交政策にとどまらず、それを支持し支援する日本政府の政策にも向けて放たれてきた。空からの爆弾攻撃にさらされる地上に暮らすアフガニスタン農民・難民の日々の生活の営みを、彼らの肩越しに同じ目線の低さから見つめ続け、同時にアフガニスタンと日本とアメリカとヨーロッパを俯瞰する視点からグローバルなパワー・ポリティクスへの疑義と日本の政治と社会への批判を投げかけてきた（残念ながら紙幅の制限によりその詳細については本章では紹介できず、別稿にゆずる）。

5 現地の人々に寄り添う行動と現場からの発信

自らの姿勢を低くして、現地の習慣と文化を尊重し、人々の思いや願いに応えようとする姿勢は、用水路の建設と並行してマドラサ（イスラム教育施設）を建設したことに表れている。その行為に示された人道支援・開発援助に関わる彼の基本姿勢と理念について彼自身が説明をしている。

マドラサについては、少し説明が要ります。通常、「イスラム神学校」と訳され、「タリバーンの温床」として理解され、外国軍は支援どころか空爆の対象としたほどです。（しかし）実態は、西側筋の伝えるものとかなり異なります。マドラサは、地域共同体の中心と言えるもので、これなしにイスラム社会は成り立ちません。イスラム僧を育成するだけでなく、図書館や寮を備え、恵まれない孤児や貧困家庭の子供に教育の機会を与えます。アフガニスタンがこれほどひどい状態なのに、いわゆる「ストリート・チルドレン」が少ない理由の１つがマドラサでしょう。

また、マドラサはモスクを併設し、「ジュンマ・プレイヤー（金曜礼拝）」に、地域全体の家長らが集まります。地域にとって大切な知らせや協議、敵との和解などは、ここで行われます。何も「テロリストの温床」ではなく、政治性がある訳ではありません。ここで学ぶ学童を「タリブ」と呼び、複数形が「タリバーン（神学生）」です。コーランの学習だけでなく、地理や数学などの一般教科も教えます。つまり、地域の文化センターであり、恵まれぬ子供たちの福祉機関であり、人々が協力する場所であり、地域を束ねる要なのです。運営は地域あげて行い、時々アフガン政府からの援助があるといいます。

その重要性がどれほど人々にとって大きいか、改めて認識を新たにしました。昨年、用水路の第一期工事13キロが開通したとき、近くに14,000平方メートルの大きな空き地がありました。マドラサの建設予定地だそうです。村人に尋ねると、「作りたいが、この貧困な状態で誰もできない。国際支援団体は、マドラサとモスクの建設だけは援助項目から外している」との話でした。州の教育大臣は、「マドラサなくして地域の安定はない。共同体に不可欠の要素なのに、政治勢力の『タリバーン』という名前だけが誤解を与え、誰も協力したがらない」と溜息をつきました。

幸い、当方は水路工事の真っ最中、資機材は豊富にあったので、「誰も怖がって作らないなら、当方が建設だけ、ついでにしましょう」と申し出ました。ジャラランバードの町には、物乞いをする子供が増え、1000名以上の孤児たちが居ると言います。その子たちを吸収できる福祉機能に注目したからです。

ところが驚きました。住民たちも地方政府も、沙漠化した土地に水が注がれた時以上に喜んだのです。着工式には近隣の村長たちが顔をそろえ、中には「これで自由になった！」と叫ぶ長老たちもいました。はて、「自由とデモクラシー」の「自由」とは何だろうと、考えさせられました。彼らには宗教心の篤さと共に、伝統や文化に対する強い誇りがあります。それが否定されるような動きに、抑圧感を覚えていたのでしょう。

図13-4 モスクとマドラサの全景（2010年3月）

2009年9月にマドラサは開校し、2010年3月にマドラサとモスクの譲渡式を行う。手前は用水路。かつてこの一帯は乾燥した荒れ地であった。
出典：PMS・ペシャワール会提供。

> 「人はパンのみに生きるに非ず」。単なる理想や教説ではありません。かつて謙虚に天命に帰した日本人のはしくれとして、人間の事実を知ったのは幸いでした。（中村 2008）

中村が現地の人々の心情や宗教心に思いを馳せ、その立場から現実世界を見ようとする姿勢は、私が専門とする文化人類学の学術営為の基本的な立場である。近代的な人類学の始祖とされるイギリスのマリノフスキー（2010）の言葉を借りれば「現地の人々の視点から」（from the natives point of view）彼らが生きて暮らしている世界を同じように見ようとする企てである。日本では「相手の身になって考える」と普通に言われていることである。中村が現地の人々に寄り添い、その視点から（または彼らの肩越しに）周囲の世界をみようとする姿勢は、例えばタリバーンによるバーミヤン石窟の爆破砕の「蛮行」に関して、国際世論の糾弾とは異なる視点からの再考を促す発言に明確に示されている。

9.11同時多発テロの半年ほど前の2001年2月26日にタリバーンの最高指導者オマル師は、仏教石窟など国内影像遺跡がイスラムで禁じられている偶像崇拝につながるものとして破壊するよう命じる布告を発出した。それに対して国際社会は、

3月6日に国連安保理が本件破壊令を非難する声明を発出し、9日には同令の見直しを求める総会決議が全会一致で採択された。しかし直後に2体の石窟仏像は爆破された[10)]。

その直後3月19日の朝、タリバーンによる仏像の破壊が世界中で取りざたされていた頃、中村は現地にいた。巨大石仏の破壊は半分終わったところで、散発的な戦闘が続いていた。タリバーン兵士とハザラの軍民だけがいる状態で大方の村落はもぬけの殻、大部分の住民はカブールの親族を頼って逃げ出した後だった。中村がバーミヤンまで来たのは仏跡に興味があったからではなかった。彼が院長を務めるPMSが2月下旬にカブールへの緊急医療支援を決定し、同市の避難民が居住すると思われる地区に5つの診療所を開設するため、その一環として最も避難民が多かったハザラ族の国＝バーミヤンへ医療活動の可能性を探りに来たのだった。すでにアフガニスタンは戦乱だけでなく、この30年で最悪の干ばつのために国家が崩壊するか否かの瀬戸際にあったと中村は現地から報告する。すでに前年夏の段階で、国連機関は「1千万人が被災、予想される餓死者百万人」と、世界に警告を発し続けていた。中村はバーミヤン石窟の仏像爆破の跡に立ち、そこで抱いた思いを「『本当は誰が私を壊すのか』――バーミヤン・大仏の現場で」と題して朝日新聞に投書し掲載された。

10）バーミヤンの石窟仏像が破壊された背景について山根（2002）は、直接の原因がタリバーン政権内部の主導権争いにあり、強硬派が実権を握りその威勢を示すためであったと分析している。すなわちタリバーンは1996年9月末に首都を制圧し暫定政権を樹立したが、その後内戦で版図を拡げながらも、国際社会から政府承認を受けられずにいた。そこで、1999年末頃からタリバーン内部で現状打破と上層部への不満を述べるグループが現れた。

この時期に国際社会の承認を得るためにはビン・ラディンの身柄引渡し要求を受け入れることを主張する穏健派と、これを拒否しイスラム体制をさらに推し進めることを主張する強硬派が存在し、両者の対立が鮮明になっていた。そして2月2日、強硬派と穏健派は武力衝突を引き起こし、強硬派が勝利した。実はこの強硬派はアラブ系義勇兵の影響を受けた者が多かった。結成当初のタリバーンは自警団としての性格が強く、治安回復に力を注ぐことで市民や貿易商などが支援したために、求めずとも多くの兵士が参加し、急速に兵力を拡大できた。だが、内戦の膠着化と内政の顕著な改善がみられず、秩序維持とイスラム法の徹底と称して、顎鬚を蓄える命令や音楽の禁止などしか実績がなかったため、兵士が集まりにくくなっていた。そこにアラブ系の義勇兵が入り込み勢力を拡大していったのである（山根 2002）。

> 抜けるような紺碧の空とまばゆい雪の峰に囲まれるバーミヤン盆地は、不気味なほど静かだった。無数の石窟中で、ひときわ大きく、右半身を留める巨大な大仏様がすくっと立っておられる。何を思うて地上を見下ろしておられるのだろうか。…
> 今年2月、ペシャワールの基地病院で難民患者が激増するに至り、「国外に難民を出さぬ活動」をめざし、首都カーブルに診療活動を計画した。これは、既に一つのNGOとしての規模をはるかに超える。しかも、大半の外国NGOが撤退または活動を休止する中である。…およそこのような中での国連制裁であり、仏跡破壊問題であった。旱魃にあえぐ人々にとって、これがどのように映っただろうか。仏跡問題が最も熱を帯びていた頃、手紙がアフガン職員から届けられた。
> 「遺憾です。職員一同、全イスラム教徒に変わって謝罪します。他人の信仰を冒涜するのはわれわれの気持ちではありません。日本がアフガン人を誤解せぬよう切望します。」私は朝礼で彼らの行為に応えた。
> 「我々は非難の合唱に加わらない。餓死者百万人という中で、今議論をする暇はない。平和が日本の国是である。我々はその精神を守り、支援を続ける。そして、長い間には日本国民の誤解も解けるであろう。人類の文化、文明とは何か。考える機会を与えてくれた神に感謝する。真の「人類共通の文化遺産」とは、平和・相互扶助の精神である。それは我々の心の中に築かれるべきものだ」
> その数日後、バーミヤンで半身を留めた大仏を見たとき、何故かいたわしい姿が、一つの啓示を与えたようであった。「本当は誰が私を壊すのか」。その厳の沈黙は、よし無数の岩石塊となり果てても、すべての人間の愚かさを一身に背負って逝こうとする意志である。それが神々しく、騒々しい人の世に超然と、確かな何ものかを指し示しているようでもあった。（中村 2001、朝日新聞 2001年4月3日朝刊掲載）

「本当は誰が私を壊すのか」とバーミヤンの石仏の思いを汲んで、または石仏に代わって問いかける中村の言葉は重い。果たしてアフガニスタンから遠くはなれた日本に住む私たちにその問いかけが聞こえたのか疑わしい。しかし美智子皇后がその問いかけを真摯に受け止め、次のような和歌を詠まれた「知らずしてわれも撃ちしや春闌（た）くるバーミアンの野にみ仏在（ま）さず」（「春闌（た）くる」とは、「まさに春も盛り」という意味。下線は筆者）。宮内庁の公式サイトには、「春深いバーミアンの野に、今はもう石像のお姿がない。人間の中にひそむ憎しみや不寛容の表れとして仏像が破壊されたとすれば、知らず知らず自分もまた一つの弾を撃っていたのではないだろうか、という悲しみと怖れの気持ちをお詠みになった御歌」と紹介されていた（その後に削除）。皇后の歌は中村医師の感性や倫理と相通じている。それは異文化への畏敬の念であり、謙虚さと内省である。

6 おわりに

本章は一方で、アフガニスタンでタリバーンが勢力を伸長する1990年代後半から、2001年の同時多発テロ、挑発されたアメリカによる空爆と軍事介入、そして2021年８月の全面撤退までの国際政治について概観し素描した。他方では、戦乱が続くなか地球温暖化による干ばつ被害がきわめて深刻であり、その後も長く続いたこと、それに対して中村哲医師とペシャワール会が灌漑用水を確保するためにマルワリード用水路を建設したことの意義を明らかにした。中村医師の現地での活動の実態と、ペシャワールの『会報』やマスメディアをとおした報告は、フィールドワークによる研究を柱とする私のお手本であり、導きであった。

魚釣りが好きな私には、中村医師の身の処し方は卑近な例で例えれば海底の砂地に身を潜めるヒラメやハゼを想起させる。それは中村医師がアフガニスタンのプロジェクトの現場に身を置き、しっかりと周囲の状況を見つめ、住民の声に耳を傾け、その願いに応えようとする姿勢と似ている。そしてヒラメやハゼの目が２つ揃って上を向いて見ているように、中村医師はアフガニスタンのプロジェクト・サイトから東京を、そしてワシントンの動きを見ている。見ているだけでなく、現地の実情と常識から痛烈な批判の矢を放つことを厭わない。そして後知恵で振り返ってみても、折々の指摘はほぼ当たっており痛烈な批判は的確に的を射抜いている。

他方で、アメリカ政府がタリバーン政権を打倒した後に莫大な戦費と兵力を投入して「民主的」な政権を作ろうとしたプロジェクトは大失敗に終わった。ベトナム戦争と同じ過ちを繰り返したといえるだろう。アフガニスタンでも失敗に終わった政策が、ジョン・ダワーの指摘するように「戦争の文化」が必然的にまたは自動的に生み出したものなのかどうか、政治と文化をめぐる問いは文化人類学を専門とする私にとっても重い。

アフガニスタンの事例を通して、気候変動と水資源をめぐる国内政治と国際政治の密な絡み合いの総体を分析することが本章の目的であった。絡まりもつれ合った幾筋もの糸をいかほど解せたのか自信はない。いまだ簡単な素描にとどまっており、課題の大きさと重さを実感するのみである。ただし国内政治と国際政治の絡み合いを考察したり分析したりする際には、政策を決定し実行する中央政府だけでなく、それが実行される現地・現場そこで生きる住民への影響や効果も合わせて複眼的、総合的に見る必要がある。それが私が中村医師の生き方と言動から学んだことである。

■付記

本章の作成にあたっては、ペシャワール会・PMS の藤田千代子支援室長および石風社の福元満治代表から資料と写真を提供していただいた。記して感謝申し上げたい。

■参考文献

NHK News Web（2021/8/31）「アフガニスタンから米軍撤退完了 20年の軍事作戦 意義問われる」
https://www3.nhk.or.jp/news/html/20210831/k10013234051000.html（最終アクセス2021/10/20）
大木博巳（2016）「WTO 加盟15年目における中国経済のグローバリゼーション」『季刊・国際貿易と投資』第105号、pp.64-88。
小山茂樹（2002）「アフガニスタンをめぐる政治力学――タリバン後の行方」『総合政策論集』第1巻2号、pp.1-15。
カレン、ハイディ（2011）『ウェザー・オブ・ザ・フューチャー――気候変動は世界をどう変えるか』シーエムシー出版。
童適平（2007）「WTO 加盟後の中国経済の変化と金融改革」日本国際経済学会・関西地区大会レジュメ。
https://www.jsie.jp/kansai2/kansai_resume/Tong_070922_rev.pdf（最終アクセス2020/3/5）
柯隆（2021）『「ネオ・チャイナ・リスク」研究――ヘゲモニーなき世界支配の構造』慶應義塾大学出版会。
河野仁（2019）「アフガニスタンにおける干ばつと洪水――気候変動の影響」『天気』第66巻12号、pp.773-783。
国際協力機構（JICA）（2021）『PMS 方式灌漑事業ガイドライン――水と食料の確保を』PMS・ペシャワール会。
嶋田晴行（2013）『現代アフガニスタン史――国家建設の矛盾と可能性』明石書店。
清水展（2007）「辺境から中心を撃つ礫――アフガニスタン難民の生存を支援する中村医師とペシャワール会の実践」、松本常彦・大島明秀編『〈九州〉という思想――九州スタディーズの試み』第Ⅰ部7章、pp.111-166、花書院。

清水展（2012）「自然災害と社会のリジリエンシー（柔軟対応力）――ピナトゥボ山大噴火（1991）の事例から『創造的復興』を考える」佐藤孝宏・他（編）『生存基盤指数――人間開発指数を超えて』第7章、pp.163-192、京都大学学術出版会。
清水展（2020）「中村哲――字義通りのフィールド＝ワーカー」清水展・飯嶋秀治編『自前の思想――時代と社会に応答するフィールドワーク』第1章、pp.21-62、京都大学学術出版会。
鈴木均（2012）「米軍撤退始まるもアフガン国民の前途は多難――2011年のアフガニスタン」『アジア動向年報 2012年版』、pp.573-598、アジア経済研究所。
田家康（2011）『世界史を変えた異常気象――エルニーニョから歴史を読み説く』日本経済新聞出版社。
ダワー、ジョン（2021）『戦争の文化――パールハーバー・ヒロシマ・9.11.イラク 上』岩波書店。
デイヴィス、ピーター（2010）『ハーツ・アンド・マインズ――ベトナム戦争の真実』（原作：Davis, Peter（1974）*Hearts and Mines: Vietnam War Truth,* United Stated: BBS Productions（DVD））
永田謙二（2017a）「アフガニスタンにおける水資源・灌漑政策――地域社会のオーナーシップが復興への鍵となる」『アフガン・緑の大地計画――伝統に学ぶ灌漑工法と甦る農業』pp.167-209、石風社。
永田謙二（2017b）「アフガニスタンにおける水資源セクターの復興支援政策」『水文・水資源学会誌』第30巻4号、pp.221-236。
中村哲（1989）『ペシャワールにて』石風社。
中村哲（1993）『ダラエ・ヌールへの道』石風社。
中村哲（2001）「「本当は誰が私を壊すのか」――バーミヤン・大仏の現場で」『朝日新聞』4月3日。
中村哲（2006）『アフガニスタン・水の命を求めて』NHK出版。
中村哲（2008）「既存の用水路も改修、本水路は沙漠へ到達」『ペシャワール会報』第95号、pp.2-4。
中村哲（2017）『アフガン・緑の大地計画――伝統に学ぶ灌漑工法と甦る農業』石風社。
中村哲（2018a）『アフガン・緑の大地計画――伝統に学ぶ灌漑工法と甦る農業（改訂版）』PMS・ペシャワール会。
中村哲（2018b）「干ばつと飢餓はやまず無政府状態、人の和を大切に力を尽くす――2017年度現地事業報告」『ペシャワール会報』第136号、pp.2-8。
ナギザデ、モハマド（2004）「アフガニスタンの復興と農業の役割」武者小路公秀・遠藤義雄編『アフガニスタン――再建と復興への挑戦』第6章、pp.205-236、日本経済評論社。
ハルバースタム、デイヴィッド（1976［1972］）『ベスト & ブライテスト』サイマル出版会。
マリノフスキー、ブロニスワフ（2010［1922］）『西太平洋の遠洋航海者』講談社学術文庫。
山根聡（2002）「ターリバーン政権の崩壊と暫定政権樹立――2001年のアフガニスタン」『アジア動向年報 2002年版』、pp.581-608、アジア経済研究所。
読売新聞（2020）「アフガン支援1.2兆円　国際会議　日本など70か国、4年で」、2020年11月25日朝刊。

ICON-Institute（2009）*National Risk and Vulnerability Assessment 2007/8: Main Report,* European Union.

JICA（2011）*Needs Assessment Survey for Water Resource Management and Development in Afghanistan,"* FINAL REPORT, August.

あとがき

本書は、2019（平成31）年から21（令和３）年にかけて行われた共同研究「気候変動と水資源をめぐる国際政治のネクサス――安全保障とSDGsの視角から」の成果をまとめたものである。研究の推進に当たって日本学術振興会科学研究費補助金（基盤Ａ：課題番号19H00577）および三菱財団人文科学研究助成を得ることができた。

この研究を進める際に掲げた問いは、地球環境の変化と国際関係にはどんなつながりが見られるのか、という課題であった。こんな問いに意味があるのか、疑う人はいるだろう。国際関係、特に国際紛争に関わる研究が中心に置く関心とは何よりも軍事力に関わる国際関係だからである。ある国が攻め込んでくることをどのようにすれば防ぐことができるのか。軍事力による対抗が必要ではないか、あるいはルールに基づいた国際関係を広げ、維持するとともにそのルールに反する行動をとる国家に対して国際的な制裁を準備することが必要なのではないか。このような議論は国際政治を学んだ者にとってごく当たり前のものだろう。そして、ロシアのウクライナ侵攻、あるいは米中両国の競合を見るなら、そのような関心に意味がないと決めつけることはできない。ここでは国際関係は国家と国家の間における不寛容な関係に向けられていると言ってよい。

だが、安全保障の領域が時代の変化とともに広がってきたことも無視できないだろう。国際的なリスクへの対応が必要であるとしても、そのリスクとは軍事大国の侵攻に絞られるものなのか、限定する必要はないからである。2001年同時多発テロ事件によって国際的なテロリズムが安全保障における最重要課題として浮上したことに見られるように、安全を脅かすリスクは決して軍事侵攻の脅威に限られたものではない。これまでには安全保障の領域としては考えられることの少なかった領域が安全保障の分野として浮上することも避けられない。非伝統的脅威とか非国家主体と国際関係などといった関心がそこから生まれることになる。

非伝統的脅威にまで国際安全保障の課題を広げたとき、私たちは国家と国家の関係だけで安全保障を語ることができないことに気づくだろう。そこから、国家ではない主体に注目するだけではなく、国家と国家の関係が構成する世界の外にあるより大きな構造的要因と結び付けて国際関係を考えるという視点を得ることができる。世界市場の動向、あるいはパンデミックなど、国境を越えて展開されながら各国の政府の働きによるだけでは容易に変えることのできない領域が存在し、その国際的領域、国際政治における構造的要因が各国政府の政策課題や政策選択の幅を縛りつけているからである。誰が主体なのかだけではなく、国際関係の主体を拘束する構造に目を向ける必要が生まれるのである。「国際政治」という領域は、国家と国家の関係よりもはるかに広い領域として考えなければならない。

国際関係を拘束する様々な構造的要因の中でも地球環境の変化は最も大きく、しかも捉えがたいものだ。１つ例を挙げるならば、2012年に一気に拡大したシリア内戦を考えるとき、私たちは権力にしがみつくISIS、いわゆるイスラム国の動向に当然のように注目してきた。交戦主体に注目して紛争を考えることに間違いはない。だが、そこで抜け落ちているのは「アラブの春」に先立って広がっていたシリアにおける干ばつがもたらした政治的・経済的影響である。干ばつの拡大は人の移動を促す一方でそれまでにも揺らいでいた政府の信用を突き崩し、国家の社会に対する統制を著しく弱めてしまった。政策の失敗が干ばつを広げる一因であるとしても、より大きな環境的要因が干ばつを引き起こしたことには疑いがない。シリアばかりでなく、アフガニスタン、あるいはアフリカにおける紛争は干ばつと水の供給をめぐる政治過程を無視して考えることはできない。このように考えるなら、紛争は紛争当事者の行動だけではなく、その行動を拘束する構造としての地球環境に注目する視点を得ることができる。紛争と構造の結び付きを考えるのであり、水の供給は環境を考える上で中心的な論点にならざるを得ない。

では、どうすればそのように巨大な課題に取り組むことができるのだろうか。地球環境の変化は文字通り地球全体に関わる現象であるが、国際紛争は一般に地域の限られた現象である。武力を用いた行動を国家間戦争ばかりでなく内戦、さらに戦争とさえ呼ばれることのない武力を用いた犯罪行為にまで広げて考えたとしても、紛争が地域的に限定された現象であり、それぞれ固有の主体や固有の原因に左右されることは言うまでもない。風が吹けば桶屋が儲かると言うが、では吹く風と桶屋の収益を結び付けるなどという学術研究はいったい成り立つものだろうか。その難しい課題に取り組んだのが、この共同研究だった。

研究を進めるに当たっては、大きな枠組みから理論的に考えるグループと、個別の紛争について実証的に追いかけるグループに分かれて研究を進めた。これは一般的な理論モデルとその具体例への当てはめではない。環境と紛争などという大きな枠組みで理論をつくろうとすればすべてを説明して何も説明しないことになりかねない。だが、理論とは問いに答えることが目的であるはずだ。本書における理論的アプローチは環境と紛争の一般理論ではなく、考えるべき大きな問いについて多角的に考察を行う論文によって構成されている。また、個別の紛争が様々な要因によって生まれ、展開するものであるとすれば、その紛争へのアプローチも個別の紛争に適切な知識を持ったものに委ねるほかはないだろう。世界各地の地域について学識を持つ著者、地域研究者の参加を求めたのはこの理由によるものである。

3年間の共同研究を進める過程では数多くの皆さまにお世話になった。何よりも、執筆者の皆さまへの感謝を表したい。そして、この研究の中心となる問いを最初に提起したのはナジア・フサイン氏である。いま本をまとめるとき、地球環境と国際政治という切り口は改めて説明するまでもない重要な課題として受け止められるかも知れないが、この企画に着手した4年前には決してそうではなかった。フサインさんが無茶と受け止められかねない問いを掲げ続けてきたからこそこの研究が成り立ったのである。華井和代氏は、アフリカにおける紛争について論考を発表したばかりでなく、本書の企画と刊行に当たって中心的な役割を担うことになった。本研究を行う上で日本学術振興会科学研究費、いわゆる科研費は決定的とも言うべき財政的基盤となった。その申請書の作成にあたって準備作業の中心となったのが竹中千春氏である。また、三菱財団人文科学研究助成によって地域研究および本書の出版が実現した。フサインさん、華井さん、竹中さん、そして日本学術振興会および三菱財団に謝意を表したい。日本評論社の道中真紀氏は、出版企画を快くお認めくださった。私たちの共同研究を読者の皆さまに届けることを可能とした道中さんに御礼を申し上げたい。最後になるが、この研究を展開した大学の部局は、大学の中につくられたシンクタンクともいうべき東京大学未来ビジョン研究センターである。本センターで研究会合を行う上でお世話になった石川由佳さんと今村真紀さんをはじめとする皆さまに御礼を申し上げたい。

最後に本書をお求めいただいた皆さまに謝意を表したい。地球環境と国際政治に関する研究はこれからもさらに重要となるだろう。本書が将来の研究に示唆を与えることができたなら望外の喜びである。

2022年９月

藤原　帰一

執筆者一覧（執筆順）

■編著者
藤原　帰一（ふじわら・きいち）【まえがき・序章・あとがき】
東京大学名誉教授・同大学未来ビジョン研究センター客員教授

ナジア・フサイン（Nazia Hussain）【まえがき・序章・第９章】
東京大学未来ビジョン研究センター講師

竹中　千春（たけなか・ちはる）【まえがき・第１章】
立教大学法学部元教授・同大学法学部兼任講師

華井　和代（はない・かずよ）【まえがき・第８章】
東京大学未来ビジョン研究センター特任講師

■執筆者
城山　英明（しろやま・ひであき）【第２章】
東京大学大学院法学政治学研究科教授

ロベルト・オルシ（Roberto Orsi）【第３章】
東京大学公共政策大学院特任准教授

イー・クアン・ヘン（Yee Kuang Heng）【第４章】
東京大学公共政策大学院教授

杉山　昌広（すぎやま・まさひろ）【第５章】
東京大学未来ビジョン研究センター准教授

和田 毅（わだ・たけし）【第６章】
東京大学大学院総合文化研究科教授

錦田 愛子（にしきだ・あいこ）【第７章】
慶應義塾大学法学部准教授

永野 和茂（ながの・かずしげ）【第10章】
立教大学法学部助教

ヴィンドゥ・マイ・チョタニ（Vindu Mai Chotani）【第11章】
国際基督教大学政治学・国際関係学デパートメント特任助教

中溝 和弥（なかみぞ・かずや）【第12章】
京都大学大学院アジア・アフリカ地域研究研究科教授

清水 展（しみず・ひろむ）【第13章】
京都大学名誉教授・関西大学政策創造学部客員教授

索　引

ABC

あ　行

か　行

さ　行

た 行

な 行

は 行

ま 行

や・ら・わ 行

■編著者紹介

藤原　帰一（ふじわら・きいち）
東京大学名誉教授・同大学未来ビジョン研究センター客員教授。専門は国際政治、比較政治、東南アジア現代政治。東京大学法学部卒業、同大学大学院法学政治学研究科博士課程単位取得退学。東京大学社会科学研究所助手、千葉大学法経学部助手・助教授、東京大学社会科学研究所助教授などを経て、1999年から2022年３月まで東京大学院法学政治学研究科教授。著書：『平和のリアリズム』（岩波書店、2004年、石橋湛山賞受賞)、『不安定化する世界――何が終わり、何が変わったのか』（朝日新聞出版、2020年）など。

竹中　千春（たけなか・ちはる）
立教大学法学部元教授・同大学兼任講師。専門は国際政治・南アジア政治・ジェンダー研究。東京大学法学部卒業。東京大学法学部助手、同大学東洋文化研究所助手、立教大学法学部助手、明治学院大学国際学部助教授・教授などを経て、2008年から2022年３月まで立教大学法学部教授。著書：『世界はなぜ仲良くできないの？――暴力の連鎖を解くために』（CCC メディアハウス、2004年)『盗賊のインド史――帝国・国家・無法者』（有志舎、2010年、大平正芳記念賞受賞)、『ガンディー――平和を紡ぐ人』（岩波新書、2018年）など。

ナジア・フサイン（Nazia Hussain）
東京大学未来ビジョン研究センター講師。専門は開発途上国の都市におけるインフォーマリティ、犯罪や政治的暴力、水をめぐる政治学などの力学の相互作用の研究。ボストン大学修士（国際関係学)。ジョージ・メイソン大学博士（公共政策学)。

華井　和代（はない・かずよ）
東京大学未来ビジョン研究センター特任講師。NPO 法人 RITA-Congo 共同代表。専門はアフリカの紛争資源問題、国際紛争研究、開発研究。筑波大学人文学類卒業、東京大学大学院新領域創成科学研究科博士課程修了（国際協力学)。東京大学公共政策大学院特任助教などを経て現職。著書：『資源問題の正義――コンゴの紛争資源問題と消費者の責任』（東信堂、2016年）など。

気候変動は社会を不安定化させるか
水資源をめぐる国際政治の力学

2022年11月1日　第1版第1刷発行

編著者———藤原帰一、竹中千春、ナジア・フサイン、華井和代
発行所———株式会社日本評論社
〒170-8474　東京都豊島区南大塚3-12-4
電話　03-3987-8621（販売）　03-3987-8595（編集）
ウェブサイト　https://www.nippyo.co.jp/
印　刷———精文堂印刷株式会社
製　本———株式会社松岳社
装　幀———Atelier *Z* たかはし文雄
検印省略 © K. Fujiwara, C. Takenaka, N. Hussain, and K. Hanai, 2022
ISBN978-4-535-54032-3　Printed in Japan

JCOPY 〈（社）出版者著作権管理機構 委託出版物〉
本書の無断複写は著作権法上での例外を除き禁じられています。複写される場合は、そのつど事前に、（社）出版者著作権管理機構（電話 03-5244-5088、FAX 03-5244-5089、e-mail：info@jcopy.or.jp）の許諾を得てください。また、本書を代行業者等の第三者に依頼してスキャニング等の行為によりデジタル化することは、個人の家庭内の利用であっても、一切認められておりません。